王振复美学论著集

王振复　著

中华建筑美学

上海古籍出版社

总 目 录

凤凰之翔，至德也。雷霆不作，风雨不兴，川谷不澹，草木不摇。而燕雀佼（骄）之，以为不能与之争于宇宙之间（高诱注，"燕雀自以为能佼健于凤凰也"，"宇，屋檐也；宙，栋梁也"）。

——《淮南子·览冥训》

往古来今谓之宙，四方上下谓之宇。

——《淮南子·齐俗训》

再版前言　东方独特的大地文化与大地哲学

　　从建筑时空意象的精神意义审视，中国建筑，是东方所特具的一种大地文化与大地哲学。

　　历史悠邈、源远流长、自成体系、独具一格，以及自古偏于渐进的"文脉"历程，构成中国建筑之伟大的文化旋律。在漫长而灿烂的历史长河中，无论史前晨曦、秦汉朝晖、隋唐丽日，还是明清夕月，作为东方文化与哲学的物质载体之一，中国传统建筑的崇高形象，在东方广阔的地平线上，投下了磅礴而巨大的历史侧影。它映射出美丽的人文精神，具有严肃的道德伦理规范，以及以伦理为"准宗教"的对人生的"终极关怀"。在高超的土木结构科技成就与迷人的艺术风韵濡染之中，中国建筑文化，陶冶了葱郁的大地文化的理性品格与深邃的哲思境界。其文化之特点，可归纳为四项，简析如次：

一、人与自然亲和、天人合一的时空意识

　　在西方古代通常的人的文化视野中，人与自然原本是对立的。伊甸园里亚当、夏娃偷食禁果、犯下"原罪"，以及古老传说司芬

克斯之谜，就是这种原始对立的象征。因而，西方古代建筑作为一种人工文化，是人对自然之强制性进击、占有与征服。中国人一般不这么看，他将大自然认作自己的"母亲"与"故乡"。在中国人的文化观念中，由于自古生命哲学思想的深刻影响，认为人与自然是血肉般相连、同构对应的。所谓"天人合一"之哲理思考，在先秦古籍《周易》与老庄等的著述中，表现得很突出。《周易》关于天、地、人的"三才"之思与老庄的"道法自然"、"我自然"、"返朴归真"等丰富思想，莫不如此。汉代大儒董仲舒有云："以类合之，天人一也。"（《春秋繁露·阴阳义》)，而宋代程明道则曰："天人本无二，不必言合。"（《语录》二上）因而，中国建筑文化，是世代中国人与大自然不断进行亲密"对话"的一种奇妙的文化方式，它令人深为感动地体现出"宇宙即是建筑，建筑即是宇宙"的恢宏、深邃的时空意义。从自然宇宙角度看，天地是一所庇护人生、奇大无比的"大房子"，所谓"上下四方曰宇，往古来今为宙"。这"大房子"以浩浩大地为基、茫茫苍穹为屋宇，以北极为"顶盖"之最高处，有八柱撑持，这是中国远古神话里所描绘的"宇宙"（建筑）；从人工建筑文化角度看，建筑象法自然宇宙，所谓"天地入吾庐"也，"吾庐"即是宇宙。

中国建筑文化的时空意识，是一种典型的、人与自然相亲和的建筑"有机"论。明代造园家计成所著《园冶》一书将"虽由人作，宛自天开"看作中国园林文化的最高审美理想，其实，这也是中国建筑文化基于"天人合一"哲学思维的最高审美境界。英国著名学者李约瑟《中国的科学与文明》一书曾经指出："没有其他地域文化表现得如中国人那样如此热衷于'人不能离开自然'这一伟大的思想原则。作为这一东方民族群体的'人',无论宫殿、寺庙,或是作为建筑群体的城市、村镇,或分散于乡野田园中的民居,也一律常常体现出一种关于'宇宙图景'的感觉,以及作为方位、时令、风向和星宿的象征主义。"所言甚是。

二、淡于宗教与浓于伦理

与人与自然相亲和、"天人合一"时空意识相一致的,是中国人所一向独具的"淡于宗教"(梁漱溟语)、浓于伦理的文化传统。自古中国人文化头脑中真正长期占支配地位的"神",大多是自然神,而并非是人对之拳拳服膺的宗教"主神"。佛陀、上帝、真主这些宗教"主神",都是舶来品。所谓中国土生土长的道教,尊老子为教主,而老子是先秦道家哲学的创始者,道教在中国建筑文化史上的影响,远不及作为哲学文化的老庄道学。印度佛教曾大举东渐于中华。它对中国建筑文化的濡染与渗透自然十分有力,然而,这种异族文化,自入传之初就开始了"中国化"的历史过程,终于在唐代被中国传统儒道文化所融汇而彻底地改造成中国的东西,成为一种中国文化与中国哲学、一种现实的文人士子的生活方式、生活情调与人格模式。中国传统文化的这种巨大的"消解"力量,表现在土木营构上,便是作为政治、伦理文化之象征的宫殿建筑的自古辉煌与持久延续,远甚于佛教寺塔文化的灿烂,并且在空间意识、建筑观念、平面布局与立面造型等方面,中国佛寺佛塔,深受中国宫殿建筑文化语言的影响,甚至一定意义上可以说,比如中国佛寺的某些文化因素,是中国传统宫殿文化的文化辐射与余绪。如果说，以古希腊为文化传统的西方古代建筑史，大致是神庙与教堂所构成的光辉历程的话，那么，古代中华的巍巍宫殿及其演变形式帝王陵寝及坛庙之类，则以其无可争辩的主旋律，发出了持久而雄浑的历史的轰鸣。而且正如前述，那大批"中国化"了的寺塔与石窟文化，总体上都不能摆脱中国建筑传统"文脉"思想的浸润与"关怀"，中国建筑文化，无疑具有"淡于宗教"的文化特色。

然而，这种"淡于宗教"所留下的历史空白必须得到填补，民族文化的历史天平要求达到平衡。由于中国文化自古就陷入既"淡于宗教"，又在精神上呼唤"谁来关怀我们"这一文化两难之境，于是，在长期历史文化的相激相荡之中，便有伦理文化的充分展开，起而填补因"淡于宗教"而留下的精神之域。"淡于宗教"者，必浓于伦理，"以伦理代宗教"，正是整个中国文化的基本品格之一。由此，城市及村镇规划，宫殿、陵墓、坛庙、民居、寺观、园林建筑，以及屋顶、斗栱、门牖、台基、装饰形制等等，无一不是或者强烈、或者平和；或者显明、或者隐约地体现一定的伦理文化主题。就连在思想比较自由、审美情趣比较浓郁的园林文化之中，也渗融着一定的伦理文化因子，这尤以皇家园林为甚。

一定程度上，中国建筑文化是一部展开于东方大地之上的伦理学的"宏篇巨制"，是伦理的审美化与宗教化。这是由于一定意义上东方伦理代替了宗教，充当"准宗教"的角色，成了人生"终极关怀"之故。梁思成曾经指出，中国建筑文化具有"不求原物长存"（《梁思成文集》三，第十一页）的文化观念，因而一定程度上忽视建筑古迹的保护而热衷于建筑天摧人毁之后的重建。其实，这种"重建"行为，除了中国建筑主要以土木为材，相对难为持久，不得不"重建"之外，在观念上，是中国人"淡于宗教"之故，它一般地缺乏西方古代那种宗教神圣的文化信念，于是难以做到把建筑古迹、原物看得宗教偶像那般神圣。

三、"亲地"倾向与恋木"情结"

"淡于宗教"与浓于伦理，说明中国文化的哲学超越意识，基本上是现实、现世、此岸性的，缺乏（注意：不是绝对没有）一种从现实大地向宗教天国狂热的宗教性的向上"提拉之力"。人们相信，人生之欢愉既然可以在现实大地上得到实现，就不必使建筑物高耸入云，以西方中世纪教堂那样的尖顶去与神圣"和美"的宗教天国"对话"。所以，除了一些高台建筑以及佛塔之类比较高耸之外，中国传统建筑，一般显得比较平缓。由于中国文化之"心"对宗教采取若即若离的文化态度与对伦理的相对亲近，就难以执著地建造像西欧中世纪那样的教堂尖顶，而热衷于使建筑群体向地面四处作有序的铺开。这种建筑空间与平面布局的有序性，在于讲究建筑个体与群体组合中的风水地理，在地面之上作横向发展，象征严肃的人间伦理秩序。

因此，东方大地这一中国人生于斯、长于斯、老于斯的建筑"场所"，就是中国人所独有的"人情磁力场"，人们不难见出，中国建筑文化的"亲地"倾向与恋木"情结"。

在物质生产与生活方式上，中华先民很早就在这中华大地上发展了简直无与伦比的农业文化，以"耕耘为食"的大地文化，与以"土木为居"的大地文化，恰成内在的文化对应。中国建筑文化的主要物质构架是以土木为材，这正是东方大地农业文化的有力馈赠。农业文化又是与"淡于宗教"的恋土、亲地观念相一致的，它决定了中国建筑文化的材料模式及结构"语汇"。

有的学者以为中国古代少有石材建筑，认为所谓"用石方法之失败"，是中国古代阴阳五行哲学只有金木水火土而独缺"石"之故，这一见解似值得商榷。

其一，所谓阴阳五行学说，学界一般认为起于周代，成于战国时期的邹衍。而在周代之前许多个世纪，比如在浙江河姆渡新石器文化中，中国建筑的土木之制早已形成，如果说，中国建筑少用石、多施土木的文化传统之形成与阴阳五行说之缺"石"有关，那么，在周人之前多少个世纪的中国土木建筑文化传统，又当如何理解？

其二，从另一角度分析，阴阳五行学说又实际上是包含了"石"的。《周易》有云，八卦中的坤☷为地、为土，艮☶为山、为石。土者，五行之一。而从卦之意义上看，坤象征土、象征大地，是包括山、石在内的。因为，这里艮卦卦符只是乾卦☰中的一个阳爻来交于坤卦而成，艮卦，仅是坤卦的第三个阴爻变异为阳爻而成，所以，艮卦的母体是坤，它只是表示艮卦所象征的山、石原是大地的一部分而比平原大地更富于刚性罢了。因此，中国建筑文化的主要以土木为材而少用石材，看来与阴阳五行说没有必然联系。

实际上，无论以土木为材的中国建筑营构，还是阴阳五行说，都是中国农业大地文化的物质表现与哲学阐释。

由于以土木为材，这基本上决定了中国建筑的技术结构、空间组合与形体造型、质地色彩、艺术装饰等形象。从土木结构看，屋架、立柱、举折、斗栱以及墙体、瓦作、台基、雕饰等，都是由土木这一基本材料文化所决定的中华杰构。倘改用石材或其他材料，一切中国建筑文化所特有的大木作、小木作以及瓦作等等均谈不上，木构土筑之屋顶翼角不会登上中国建筑文化的历史舞台，斗栱也不会成为中国建筑技术结构、艺术表达的关键与度量制度。而且，由于以土木为材，流风所至，即使极少数的中国石材营构比如石窟窟檐、石阙等等，也力图模拟木构形制。中国建筑的群体组合，在文化观念上，固然是血亲家族团聚与向心的生理、心理之需要及象征，而在材料学上，木材与泥土具有韧性、加工灵便、组合方便的优点，又显得不够重实、刚度不足、负重力有限、易被摧损。这些土木材料的优缺点，成了中国建筑群体组合登上文化舞台，并且长存不衰的历史性基础。群体组合，正是扬土木之长、避土木之短的产物。正因土木结构，故墙体一般不承重，于是门窗的开设比较自由，发展为精彩而独特的中国门窗文化（当然，门窗的如何安设，同时受到伦理规矩、艺术情趣与"风水"观念的影响，这是另一个问题）。又由于群体组合，才有独具东方文化情调的封闭或半封闭的中国庭院文化应运而生。庭院是中国建筑的"通风口"、"采光器"与家庭血族之公共活动场所，也是建筑群体的"呼吸器官"。它在文化心理上，是人与自然进行情感交流、交融的一种建筑文化方式，别具东方情调。中国人一向有"无庭不成居"的居住习惯，此对庭院的钟爱之情自不待言。在所谓"风水"观念上，庭院又被看作"气口"。"居"不在大，有"庭"则灵，灵不灵，就凭这一口"气"。

四、"达理"而"通情"

中国建筑文化观念上的象法宇宙、"淡于宗教"浓于伦理与"亲地"倾向、恋木"情绪",一方面,说明中国建筑之富于理性的哲学品格;另一方面,又洋溢着长于抒情的艺术风格,它是一种"达理"而"通情"的东方文化。

其一,无论建筑群体与个体,中国建筑的平面布局,往往具有严格的"中轴"观念,尤其在宫殿、坛庙、陵寝与民居之上,可以见出井井有条、重重叠叠的空间序列,仿佛是冷峻之理性精神在东方大地上留下的轨迹。这种"中轴",造成中国之大部分建筑物的平面与立面对称、均齐的空间形态。由于偏重于表达严肃之伦理规范,使得中国建筑往往处处、时时显现出严谨的"文法"、"文风"与逻辑理性。这种强烈而清醒的世俗理性精神,在宋、明之后,有愈烈之势。以宋代《营造法式》与清代《工程做法则例》为代表的建筑理论著作,规定了严格甚而是严厉的"材·份"模数制与一系列构成体系的建筑工程"做法",不啻是浸透了伦理精神的中国建筑理性思维的体现。尽管在具体建筑设计实践中,未必每座建筑物都不折不扣地按照这"钦定"的法则去做,然而,以所谓"实践理性"即伦理原则为最高的文化思维尺度,确是中国儒学文化观念体现于中国建筑的鲜明特色之一。

同时,中国建筑理论界一向认为:中国"建筑之术,师徒传授,不重书籍",梁思成也曾说过,中国建筑,向来被看作匠艺,以为末流。"匠人每暗于文字,故赖口授实习,传其衣钵,而不重书籍。数千年古籍中,传世术书,惟宋清两朝官刊各一部耳"(《梁思成文集》三，第12页）。这种历史状况，的确与欧西一向重视建筑文化及其研究、著论叠出不同，然而这并不等于说，中国建筑文化，长期以来是无序的非理性或缺乏理性的文化，或者说，仅仅只有"实践理性"而已，缺乏形而上的深层哲学思考。并不是说，中国建筑文化只是一堆杂乱无章的经验性材料。恰恰相反，除了少数几部建筑学与园林学著作之外，在经、史、子、集之大量浩繁的书面材料中，往往具有深邃而精湛的中国建筑文化的理性思想。比如，人们可以从《周易》《老子》等先秦典籍中，分析出关于中国建筑文化之时空观、伦理模式的哲学思维以及技术、艺术"语汇"等文化理性之原型。多年以来，人们之所以可能以为中国建筑文化缺乏理论与理性色彩，客观上，是因为中国丰富而深刻的建筑理性思想，往往散在于历代各典籍之中的缘故，不像西欧古代那样凝集于一部部的建筑理论著作之中；主观上，亦因为并未进一步打开理论视野之故。对诸如《营造法式》的研究无疑是必要的，然而，如果仅止于对建筑技术、技艺、具体"做法"上的一般解析，仍然难于把握中国建筑文化理性思维的广度与深度；如果仅止于对建筑这一领域作"器"之层次上的研讨而不将眼光扩大到整个文史、哲学、科技与艺术领域，看来难于扪摸中国建筑文化深邃而迷人的理性之"道"。总之，并非中国建筑文化缺乏葱郁的理性精神，而是缺少文化学、哲学、科学、伦理学、史学与美学等全息意义上的发现。

其二，中国建筑文化无疑是重"理"的，它一般没有如西方中世纪宗教建筑文化那样的神秘与迷狂，也一般地排斥如西方巴洛克与洛可可建筑风格那样的迷乱意绪。然而，这又并不等于它是绝对唯"理"无"情"的"冷调子"文化。从某种意义上说，中国古代建筑文化是礼（伦理规范、实用理性）与乐（首先诉诸于情感的艺术与审美）的统一，是内在的令人意志整肃、发人深思的实践理性与外在的令人精神愉悦的情感形式的和谐，是天理与人欲的同时满足。无论就建筑的群体组合，还是个体存在，无论是"大势严正"的建筑平面、立面墙体、立柱型式，还是反翘之屋盖、交构之屋架、错综之斗栱，以及无数建筑装饰艺术样式等等，都在不同程度上达到"理"与"情"的"共振和谐"；仅仅有的偏于"达理"，却断非无"情"，是情感积淀为理性；有的偏于"通情"，又不是无"理"，是理性宣泄为情感罢了。从总体上看，中国建筑文化，达到了自然宇宙与人工宇宙（建筑）相同构的理性思维高度，具有以伦理（实践理性）代宗教、宗教伦理化的情感方式。"亲地"与"恋木"，是其真正令人感动的东方大地文化的情、理交融的品格。从建筑造型及其文化意蕴看，它是空间与时间、材料与结构、方形直线与圆曲韵致、庄重与活泼、阳刚与阴柔、理性与情感之间所进行的一场美妙的文化"对话"方式。

中华建筑美学

目 录

序

晋代陶渊明有两句诗:"众鸟欣有托,吾亦爱吾庐。"爱吾庐包含着双重意义,人们对于自己的家,首先有他的亲切之感,另外还存在着这家园的环境美与建筑美。老实说我近年来很少出行了,因为新改造的城市,渐渐"统一化"、"标准化"、"进口化"了,旧城市的美,与它的特色,一天消减一天,固有的建筑美是在迅速地沦亡。朋友的住宅,几乎是清一色的工房,小巷人家,水边民居,那种恬静的生活境界,宛若梦中。也许有人要讲我发思古之幽情,我想有幽情要发,总有其理所在,我回答说,是古代文化美的诱惑吧。

建筑以我个人的看法来说,应该属于文化范畴。过去我曾提出过建筑史是文化史的重要组成部分,不仅仅土木建造之事。我从事古建筑园林的研究,也是先从文化方面入手,再深入具体的建筑方面的。古人说"由博反约"、"知古通今",片面的"单科独进",仅仅是头痛医头,脚痛医脚的"时髦"方法。人的素质与文化提高是多方面的,今天有很多学者注意到这件事,我们搞建筑的,也认识到建筑史与美学研究的必要,而美学研究者也跳出了纯美学的圈子,与我们建筑园林渐渐携手了,这是好事,值得欣慰的。王君振复是美学工作者，他写了《中华古代文化中的建筑美》一书，其目的正如他自己所说："对中国古代文化中的建筑意识及其美学意蕴加以初步的探讨，努力挖掘其文化本质与根源。"因此，也无用我多说了，读者看了这本书，自然是会分晓的。社会是在进步的，建筑的现代化正待实现，但我们不可能全盘西化，我们有我们的祖宗，正如我对海外侨胞及港澳同胞所说的，"东西南北中华土，都是炎黄万代孙"。我们无法割断我们自己的历史，也无法否认我们自己的历史与辉煌的历史上的成就，因此王君写此书，真乃有心人也。而读者的面亦不仅限于专业人员，自有它的普遍性意义存在着。故乐为介绍，深信读者不以浅言为非吧。

新秋天气，小雨初晴，空庭如水，清风拂人。我读罢此书，顿觉有一种说不尽的读书乐，我是中国人，我爱中国书，心情如是而已。

陈从周

一九八九年初秋写于同济大学建筑系

前　言

　　中国古代建筑文化，是中华传统文化的有机构成。拙著试以中华传统文化思想为背景与出发点，从空间意识、起源观念、模糊领域、儒学规范、道家情思、佛性意味、象征性格与装饰风韵等八个方面与层次，对中国古代文化中的建筑意识及其美学意蕴加以初步的探讨，努力挖掘其文化本质与根源。

　　中华传统文化观念不乏崇拜意识，这本小书却不是因为崇拜中国古代建筑的传统而写。本质上，崇拜是客观世界的被神化，同时又是主观的异化亦即人的主体意识的迷失，这是一种十分有害的文化心态，它阻碍人们的文化意识与美学视野"走出中世纪"。"一切已死的先辈们的传统，像梦魇一样纠缠着活人的头脑。"[1]写作本书的目的，首先是希望有助于现代"活人的头脑"摆脱某种"已死"传统的"纠缠"。

　　从文化学角度看，中国古代建筑文化思想蕴涵不少至今仍"活"着的思想因子，提醒人们在展望中国现代化建筑的未来时，不能忘记民族传统。正如美国当代著名建筑家贝聿铭先生所言，不管现代建筑文化怎样"骄矜自恃"，"我却不相信，人们在前进时能

1　马克思《路易·波拿巴的雾月十八日》。

够割断过去。我想，过去是强大的，它已走过一大段生命之路。"[2]
传统与现代的内在联系是一种活生生的现实存在，不能凭感情的
亲疏与道德的好恶加以人为的割裂。中国建筑的现代化必然是对民
族传统剧烈的破坏；民族传统又会严重影响现代化的现实进程。正
在走向现代化的中国现代建筑，只能走现代化与民族化相融合的道
路。现代建筑的灵魂无疑属于"现代"，在这"灵魂"深处却不可
避免地具有传统的烙印。一切属于传统文化范畴的中国古代建筑文
化思想，都必须站到"现代"这一"理性"的"审判台"前而决定
其在现实中的命运。适者经过扬弃而在现代获得生存发展的机会，
不适者则亡。

中国古代建筑文化形态中常见的大屋顶、高台基、须弥座、斗
栱与中轴平面对称布置等等，其实不是传统本身，而只是其表现，
真正的传统是蕴涵于中国古代建筑文化现象之中的文化内核与美学
意蕴，这是中国现代建筑文化学意义上的美学之"根"与"遗传密
码"。本书的内容，也许能为人们对中国古代建筑进而对现代建筑
在文化学意义上的美学思考，提供一个有益的参照系。

2　贝聿铭《论建筑的过去与未来》，见《世界建筑》1985年第五期。

第一章　空间意识

　　建筑文化，一般而言，是人类文化在地平线上的一个侧影。连绵透迤的中国万里长城、举世闻名的明清北京故宫、意境深邃的江南园林建筑，正如拙大的埃及金字塔、典雅的希腊"帕提侬"、雄伟的罗马凯旋门、优美的印度泰姬陵一样，无一不是一种在时间流逝中存在于空间的文化形态。建筑文化，是人按一定的建造目的、运用一定的建筑材料、把握一定的科学与美学规律所进行的空间安排，是对空间秩序人为的"梳理"与"经纬"。建筑文化是空间"人化"，是空间化了的社会人生。

　　因此，对建筑文化的研究，无疑首先应当抓住建筑文化那在时间延续中的空间特性这一重要课题；研究中国古代建筑文化，也应当从探讨其空间意识入手，否则，好比撇开《哈姆莱特》而妄谈莎士比亚戏剧。

　　中国古代建筑文化的空间意识，就其客观性而言，是中国古代建筑的空间性。它是蕴涵在中国传统文化中熔建筑实用、认知、审美、有时兼崇拜观念于一炉的自然意识与历史意识，是古代中国人在长期社会实践（其中包括建筑文化实践）活动中感发于自然空间的一种综合意识。

中国古代建筑文化的空间意识是非常独特的，带有鲜明的民族文化特质，在世界建筑文化中独树一帜。这种空间意识，在哲学上，其实就是反映在中国古代建筑文化中的"宇宙"观与"中国"观。

第一节 "宇宙"与建筑空间意识

"圜则九重孰营度之？惟兹何功孰初作之？"什么是宇宙？中国古代关于"宇宙"，向来有本义与引申义两种理解。

先来探讨"宇宙"之引申义。

《管子》一书，较早地触及"宇宙"这一哲学命题。在那里，称"宇宙"为"宙合"。其文曰："天地，万物之橐；宙合，又橐天地。"[1]"橐"有两解。一指冶炼鼓风吹火之器，犹今之风箱。《墨子·备穴》所谓"具炉橐、橐以牛皮"、《淮南鸿烈·本经训》所谓"鼓橐吹埵，以销铜铁"以及《老子》所谓"天地之间，其犹橐籥乎，虚而不屈，动而愈出"，均取此解；这里又指盛物之袋。"宙合之意，上通于天之上，下泉于地之下，外出于四海之外，合纳天地以为一裹。"[2]这是说，所谓"宇宙"，犹纳"万物"、"天地"之"橐"（袋）于"一裹"也。"宇宙"，就是包罗万象，包罗无遗。而且，"万物"包含在"天地"之中；"天地"又包含在"宙合"之中，在《管子》看来，三者并非同一范畴。

而所谓"合"，本指盛物之盒。《正韵》："合，盛物器"，其形方正。因其为方正，故必具六面。于是，"四方上下曰六合"。"合"，

---

1 《管子·宙合》。
2 《管子·宙合》。

即"六合"。李白曾经浩歌啸吟，"秦王扫六合，雄视何壮哉！"此"六合"，含天下之意。"六合"，就是"宇"。而所谓"宙"，则通"久"，是为一时间概念而必无疑。（宙何以通久，请见下文。）

因此，尸佼指出，"四方上下曰宇，往古来今曰宙。"[3]《淮南鸿烈》亦说，"往古来今谓今宙，四方上下谓之宇"。这里的"宇"，就是容"万物"、"天地"于一处的"橐"，就是具有六个面、三个向量的立体的"六合"；"宇"，既然能容"万物"、"天地"，原本当然是"空"的，于是，"宇"被引申为"空间"，而"宙"即"时间"，"宇宙"就是时空。

那么，作为引申之义的"宇宙"，其特性是什么呢？

其一，大。"宇者，大也。"[4]一针见血。"宇，弥异所也。"[5]这就是说，宇，弥漫于一切，即包容一切地方。宇，既然能容"天地"、"万物"，其广大当可想而知了。

然而，同样认为"宇"之特性在于大，又有大而有限与大而无限两种说法的区别。上文所引将"宇"喻为"橐"、"合"的说法，属于前者。宋代邵雍说："物之大者，无若天地，然而亦有所尽也。"[6]此可谓一说。而庄子等哲学家则认为，"宇"者，大而无限。庄子云："有实而无乎处者，宇也。"其大意为，宇是客观存在的，却大而无可定执（无乎处）；庄子又说："计四海之在天地之间也，不似礨空之在大泽乎！""天之苍苍其正色邪？其远而无所

---

3 《尸子》。

4 《广韵》。

5 《墨子·经上》。

6 《皇极经世·观物内》。

至极邪？""汤问棘曰：'上下四方有极乎'棘曰：'无极之外，复无极也。'"这里是说，"四海"之大，比起"天地"来，是很渺小的。天宇茫茫苍苍，大而"无所至极"。"汤之问棘"事，见于《列子·黄帝篇》。这里"棘"之观点，其实即庄子之观点，认为宇是"无极复无极"的。此真可谓"穆眇眇之无垠兮，莽茫茫之无仪"。[7]张衡也指出，"宇之表无极"。[8]柳宗元也继承了庄子关于"宇"大无极的哲学观，认为"无极之极，漭泱非垠；或形之加，孰取大焉！"[9]是的，"要说天的边际，那是没有边际的'边际'。天苍苍茫茫，根本无边无岸。如果说在它之外还有什么东西，那天怎么号称其最大呢？"[10]

其二，久。认为时间就是"久"。同"宇"之大而有限或大而无限的观点相对应，关于"宙"，也有"久"而有限、"久"而无限两说。前文所述，既然认为"宇"是"有尽"的"六合"，则其在时间意义上的发展便一定是有限的，正如汉之扬雄所言，"阖天谓之宇，辟宇谓之宙"。阖者，关闭；辟者，开辟。"宇"是封闭性的空间，开天辟地时才有"宇"，因而"宙"是有尽的。此其一；第二，也有些古代先哲指出了"宙"的无限延续性。张衡说，"宙之端无穷"。[11]庄子亦早已指明了这一点，"有长而无本剽者，宙也。"[12]"剽"，意为"割削"，这里转义为"末梢"。故"本剽"即

---

7 《楚辞·九章》。

8 引自刘文英《中国古代时空观念的产生和发展》。

9 引自刘文英《中国古代时空观念的产生和发展》。

10 引自刘文英《中国古代时空观念的产生和发展》。

11 引自刘文英《中国古代时空观念的产生和发展》。

12 《庄子·庚桑楚》。

"始末"之意，"无本剽"，就是无始无终。这又如屈子所啸吟的那样，"时缤纷其变易兮，又何可以淹流？"[13]

大凡中国古代的时空观即宇宙观，就是在这种有限无限、有尽无尽的对立观点中往复摇曳、发展推移的。

其三，正如前述，"宇宙"即时空。而实际上，"宇"，是指"宙"（时间）的空间存在方式；"宙"，又是"宇"（空间）存在的运动过程，宇具空间之广延性；宙具时间之连续性。时空并存，不可分离。诚如方以智发挥《管子·宙合》"宇宙"观时所言："管子曰'宙合'，谓宙合宇也，灼然宙轮转于宇。则宇中有宙，宙中有宇。"[14]

这种关于"宇宙"的引申义，也就是古代人所通常持有的宇宙观。

然而，值得注意的是，如果人们只是将目光局限于"宇宙"的这种引申义而不去追溯其本义，那么，必将无力解开中国古代建筑文化空间意识这一建筑理论之谜。

这关系到我们老祖宗对"宇宙"的原初理解。

原来，所谓"宇"，"屋檐"之谓也。"宇，屋边也"。[15]"屋边"即"屋檐"，许慎可谓深谙"宇"之本义。此说肇自《周易》。《周易》之"大壮"卦有"上栋下宇，以待风雨"之说，即取"宇"之本义。屋柱（栋）植立向上，屋顶（屋檐）下垂，岂非具有"待风雨"这一实用性功能的房屋之象嘛？

所谓"宙"，从"宀"（读 mián）。"宀"，屋顶之象形。在汉

13　屈原《离骚》。

14　刘文英《中国古代时空观念的产生和发展》。

15　《说文》。

字中，穴、宇、宁、宅、完、突、宗、定、突、宣、宦、室、宫、宰、宸、家、宿与寝诸字，其义都与建筑有关，均从"宀"。"宙"，也是一个富于建筑文化涵义的汉字。

"宙"，梁栋。高诱说得颇为清楚："宇，屋檐也；宙，栋梁也。"[16]"宙"，何以为"梁栋"？这便是前文所说"宙通久"之缘由了。

我们说，"宇"为"屋檐"、"屋边"（屋顶）的解说已是定论。而单有"宇"，还不能成"屋"，只有同时有"宙"，才有房屋在东方古老大地上屹立的现实存在。中国古代建筑的传统形式是木构架而非古希腊式的石结构，木构梁栋具有举足轻重的撑持的物理功效。假如抽去了房屋的"宙"即梁栋，屋就倒塌，对古代中国的木构架建筑而言，也就"屋将不屋"了。故那支撑屋顶重载的梁栋（宙），实在是中国古代木构建筑的生命。建筑物是否能持"久"屹立，全凭梁栋的撑持。

于是，"久"，成了建筑物得以存在的梁栋的一种特性。这种特性，原本是属于物理学范畴的，却被古代先哲抽象为富于哲学意味和建筑美学意味的一个范畴了，这便是：时间。故"宙"通"久"，两者意义相连。

这里又须指出，《苍颉篇》称"宙"之本义为"舟舆所届曰宙"。届，至、到之意，即《书·大禹谟》所谓"惟德动天，无远弗届"之"届"。《说文》指"宙"为"舟车之所极覆也，从宀"[17]。段玉裁因此释为"舟车自此及彼，而复还此，如循环然。故其字从

---

16 《淮南鸿烈·览冥训》高诱注。

17 《说文》七下·宀部。

由，如轴字从由也"。可见，此三者释义是一贯的，即由"舟舆"之行联想到时间，时间即"久"。"宙"通"久"。就是说，由"宙"之"由"部联系到"舟舆"之"轴"；由"轴"之转动联系到"舟舆"之行进；由行进需要时间而释"宙"之引申义为时间，其逻辑似亦可通。然而，倘若由此推论，则"宙"之本义当为"舟舆"而非"梁栋"了。这一结论，恰恰又与《说文》所言自相矛盾。许子明明释"宙""从宀"。而"宀，交覆深屋也，象形。凡宀之属，皆从宀"[18]。何以同时又释"宙"为所谓"舟车之所极覆"呢？这似乎说不通的。

实际上，以"宙"从"宀"来看，"宙"即"久"，其本义是"梁栋"植立之"久"，而非"舟舆"行进之"久"。从中国古代建筑文化的美学角度看，"宙"是一个非常富于哲学与美学意味的汉字，它与"宇"字一样，两字共同揭示了中国古代宇宙观的形成与建筑之关系，或者可以说，中国古代的原初的宇宙观，是从建筑实践活动与建筑物的造型中衍生而成的，其实就是中国古代建筑文化的空间（包含时间）意识。

因而，同一部《淮南鸿烈》，既有"往古来今谓之宙，四方上下谓之宇"[19]之说，这里"宇宙"之意取引申义，指时空；又有"凤皇之翔，至德也……，而燕雀佼（骄）之，以为不能与之争于宇宙之间"[20]这里，取"宇宙"之本义。何以至此？因为在当时中国人的历史意识中，认为宇宙即为建筑、建筑即为宇宙之故。

可以说，在古代中国，人们所感知、想象的天地宇宙，其实

---

18 《说文》七下·文二。
19 《淮南鸿烈·齐俗训》。
20 《淮南鸿烈·览冥训》。

是一所奇大无比的"大房子"。尽管有的认为宇宙就是大而有边际的"六合";有的则主张宇宙就是大而无涯的,所谓"无极之极"、天穹茫茫,极目无尽。总之,人们是将天地宇宙看成为一所似乎有"宇"(屋顶)、有"宙"(梁栋)为主要构筑的"大房子",千秋万代,人们就在这所"大房子"的庇护之下生活。同时,人们也习惯于将所居之处,即建筑及其周围环境看作他们自己赖以生存的宇宙,这是狭隘的原始初民的宇宙眼光与农业文明在宇宙观上所留下的烙印。"中国人的宇宙概念本与庐舍有关。'宇'是屋宇,'宙'是由'宇'中出入往来。中国古代农人的农舍就是他们的世界。他们从屋宇得到空间观念。从'日出而作,日入而息'(击壤歌),由宇中出入而得到时间观念。"[21] 这里,当代著名美学家宗白华先生关于"中国人的宇宙概念本与庐舍有关"的观点是正确的,而将"宙"释为"由宇中出入"(时间)亦可备一说。墨子云:"久,合古今旦莫。"[22] 莫者,暮也;"久,弥异时也"。[23] 久即宙,包含一切时间。这"久",不用说,均与建筑空间及人在建筑环境中的活动过程有关。这正如王夫之所言,"上天下地曰宇,往古来今曰宙。虽然,莫之为郛郭也。惟有郛郭者,则旁有质而中无实,谓之空洞可也,宇宙其如是哉!宇宙者,积而成久大者也。"[24] 这里,"郛郭"即为建筑;建筑即是宇宙。宇宙就是"旁有质而中无实"的"空洞"即"空间"这建筑空间同时还是有赖于梁栋撑持天穹的一种存

21　宗白华《美学散步》第 89 页。

22　《墨子·经说》。

23　《墨子·经上》。

24　《思问录·内篇》。

在，故所谓"积而成久大"。这种宇宙观，或曰中国古代建筑文化的空间意识，是一种十分复杂的空间意识，这里有关于建筑求其实用的意图、对神祇敬畏的目光、关于天地宇宙的冷静思考以及情感的愉悦或不快，它们都是历史性的。这一问题，容后再作论述。

以上，只是大致从"宇"、"宙"二字，初步探讨了宇宙观与中国古代建筑文化空间意识之间的关系，以下，可略从有关中国古代的神话传说与诗歌中找其旁证。

中国古代向有关于"天宫"的神话传说，天堂、天门、天扉、天阶（星名）、天街（星名）、天极（星名、北极星）以及天阙（星名）都是与建筑攸关的天国形象。至于"天柱"者，乃古代神话传说中真正顶天立地之大柱也。"昆仑山为天柱，气上通天，昆仑者地之中也。"[25] "昆仑之山有铜柱，高入天，围三千里，周圆如削。"[26] 而共工氏（属炎族）怒触不周之山，使"天柱折，地维缺"。[27] 这是何等景象？房屋亦即宇宙倒塌之象。"往古之时，四极废，九州裂，天不兼复，地不周载……女娲炼五色石以补苍天，断鳌足以立四极。"[28] 这里，所谓"极，栋也"。"栋，极也"[29]。复，遮盖之意，女娲炼石以补苍天，真英雄也。然，其不过是远古修筑房屋的"泥瓦匠"在神话传说中的一个神化而诗化的形象而已。远古社会生产力当尤其低下，造房建屋尚且不易，建房之后欲使其"久"立亦非易事。自然力的侵蚀，加上部族之间战事的人为破坏，比如先有蚩

---

25 《初学记》。

26 《神异经·荒经》。

27 《史记》，（唐）司马贞补《三皇纪》。

28 《淮南鸿烈·览冥训》。

29 《说文》。

尤败于黄帝，共工不服，怒而触不周之山，使建筑的损毁，成了常事，这种以神话幻想形式出现却是十分真实的人类历史的悲剧，在我们老祖宗的心理意识中，曾经激起过多么沉重的回响。"四极废，九州裂，天不兼复，地不周载"，房屋倒塌了，亦即他们心目中的宇宙倾圮了。反映在这里的宇宙观，难道不就是中国古代建筑文化的空间意识嘛？

又，再来看看《楚辞》，我国古代的伟大诗人屈原是如何对天询问的。屈原长歌云："圜则九重孰营度之？惟兹何功孰初作之？斡维焉系天极焉加？八柱何当东南何亏？"[30] 大意为：天宇九重巍巍，谁能够度量？是谁当初建造的？这意味着何等的丰功伟绩？天宇运转的轴心系于何处？天的顶端安装在哪里？撑持天宇的八根巨柱为何有如此顶天立地的力量？当天宇与巨柱绕着天轴旋转到东南时，为什么那些原处西北的巨柱短了一截？由此可见，古人认为天宇具有八大立柱，大地西北近天宇而东南远天宇，这指的正是中国西北高东南低的地形地貌，故引动屈子作如此发问：当天宇运转之时，本来处于西北方的短的天柱移来东南方时，岂不是要亏缺一段，又怎么办呢？今天看来，当初屈原的发问或十分幼稚，却雄辩地透露出古代中国人视天地宇宙为建筑的真实历史消息。

《天问》又云："何阖而晦何开而明？角宿未旦曜灵安藏？"这里所谓"角宿"，中国古代天道观中的东方七宿之首，居二十八宿之长（注：东方，角亢氐房心尾箕；北方，斗牛女虚危室壁；西方，奎娄胃昴毕觜参；南方，井鬼柳星张翼轸，每一方为七宿，合

---

30 《楚辞·天问》。

称二十八宿），指把守天门的星宿。所谓"角二星（注：指"角亢"二星）为天关。其间天门也，其内天庭也。"[31] "曜灵"，指太阳。"曜灵，日也，言东方未明旦之时，日安所藏其精光乎？"[32] 以上两句，其意十分清楚：什么门扉关闭使天变黑？什么门扉打开使天变亮？角宿既掌管天门，那么，当天门未启、天未明之时，那太阳又藏在什么地方呢？由此，读者不难了知古人的建筑空间意识。

屈原还以建筑学实际也是原始宇宙说的眼光，对天地宇宙的方位体量深表关切："东西南北其修孰多？南北顺隳其衍几何？"修，长。隳，同椭，狭长之意。衍，蔓衍，这里可引申为延长。这两句是说，以宇宙大地平面之东西与南北长度相比，整个建筑平面既然成南北狭长之形，那么，南北长度与东西宽度比较，究竟长多少呢？这正如朱熹所言，"若谓南北狭而长，则其长处所余又计多少？"[33]

这里，值得注意的是，屈原诗歌中所反映的这种南北长于东西的建筑平面观亦即宇宙大地平面观，对中国古代建筑群体的平面安排深有影响，那就是对建筑群体平面纵深之美的执意追求，并且这种文化意义上的美学追求，是与传统的"中轴线"观念密切联系在一起的，此暂不论，后详。

至于比如"昆仑悬圃其尻（注：居）安在？增城九重其高几里？""四方之门其谁从焉？西北辟启何气（注：指天地间的"元气"）通焉？"等有关宇宙与建筑空间意识之关系的询问，在《天问》中比比皆是，不必继作注释，其义自明。而比如在其他中国古

---

31 《晋书·天文志》。
32 王逸《章句》。
33 朱熹《楚辞集注》。

籍《山海经》中，关于这方面的记载亦不乏其辞："昆仑之墟在西北，方八百里，高万仞；面有九门，门有开明之兽守之"[34]；"昆仑之丘，实为帝之下都"[35]等等，同样证明，《山海经》所描绘的神话世界，也就是奇大无比且能持久屹立的一所"大房子"。

要之，天地宇宙即"大房子"；人之所居的房屋即是一个小小的"宇宙"。古代中国人，确是从建筑的空间观念与建筑实践角度去认识天地宇宙且"大"、且"久"的时空属性的；反之，就是这种关于天地宇宙的空间意识，长期且有力地影响了传统的中国古代建筑文化观。

其一，因为古代中国人所体会、认识到的天地宇宙属性为奇大无比，故只要一定的社会经济、建筑材料及技术水平允许，人们总是愿意将建筑物建造得尽可能地大，以象征天地宇宙之"大"。

打开中国古代建筑史，这种尚大的建筑倾向十分强烈，尤其明显地表现在宫殿与都城建筑中。

我们且不说著称于世的长城，从西之嘉峪关到东之山海关，明代长城分属九镇，全长一万一千三百余华里（这个长度不包括长城复线长度在内），所谓万里长城，名实相符，真正是全世界独一无二的"The Great Wall"（大墙）。埃及金字塔的体量不可谓不大，然比起长城来，犹如小巫见大巫了。长城始建于"战国"，秦一统天下后，为防北方异族骚扰，进行了大规模的建造。据司马迁《史记·蒙恬列传》称，当时已长六千余华里；又，据罗哲文《临汾秦长城、敦煌玉门关、酒泉嘉峪关勘查简记》(《文物》1964 年第 6

---

34 《山海经·海内西经》。
35 《山海经·西山经》。

期），玉门关一带的长城虽以红柳、芦苇与砾石为材建造，而至今残垣高度仍达 5.6 米，由此可想见其当初的巍巍雄姿。修建长城的根本目的当为求其实用，即为了抵抗敌侵，然从战国到明代，如此劳民伤财地修筑长城，尤其是后世的修筑，难道仅仅为了御敌之用嘛？不，它也与古代中国尚大的"宇宙"观有关。

　　如世界闻名的骊山陵，其规模之宏伟，为世界陵墓之最。陵冢原高 120.6 米（据三国时魏人称，"坟高五十余丈，周围五里余"），现残高 76 米。陵园平面布局仿秦都咸阳，为"回"字形，分内外两城，外城周长 6300 米左右；内城周长 2520 米。[36] 秦始皇的冥府仪仗也叹为观止，共有兵马俑坑呈品字形布局，共出土陶制俑件上万，战马 600 匹，战车 125 乘，体型几与真人真马等大，如此排场威风，是 70 余劳工 37 年的劳绩。当然，这种尚大之风，实在是封建王权至高无上的象征。然而，在这种象征意味中，难道不是恰恰渗透着古代中国尚大的"宇宙"意识嘛？皇帝乃天之骄子，他是代表天来对黎民百姓实行统治的，故以陵园之"大"以象法天之"大"，可谓理所当然。

　　下面，再让我们来简略考察中国古代宫殿的尚大之风，为简约篇幅，仅略举一二：

　　比如，大名鼎鼎的秦之阿房宫，"惠文王造，宫未成而亡，始皇广其宫，规恢三百余里。离宫别馆，弥山跨谷，辇道相属，阁道通骊山八十余里。表南山之巅以为阙，络樊川以为池。"[37] 这里，

36　参见林黎明、孙忠家《中国历代陵寝记略》第 19 页。

37　《三辅黄图》（陈直校注本）。

所谓"规恢三首余里"是个什么概念呢？按，古之 1 里，为 1800
尺，秦汉时之 1 尺，约为现制 0.23 米，可见整个阿房宫苑周长约
为 124200 米，可谓世所罕见。又如，西汉长安城宫殿建筑群包括
未央宫、长乐宫、建章宫等，其范围究竟有多大？只要看看其中
之一的未央宫规模便不难想象。据实地考察，未央宫东西墙长度
为 2150 米，南北墙为 2250 米，周长为 8800 米，全宫面积约 5 平
方公里。据历史记载，未央宫为萧何所监造，"萧何治未央宫，立
东阙、北阙、前殿、武库、太仓。上见其壮丽，甚怒，曰：'天下
匈匈，劳苦数岁，成败未可知，是何治宫室过度也！'何曰：'天
下方未定，故可因以就宫室。且夫天子以四海为家，非令壮丽，无
以重威，无令后世有以加也。'上悦，自栎阳徙居焉。"[38]刘邦开始
以为未央宫其大"过度"，后来，便接受了萧何所谓"天子以四海
为家，非令壮丽，无以重威"的进谏。是的，"家"者，从宀从豕，
豕即小猪，表示宗庙中供着小猪这一供品，有祭祖之义，而宀即祖
庙之象形，祖庙是中国古代建筑样式之一。故"以四海为家"，岂
非以天下为建筑嘛？未央宫之"大"，亦是象法天地宇宙的，只有
将"天地宇宙其大无比"之空间意识渗融在皇家建筑上，令其"壮
丽"，才能表现天子的"重威"。

　　而中国古代都城的尚大之风，也十分明显。唐之长安，为当
时世界上规模最大的城市，它是在隋代大兴城的基础上发展起来
的。别的不说，仅长安宫城与皇城之间的横街宽 200 米这一点看，
就可想见这座建造于"川原秀丽，卉物滋阜"之地的唐都的范围之

---

38 《汉书·高帝纪》。

大了。中国古代都城的尚大之风是有一脉相承之特点的。比较一下中外古代十大名城的规模，可对中国古代的尚大的建筑空间意识与宇宙观之密切关系这一点，留下特别深刻的印象。据外国古代建筑史，公元 5 世纪，拜占庭时期曾经是一个辉煌的建筑历史时期，当时都城拜占庭的面积为 11.99 平方公里，此不可谓不大；罗马古建筑以雄浑风格闻名于世，公元 3 世纪末的罗马城，占地 13.68 平方公里；建造于公元 8 世纪末的巴格达城更了不起，它有 30.44 平方公里。但是，建于公元 583 年的中国隋大兴（唐长安），面积为 84.10 平方公里，为外国古代名城巴格达的近 2.8 倍；罗马的近 6.2 倍；拜占庭的近 7 倍。又，北魏洛阳，约 73 平方公里；明清北京，60.2 平方公里；元大都，50 平方公里；隋唐洛阳，45.2 平方公里；明南京，43 平方公里，即使就汉代的长安（内城）而言，占地也达 35 平方公里。可见这种尚大之风，并非一王一帝的个人兴趣，而毋宁说是全民族的一个历史嗜好。

当然，这里必须指出，以上列举并非表明，中国其他许多宫殿与都城的规模全都大于外国的历史古城与宫殿，比如法国 17 至 18 世纪路易十四、十五执政时期建造的凡尔赛宫就是非常宏伟的。凡尔赛宫位于巴黎西南，占地 1500 公顷，相当于当时巴黎市区四分之一的面积，此不可谓不大。然而，一般而言，西方古宫殿、古城市的"大"，主要大在其建筑个体上，而中国古代宫殿与都城的"大"，主要反映为硕大的建筑群体组合，庑殿台榭、廊堂楼阁，连属徘徊，一眼无尽。明清故宫建筑群，总占地 72 万平方米，坐落于一条长约 7.5 公里的中轴线及其两旁，建筑总间数据说为 9999，这更是举世独有的。

人们知道，中国古代传统的建筑材料为土木，土木的物理性能是可塑性大，却一般不宜于建造特大的单体建筑。于是，中国古代建筑文化以建筑单体与单体的群体组合来体认其尚大的建筑空间意识。中国古代建筑群体组合这一民族风格的形成，固然具有许多物理、心理、时代、历史、自然、社会的复杂缘由，这里暂且不论。但其中之一，却不能不表明，其与传统的民族宇宙观、亦即尚大的建筑空间意识密切攸关。

传说中国古代文化源自炎、黄两族及其交融，自称华夏。华夏族的传统空间意识是尚高大，在这种空间意识中渗融着尚高大的文化价值取向与审美意识。相传黄帝身躯高大，以壮伟称雄。故周代男子称"丈夫"，"大丈夫"，《说文》云："周制，以八寸为尺，十尺为丈，人长八尺，故曰丈夫。"女子称"硕人"，以颀长为美，这是《诗·硕人》透露给我们的个中消息。总之，颇以高大为美。试看邹忌"修八尺有余"，不是有点洋洋自得的样子嘛？故"其特出之人曰豪，豪者，高也。曰杰，杰，桀也，杙也，卓立之义也。曰英，英者茎也，高擎也。曰雄，雄亦英也。高大为美之义，由是可证。"故"黄族又自称曰华。华，大也。自称曰夏，夏亦大也。华夏本名亦由此起，引申为雄张之义。"[39] 这里说的，主要是关于人体美观念以"高大"为美的文化空间意识，然建筑美与人体美的空间意识，对于同一个民族而言，其实是彼此相通的。以"高大"为美的人体美观念，同样也表现在建筑空间意识上，两者共同源自对天地宇宙的空间认识。只是因为中国古代建筑文化的创造，要受传统

39　王献唐《炎黄氏族文化考》第121—122页。

建筑材料的限制，由于以土木为主要材料，故一般未能显得如西方古代建筑那种"高擎"与"雄张"之美来，或者说，一般未能显出如华夏人体追求那种"高擎"与"雄张"之美，却以一般不甚高峻（中国古塔除外）的建筑群体组合向四处铺开，显现出尚阔大的"华夏"所特有的美的形象。

中国古代建筑文化史上，自然有无数小巧玲珑的建筑，这种建筑文化现象，一般不能证明中国古代的"宇宙"观即建筑空间意识不是尚大。无数小型建筑的出现，或者由于特定实用功能的需要，或者由于经济、技术与建筑材料的限制，使其不得不如此为之。至于那些小巧玲珑的园林建筑的美学性格，其空间意识仍然是尚大的，即所谓"以小见大"以"小'象征'大"。

其二，因为古代中国人所体会、认识到的天地宇宙属性又为"久"，故人们总是企望建筑物永久屹立在东方之大地上，久者，宙也，宙就是美。

当你站在浙江河姆渡建筑遗址面前，凝视从地下出土的7000年前的文物，那些其实都是极普通的木桩、楼板与芦席残片之类，由于时间悠远的陶冶，使人激起一种深沉的历史的感觉，那是时间给你的美感；当你欣赏山西五台山佛光寺大殿时，被这座现存最早木构建筑之一的大殿精湛的结构技术所惊叹，那又是时间的力量；当你徜徉于北京天坛、流连于长城之时，或者一旦离开喧嚣的现代化闹市，缓缓移步于古老的窄巷小弄，抚摸被悠悠岁月所剥落的断壁残垣，又是什么使你的心顷刻沉静下来，聊作历史的反思，或是勾起一股压抑不住的深情呢？那还是时间的赐予。

对于建筑文化而言，历史愈是悠久，可能给人历史文化的美感便愈是浓郁与深邃。与世界一切建筑文化一样，中国古代建筑文化的美，也是一种"久"的美。现代中外建筑虽然未"久"，然而它们之所以也可能是美的，首先因为它们的实用性功能符合现代人的实际生活需要，现代技术、材料与艺术的美适合现代人的文化审美口味，同时，还因为人们相信，那些现代建筑将长期地屹立于大地的缘故。

中国古代建筑文化对"久"之美的追求是十分顽强的。那位古老神话传说中炼五色石以补苍天的女娲形象所以是崇高与美的形象，就因为其与建筑之"久"密切联系在一起的缘故。女娲何以补天？为的是要使那天宇这巨大无比的"建筑"永久屹立，因而，女娲的审美理想，也就是古代中国对于建筑之"久"（宙）的一种审美理想。

正因如此，一旦建筑文化惨遭天摧人毁之厄运时，是十分令人痛惜的。试看中国古代建筑文化史上著名的洛阳永宁寺塔，"架木为之，举高九十丈"，其势巍巍，却因是木构建筑，于永熙三年二月为雷火所焚。"火初从第八级中平旦大发，当时雷雨晦冥，杂下霰雪，百姓道俗，咸来观火。悲哀之声，振动京邑。"[40] 又如，被西方称为"万园之园"、"夏宫"（The Summer Palace）的圆明园，它是"东方的凡尔赛宫"，"其规模之宏敞，丘壑之幽深，风土草木之清丽，高楼邃室之具备，亦可称观止。实天宝地灵之区，帝王豫游之地，无以逾此。"[41] 当其于1860年（清咸丰十年）被英法侵略军

40　杨衒之《洛阳伽蓝记》。

41　《圆明园后记》（弘历乾隆）。

一举烧毁之时，这中华近代建筑文化史上深重的民族灾难是难以述说的。直到如今，原圆明园西洋楼景区经浩劫之余的断墙残柱，仍能激起人们沉痛的回忆。至于 1976 年 7 月 28 日发生的唐山大地震，顷刻之间，一座百万人口的工业城市，几被夷为平地，这是对建筑空间之美的毁灭，也是对建筑时间之美的毁灭。

建筑文化的"宙"（久）之美，确是令人十分向往的。

第二节 "中国"与建筑中轴线的美学性格

与古代中国建筑文化的空间意识密切攸关者，便是关于建筑中轴线的传统观念。

何谓中国古代建筑的中轴线？

据法国古代建筑史，当年路易十四、十五所苦心经营的法国凡尔赛宫苑，其平面布局有一中轴线，长达 3 公里，其两侧对称分布着建筑以及喷泉、花坛、雕像、池沼之类，中轴线的一端，是与这中轴线成垂直关系、筑于高坡之上的凡尔赛宫。雄伟的宫殿主楼长 400 米，其主楼正中二楼，正处于中轴线之上，它是曾经不可一世的路易十四的卧室，可俯瞰巴黎全城，成了君权至上、企望称霸全球的心理象征。

体现中轴线观念的这种建筑平面布局，在外国古代是颇为少见的，凡尔赛宫是一个突出的例外。

然而，在古代中国，具有中轴线平面布局意识特征的建筑随处可见。对称安排、秩序井然、有条不紊，强烈的政治伦理色彩、浓郁的理性精神，是中国古代建筑文化的一大民族特色。

　　考其历史，中轴线是中国建筑文化的一大"古董"。早在晚夏建筑文化（亦即早商建筑文化。晚夏与早商在年代上是重叠的）中，已经渗透着中轴线观念。据建筑考古，河南二里头晚夏（早商）一座宫殿台基遗址，可推见台基中部偏北为一庑殿式建筑，其平面呈横向之长方形，发现有一圈柱子洞（洞中有柱础石）围于基座四周，其柱洞数南北两边各九、东西两边为四，间距3.8米，呈东西、南北对称排列态势。可见，这座早商宫殿建筑遗址的平面是具有中轴线的。其中轴线就处在其南北两边第五柱洞之上，且与宫殿遗址东西两侧为四的柱洞线平行（见下图）。它布局颇为严谨，基本具备了后世宫殿建筑的一些特点。

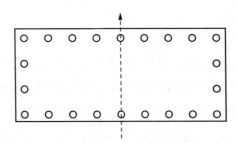

（早商二里头宫殿遗址中轴线简图）

　　清代戴震曾按《周礼·考工记》所述古代建筑制度，绘一《考工记宗庙示意图》，已能见出明显的"中轴线"意识。一般宗庙建筑（祭祀祖宗之所）的平面布局为，重要的主题建筑居中，其中心之所在，就是中轴线之所在，两侧对称安排建筑群的其他副题建筑，或者说，由于两侧诸多建筑的平面布局左右对称，最重要建筑设置的中心，总是在一条纵向的直线之上，使整个群体建筑或单体建筑的中轴线强烈地突现出来（见下页图示）。

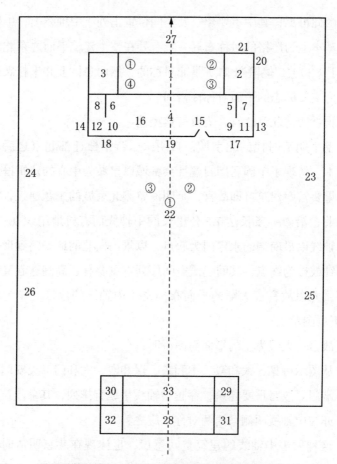

（引自戴震《考工记图》，载乾隆中刊《戴氏遗书》本。
中间标示中轴线之位置的虚线，为引者所加。）

图示说明：

1.室；1①.屋 漏；1②.宦；1③.突；1④.奥；2.房；3.房；4.牖 户；5.户；
6.户；7.夹室；8.夹室；9.东序；10.西序；11.东垂；12.西垂；13.东面阶；14.西
面阶；15.楹；16.楹；17.阼阶；18.宾阶；19.户己；20.闱门；21.侧阶；22.中庭；
22①.碑；22②.堂涂（陈）；22③.堂涂（陈）；23.东堂下；24.西堂下；25.东壁；
26.西壁；27.后寝；28.正门；29.左塾；30.右塾；31.东塾；32.西塾；33.内门。

由此可见，其中重要建筑及空间位置正处于中轴线上，中轴线两侧基本上为严格的对称布局。唯有处在整个建筑平面之东北方的"闸门"（20）、"侧阶"（21）是非对称的，然而总体上并未打破以中轴线为主要标志的平面对称性格局。

再看明清北京故宫，更具有典型性。

整个明清时代的北京城，自明永乐帝朱棣迁都北京之后，大兴土木，体现了中国后期封建社会都城以皇城为中心的建筑设计思想，重要宫殿建筑群即故宫，是明清整座北京城的主题建筑，它自南向北，沿着一条长达7.5公里长的中轴线而有机地组织在一起。该中轴线以最南端的永定门为起点，以景山向北的地安门到形体巨硕的钟鼓楼为终点，其间建筑空间序列重重叠叠、高潮迭起又井然有序，尤以故宫三大殿的平面布局富于中轴线的建筑美学为特色（见下页图示）。

故宫三大殿为主的平面简图说明：

从图示可见，太和殿、中和殿、保和殿、太和门、天安门、午门、端门等故宫重要建筑，穿越中轴线呈纵直排列，其余建筑的设置，亦在中轴线两侧呈两两对称呼应之势。

这种关于中轴线的建筑空间意识，也体现在北京明清时代的四合院民居形制上。其平面布局特征一般为，矩形平面，四周以围墙封闭，群体组合大致对称。大门方位一般南向，往往位于整座住宅东南一隅。进大门，迎面为影壁，入门折西，进入前院，前院尺度一般不大，视感较"浅"，就此建筑空间形象审美角度而言，采用的是"先抑后扬"法。继而穿过前院，跨入院墙中门（常为垂花门）到内院。内院以超手廊左右包绕庭院至正房。正房为整座四合院的主题建筑，尺度最大，用材最精、品位最高，其以耳房相伴，左右配以厢房。大型四合院可多重进深，庭落接踵，先是纵深增加院落，再求横向发展为跨院。但不管怎样，四合院的基本美学设计思想是，其正房（主题建筑）、厅、垂花门（中门）必在同一中轴线之上。

再就中国古代建筑之一"室"而言，其建筑平面亦呈现出中轴线特征，古代称平面一般为矩形（或正方形），其四角

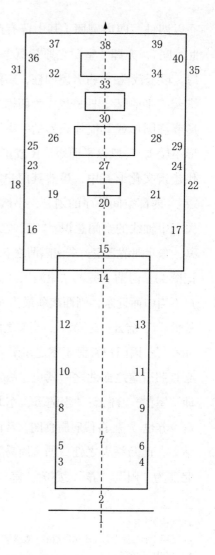

图示说明：

1.外金水桥；2.天安门；3.社稷街门；4.太庙街门；5.西庑；6.东庑；7.端门；8.社右门；9.庙左门；10.西庑（朝房）；11.东庑（朝房）；12.阙右门；13.阙左门；14.午门；15.金水桥；16.熙和门；17.协和门；18.崇楼；19.贞度门；20.太和门；21.昭德门；22.崇楼；23.弘义阁；24.体仁阁；25.右翼门；26.中右门；27.太和殿；28.中左门；29.左翼门；30.中和殿；31.崇楼；32.后右门；33.保和殿；34.后左门；35.崇楼；36.隆宗门；37.内右门；38.乾清门；39.内左门；40.景运门。

图示中虚线为中轴线位置。

立以四柱，四周砌墙（其中辟有门户）的基本建筑单位为"间"。此"间"，亦即"室"之原初概念，即《考工记》所谓"四阿"之屋。段玉裁说："古者屋四柱，东西与南北皆交覆也。"[42] 近人王国维云："四阿者，四栋也，为四栋之屋。"[43] 建筑历史上，平面为圆形或椭圆形或其他什么形的"室"十分少见（仰韶文化期曾有圆形小屋），一般以平面矩形（或正方形）为建筑平面常式。在这古代建筑文化形态中，虽然其门户常辟于"室"之东南一隅，但此"室"内部空间秩序的划分，仍然体现出以左右对称为美学特色的关于中轴线的空间意识。"室"之"西南隅谓之奥，西北隅谓之屋漏，东北隅谓之宧，东南隅谓之窔"[44]（请参阅前文所引戴震《考工记图》）。何谓"奥"、"屋漏"、"宧"与"窔"？疏云："古者为室，户不当中而近东，则西南隅最为深隐，故谓之奥，而祭祀及尊者常处焉。"[45] 疏云："孙炎云，当室之白日光所漏入。"[46] "白日光"何以"漏入"？因门户常辟于室之东南一角，一旦门户洞开，最早之日光必直照于室之西北之一隅也，故古时室西北隅称"漏入"，"漏入"即"屋漏"。疏云："李巡云，东北者阳，始起育养万物，故曰宧，宧，养也。"[47] 古代庖厨食阁，常设在室之东北角（参见《尔雅·释诂》），此乃举火之处。据《周易》，火为阳，水为阴。故称室之东北隅为"阳"，"养"，亦为"宧"。所谓"窔"通"窔"、"实"，原

---

42 《说文》注。

43 《明堂庙寝通考》，《王国维遗书·观堂集林》卷三。

44 《尔雅·释宫》。

45 《尔雅·释宫》。

46 《尔雅·释宫》。

47 《尔雅·释宫》。

意为风吹入洞穴之声。"窔"从"穴","宎"从"宀",可见古代之室,由远古之地穴发展而来(请参见本书第二章《起源观念》),人可出入,风可吹入的洞穴之口,实为由穴发展成室的门户。而古代门户,一般辟于室之东南隅,因而其东南隅称"窔"。由此可见,室之中轴线,正垂直于"奥","窔"连结直线与"漏入","宧"连结直线、且通过这两条直线的中点。

而即使寺庙建筑——古代中国本无寺庙,只是由于东汉初印度佛教的入传,才有佛寺的建造——甚至也接受了这种中轴线的空间意识。梁思成先生说:"我国寺庙建筑,无论在平面上,布置上或殿屋之结构上,与宫殿住宅等素无显异之区别。盖均以一正两厢,前朝后寝,缀以廊屋为其基本之配置方式也。其设计以前后中轴线为主干,而对左右交轴线,则往往忽略。交轴线之于中轴线,无自身之观点立场,完全处于附属地位,为中国建筑特征之一。故宫殿、寺庙、规模之大者,胥在中轴线上增加庭院进数,其平面成为前后极长而东西狭小之状。其左右若有所增进,则往往另加中轴线一道与原中轴线平行,而两者之间,并无图案上关系,可各不相关焉。"[48]

梁先生在此所说的,就是古代中国建筑文化所崇尚的与中轴线相联系的纵深空间意识,所谓"庭院深深深几许?""侯门深如海"、"深宅大院"等文学描绘,也生动地反映了这一点。这也就是屈原《天问》诗句"东西南北其修孰多? 南北顺橢(同椭,狭长)其衍几何?"所反映出来的"宇宙"观。

综上所述,关于中轴线的空间意识,读者可从仅举数例之中得

---

48 《梁思成文集(三)》第239页。

其大概。可以说，古往今来，世界上还没有发现哪一个民族像中华民族这样，对中轴线的建筑美学性格作如此热切的追求。

那么，这种对建筑中轴线如痴如醉的历史意识与空间意识，究竟是怎么历史地形成的呢？

尽管关于中轴线，也许是人们所熟知的，然而，正如一般未能从天地宇宙观角度去探讨古代中国的建筑空间意识一样，人们以往也未能从"中国"与中轴线之微妙关系，对这一重要的中国古代建筑文化的美学问题，作出科学的说明。

笔者认为，关于中国古代建筑中轴线的空间意识，其实就是"中国"观在古代建筑美学思想上的反映。

德国古典哲学家、美学家黑格尔曾经说过，"熟知的东西所以不是真正知道了的东西，正因为它是熟知的"[49]。"中国"是我们所"熟知"的，但"中国"与古代中国建筑空间意识尤其中轴线观念的关系，却未必人人了然。

我们说，所谓"中"，原为古代测天仪之象形，甲骨文写为🪧或🪧。"实物当作垂直长杆形|，饰以飘带以观风向（🪧），架以方框以观日影（中）。"[50]卜辞有"立中，允㞢风"[51]与"立中，㞢风"[52]之说，垂直长杆|之加一方框以成为中，此为求测日影之准确也。由此可见，"中"是与天地方位攸关的一个字，天地就是古人所理解的宇宙，因此，"中"与宇宙有关；而据前文分析，"宇宙"原指

---

49 黑格尔《精神现象学》序言。
50 李圃《甲骨文选读》自序。
51 《殷虚书契续编》4、4、5。
52 《簠室殷契征文》。

建筑，故"中"亦与建筑有关，此其一。

其二，人类的空间意识，是人在社会实践中所把握的客观空间属性在头脑中的反映。"人类空间观念的最初形成，是从对空间的分割开始的。混沌的空间，只有当它被分割为不同的个别部分以后，才是可以辨认的"。"由于人类的生活和生产活动，总是在一定的地域环境中进行的，所以在人类意识中首先发展起来的必然是地域——空间观念。"[53] 这种观念是在社会实践中产生的。比如，远古人类测天就是一种重要的社会实践活动，又因为那时社会生产力实在太低，人们往往在对天地自然力盲目的惧怕中战战兢兢地生活。虽然那测天之"中"，本是人类企图战胜自然的创造，却对这种"中"，连同"中"之所在不能不有所崇拜。于是，古代中国人通过生活与生产活动，一方面从混沌的空间中分割出一处关于"中"的地域，那其实是人的活动、人的力量所达到的一个区域，这个区域就是原初与测天仪相联系的、通过一定社会实践所初步"人化"了的"中"。由此，在古人观念上便由器物之"中"转化为空间之"中"。这种关于空间意识的"中"，实在是人性与人的主体意识的一次历史性觉醒。于是，虽然那时的古代中国人对茫茫宇宙基本上是无知的，却相信自己仿佛处在古代世界的"中心"；另一方面，由于古代中国人当时文化视野的狭小，虽然觉得自己仿佛处在"中心"，总也有点疑惑，因此那"中"，便不能不带有某种神秘色彩，后世之中国人，便可能将这"中"看成祖宗的恩赐而对之顶礼膜拜。因此，那种强烈的关于"中"的空间意识与历史感情，具有认

53　王锺陵《我国神话中的时空观》,《文艺研究》1984 年 1 月号。

知、审美与崇拜三重性。

其三，相传中国传统文化，肇自炎、黄。残酷之部族战争使炎族败而黄族胜。炎族败退四散，于是，黄族据胜之地就被尊崇为天下之"中"，这就是当初黄帝及其子裔生息之地，即今之河南一带，历史上称中州、中土、中原、中国。商已有"中央"的观念，甲骨文有"中商"之说。《周书》"王来绍上帝，自服于土中"；《逸周书》"作大邑成周于土中"。"土中"，即"天下土地中央"之谓也[54]。又，所谓"正中冀州曰中土"[55]、"其国则殷乎中土"[56]、"事在四方，要在中央"[57]，以及"世有大人兮，在乎中州"、"中州，中国也"[58]此类记载，真是太多了，这种尚"中"意识，正是华夏族自我中心意识的表露，"夏者，中国人也"。[59]而炎族之后裔，大约只能被蔑为所谓"东夷"、"北狄"、"西戎"与"南蛮"之类，亦被通称为"四夷"。

其四，这种崇尚"中"的空间意识，几乎到了深入中华民族灵魂骨髓的地步。试看被后世易学家捧为"群经之首"的《周易古经》，有所谓"在师中，吉，无咎"[60]、"中行独复"[61]、"中行，告公从，利用为依迁国"[62]、"丰其蔀，日中见斗，遇其夷主，吉"[63]

---

54 贺业钜《考工记营国制度研究》第 56 页。

55 《淮南子·地形训》。

56 《后汉书·西域传》。

57 《韩非子》。

58 《汉书》五七，下《司马相如传·大人赋》及其注。

59 《说文》。

60 《易·师九二》。

61 《易·复六四》。

62 《易·益六四》。

63 《易·丰九四》。

等蕴涵"中"之意识的爻辞。《周易大传》所谓"中正"、"时中"、"中道"、"中行"、"中节"、"大中"、"文中"、"中无尤"、"中不自乱"等说法几触目皆是，六十四卦中过半数的"传部"内容，涉及了这个"中"。《乾》卦九二爻："见龙在田，利见大人。"《乾·文言》则释为"龙，德而正中者也"。《坤》卦六五爻有"黄裳元吉"之爻辞，《坤·文言》便发挥道，"君子黄中通理，美在其中"也。《坤·象辞》也说，"文在中也"。即以《周易大传》之《象辞》为例，也发现所谓"利见大人，尚中正也"[64]。"蒙'亨'，以亨行，时中也。"[65] "文明以健，中正而应，'君子'正也"[66]等诸多记载。这些都是吉卦，可见古人认为中即吉也。

这种本为古人观测天文的所谓"中"，在孔子原始儒学、思孟儒学中被发挥为"中庸"、"中和"思想，"中也者，天下之大本也；和也者，天下之达道也。致中和，天地位焉，万物育焉。"[67]故无论"天文"、"地理"、"人道"，都不能离"中"而"立"。"天"、"地"、"人"此三者如何做到所谓"天人合一"？"合"在"中"也。或者说，只有牢牢把握这"中"，才能做到"天人合一"。"中"，在宋明理学中，不仅由原初带有神秘色彩的天文学概念，发展为地理学概念，而且继而成了整个中华民族的（它超出了原初黄族的概念）一种凝固的民族意识、历史意识与空间意识，这种关于"中"之意识，当然还同时融渗在政治伦理道德规范之中，成为处于漫长封建

---

64 《易·讼》。
65 《易·蒙》。
66 《易·同人》。
67 《礼记·中庸》。

社会形态之下的老大帝国固步自封、不思向外、以天朝为世界之中心的盲目自大的传统意识。人们昏昏然陶醉于"中"之"尊位"，将异族文化一概蔑视为"夷"，常常甚至达到十分可悲、可笑的地步。

宋代石介说，"天处乎上，地处乎下，居天地之中者曰中国，居天地之偏者曰四夷。四夷外，中国内也"。[68] 据说，仰观于天，二十八宿星座烁然在上，俯察于地，是与二十八宿相对应的中国大地，这里三纲五常伦理肃然，文明昌盛，这是据天下之正"中"，得天独厚的"结果"，且是"天经地义"、不容颠倒的宇宙人际秩序，否则，"天常乱于上，地理易于下，人道悖于中，则国不为中国矣。"[69] "中国人认为天是圆的，地是平面方的，他们深信他们的国家就在地的中央。他们不喜欢我们把中国推到东方一角上的地理概念。"[70] 应当说，这不仅是地理空间概念，也是中华民族的文化心理概念。建筑中轴线思想，就是这种传统民族文化心理的反映。

其五，这种传统民族文化心理，反映在建筑平面布局上，便是以中轴线象征"中"。

"国"是什么？"国者，域也，有域始有国。""国古隶之，旧读如今音之域，域其转纽也。国者，界也，疆也，本为疆界之义，故声纽相通。初时只为疆界，后演为国家之国。"[71] 国之古义为都城，《考工记》所谓"匠人营国"之"国"指都城。都城之起源，同时就是国家的起源，国家者，总有一定"疆界"，因此，原意指都城

68　石介《徂徕石先生文集》卷十《中国论》。

69　石介《徂徕石先生文集》卷十《中国论》。

70　《利玛窦中国札记》，中华书局1983年版，第180页。

71　王献唐《炎黄氏族文化考》第14、343页。

的"国",就被引申为国家之"国"了。

关于"国",不仅为一地域概念、政体概念与民族概念,且其原初是一建筑学上的空间概念。据卜辞,殷代已有"择中"作邑(都城、国)的历史意识。当时的作邑实践在甲骨文中留下了痕迹。"卜辞《南明》223:'作中',有时也称'立中',即先测一个'坐标点',然后围绕这个中心点修筑,在周围圈定大片耕地、牧场、渔猎之地","最外面建一圈人工的防护设施——可能是人工种植的树木,或利用天然的山林、河流,以与邻社的土地分开来;亦可能有人工修筑的土埂和巡守的堡垒之类,故邑字像人看守着一块土地。"[72] 这里,从古代"作邑"情况,可见"之国"雏形。尤其值得注意的是"立中"而作,"即先测一个'坐标点',然后围绕这个中心点修筑",[73] 这种情况,可以看作古代中国尚中、中轴线意识在建筑上的最初尝试。

"周人崇奉'择中论'。'择中'为我国奴隶社会选择国都位置的规划理论。认为择天之中建王'国'(国都),既便于四方贡赋,更利于控制四方(《史记·周本纪》)。《周礼·大司徒》对此曾作过系统论述,以为择'地中'(即国土之中)建'国',是天时、地利、人和三方面最有利的位置。不仅择国土之中建王都,且择都城之中建王宫。在观念中,'中央'这个方位最尊,被看成为一种最有统治权威的象征"。[74]

这就难怪中国古代对建筑中轴线的追求如此热衷了。

---

72 胡厚宣等编《甲骨探史录》第 280 页。

73 胡厚宣等编《甲骨探史录》第 280 页。

74 《考工记营国制度研究》第 56 页。

第二章 起源观念

与中国古代建筑文化的空间意识关系尤为密切的，是关于中国古代建筑文化的起源观念。

在古人看来，建筑既为"宇宙"，而且与"中国"攸关，那么，其起源观念，其实就是中国古代建筑文化的这种空间意识在建筑起源问题上的反映。

中国古代建筑文化起源于何时？这是一个饶有兴味的民族文化学与建筑文化学问题。据考古发现，浙江、江苏、湖北、云南等地曾出土大批竖于地下的木桩，它们常常排列成规则的长方形或椭圆形，已被证实那是"干阑"式建筑即房屋建于木桩之上的建筑遗存，属于新石器时代的晚期。比如，本世纪70年代初出土的浙江余姚河姆渡建筑遗址，是7000年前的建筑文化遗存，其建筑木构工艺水平相当高超，在考定中国古代建筑文化起于何时问题上当然很有价值。

但这绝对不会是中国古代建筑文化的源头。中国古代地面建筑从一开始就是木结构的，木材易蚀，千百万年天摧人毁，最古老的建筑遗构，也许早已在这块东方大地上荡然无存，或者被埋于地下将有待于被发现，其年代一定会比浙江河姆渡早得多。

　　而且，炎黄族的繁衍生息之地，主要集中在黄河中下游与长江中下游地区，人们有理由期望，在"中原"等地更古老的建筑文化将有待于成为建筑文化考古的新的目标。我们知道，远古屹立于东方大地的地面建筑，实由穴居或巢居发展而来，一般认为，北方多穴居，南地多巢居。虽然这些穴居与巢居究竟起于何时难以考定，不过可以肯定，它们比后起的比如河姆渡遗址的建筑又不知要早多少年。我国北方（主要是陕北等地），至今还有以窑洞为住所的，这窑洞，就是远古穴居的进化了的遗制。从穴居发展到窑洞，从窑洞上溯到穴居，还是可以清楚地把握其历史的发展线索的。

　　从一般逻辑推理，衣、食、住、行是人所须臾不能离开的。人之所以为人，免不了要与建筑有点关系。我们最古老的祖先，开始时尽管可以赤身露体，那时也不可能产生性的羞耻感而不需要、不懂得穿衣服，而建筑却是与生俱来的一种生理上的基本需求，这需要就如食物之于人一样重要。因为，即使是最早的原始狩猎者，也不可能一生中永不停步，常年奔波追逐猎物而不停下来休憩一下。这休憩之处，其实就是那建筑文化得以萌生的地方。何况，人需要一个繁衍生育的环境，后来猎物打得多了，也需要一个圈养或存放之地，因此，出于一种人的基本的生理需求，建筑文化的起源是不可避免的。

　　从这一点上可以说，中国古代建筑文化起源于何时的问题，实际上，是一个作为人类祖先之一支的我们的老祖宗起源于何时的人类文化学问题。

　　这里，我们暂且不准备在这一问题上多费笔墨，不重在探讨中国古代建筑文化如何起源、何时起源，而愿意将理论兴趣集中在中国古代如何看待建筑文化起源这个问题上，换言之，看看中国古代的建筑文化起源观念究竟如何。

第一节 天地崇拜与建筑文化起源观念

正如第一章所述，中国古代最原始的天地宇宙观，是在长期的社会生产实践（包括建筑实践）中逐渐形成的，建筑就是人们心目中的"宇宙"，是人从天地宇宙中划出的一个人为的时空领域，建筑象法天地宇宙。那么，在古人看来，人与建筑文化的关系，实际上就是人与天地宇宙的关系，也就是说，是一个人在天地宇宙之间的地位、力量与形象到底怎样的问题，人在宇宙中的主体性究竟有没有确立以及确立到何等程度，这严重地影响了中国古代建筑文化的起源观念。

一般地说，中国古代文化观、宗教观中没有树立一个如西方宗教那样创造宇宙万物的上帝形象。所谓盘古开天辟地说中的盘古，是与西方《圣经》中的上帝大异其趣的神话中的人物。他"老人家""活"着的时候，尚无力创造天地宇宙，开天辟地之"功"，倒是其"死"后的"光辉业绩"。据三国吴人徐整所著《三五历纪》称："天地浑沌如鸡子，盘古生其中。万八千岁，天地开辟，阳清为天，阴浊为地；盘古在其中，一日九变，神于天，圣于地；天日高一丈，地日厚一丈，盘古日长一丈。如此万八千岁，天数极高，地数极深，盘古极长，后乃有三皇。"[1] 这就是说，虽然作为古代中

---

1 原书已佚，这段文字，见于《太平御览》卷二。

国人的"祖先"，与天地同生同长，但天地宇宙却不是由盘古创造的奇迹；"天地"犹如"鸡子"，"盘古生其中"矣。可见这位后来"一日九变"、渐渐长大，"神于天、圣于地"的盘古，小的时候，不过犹如"鸡子"中孵出的"鸡雏"而已。这种关于开天辟地的神话观念，是人崇拜天地宇宙观念的反映。

虽然，到了南北朝时期的开天辟地说，盘古的形象变得十分高大了，但据说，那是这位"大人物"死后才成就的"事业"。"昔，盘古之死也，头为四岳，目为日月，脂膏为江海，毛发为草木。秦汉间俗说，盘古头为东岳，腹为中岳，左臂为南岳，右臂为北岳，足为西岳。先儒说，盘古泣为江河，气为风，声音为雷，目瞳为电。古说，盘古氏喜为晴，怒为阴。吴楚间说，盘古氏夫妻，阴阳之故也……盘古氏，天地万物之祖也，然则生物始于盘古。" [2]

这里，从人们宁愿神化虚构一个开天辟地的死后而非活着的盘古形象这一点，可见当时人们对人自身的创造力量还不是信心十足的，人看不见人活着时的现实创造力，却将创造现实的强烈愿望寄望于死后。这不能不说，是人对天地宇宙的依附性大于人的主体性的表现，在观念上，便是对天地宇宙的崇拜。当然，随着历史的推移，这种崇拜观念有可能变得愈来愈"稀薄"应是事实。

那么，这种关于开天辟地的崇拜观念与中国古代建筑文化的起源观念是什么关系呢？

盘古既为"天地万物之祖"，在古人看来，"天地"者，"宇宙"也；"宇宙"者，建筑也，因而，看来盘古也是建筑文化之"祖"

2　任昉《述异记》。

了。但是作为建筑之"祖",其与建筑之关系,倒也有点特别之处,这就是,一方面盘古"开天辟地",创造了"宇宙";另一方面盘古又在一定程度上拜倒在由其自己所"创造"的"宇宙"面前。由此可见,盘古这个神话形象的塑造,反映出古代中国人对天地宇宙起源的一种复杂微妙的民族的、历史的感情,其态度既是审美的、认知的,又是崇拜的、迷狂的。古人敢于虚构盘古这样一个半人半神的"天地"之"祖"的形象,却并不去将这种"创造"的功劳,归之于绝对外在于人的一个其他什么神,反映出古代中国人对天地宇宙起源,也是对建筑文化起源的一种审美兼崇拜的观念,或者确切地说,由于对天地宇宙的起源历史地采取崇拜兼审美的复杂态度,导致了对建筑文化的起源采取了同样的态度。

可以说,中国古代的天地宇宙的起源观念与建筑文化的起源观念,是合二而一的。其中理由,只要体会第一章所述天地宇宙观即古人所理解的建筑空间(时间)观就可明了。正如《系辞传》所云:"是故阖户谓之坤,辟户谓之乾;一阖一辟谓之变。"[3] 这里,所谓"户",本义为单扇门,《诗·小雅·斯干》所谓"筑室百堵,西南其户",即取其本义。可引申为"住户","家"。总之,均与建筑有关。而"乾",天;"坤",地,这是《周易》说得很明白的。故天地好比门户(建筑);门户(建筑)犹如天地。天为乾,乾为阳;地为坤,坤为阴。阴阳之变就是天地之起源,阴阳之变犹如"户"之"阖辟","户"之"阖辟"则意味着建筑文化的起源。

可见,天地崇拜确与中国古代建筑文化的起源观念有关,下文

---

3 《易传·系辞》。

试作进一步论述，先从拜天角度稍加论理。

"人类之初，仅能取天然之物以自养而已。稍进，乃能从事于农牧。农牧之世，资生之物，咸出于地，而其丰歉，则悬系于天。故天文之智识，此时大形进步；而天象之崇拜，亦随之而盛焉。"[4] 早在殷周之际，由于地上王权的实现，这种王权观念反映到"天"上，在人们的思想意识中，便产生了关于天帝的观念。

关于"天帝"之"天"，在殷末周初便愈显其至上神的神格，任何人事活动之前，都该问卜于"天"。"帝"亦即"天"。郭沫若氏云，"王国维曰：'帝者蒂也。'""帝之兴，必在渔猎牧畜已进展于农业种植以后。盖其所崇祀之生殖，已由人身或动物性之物而转化为植物。古人固不知有所谓雄雌蕊，然观花落蒂存，蒂熟而为果，果多硕大无朋，人畜多赖之以生，果复含子，子之一粒复可化而为亿万无穷之子孙，所谓'莘莘鄂不'，所谓'绵绵瓜瓞'，天下之神奇，更无有过于此者矣，此必至神者之所寄。故宇宙之真宰，即以帝为尊号也。人王乃天帝之替代，而帝号遂通摄天人矣。"[5] 这里所说的"帝"，即"蒂"。可见这种"帝"之观念，是建立在以植物为生产对象的农业文明基础上的，而且打上了阶级烙印，是比较后起的。然而，由于它是"神者之所寄"，扩而至于使"帝"成了"宇宙之真宰"。因此，"天帝"观不能不与中国古代建筑文化的起源观念有点关系，导致人从天地宇宙的崇拜发展到对建筑起源与建造营事活动的崇拜。

---

4 吕思勉《先秦学术概论》第 6 页。
5 郭沫若《甲骨文字研究》。

由于古代社会生产力相当低下，人的主体性当然不可能得到充分的展现，对盲目巨大的"天"（即"帝"，自然）的破坏力，人们自然是领教够了的。它常常使古代中国人的艰苦努力（包括建筑实践活动），终成泡影。这种痛苦的失败，使得古代中国人在进行营事以前，必须倾听"天帝"的意见，祈求它的许诺。关于这一点，只要看看卜辞就行。卜辞屡屡记有"王封邑，帝若"、"王乍邑，帝若"之类的文字。[6]这里，"封"，郭沫若氏认为是"乍"的异文。[7]而"乍"，即"作"，有修建与祭祀之义。"若"，则为"诺"。由此可见古人修邑之前对"天"的虔诚。尤其"乍"字，一字而兼两义，道出了古人膜拜天帝的观念与建筑观念的内在联系。又，比如"贞，作大邑于唐土"[8]、"癸丑卜，作邑五"[9]、"甲寅卜，争贞，我作邑"[10]之类的古文字记载，都说明了殷周之际对"天"的敬畏。是的，建筑意味着人向天宇要一个人为的空间区域，在畏天命的古人看来，还能不事先征求"天"的同意嘛？

著名甲骨文专家陈梦家说："卜辞中上帝有很大的权威，是管理自然与下国的主宰。"[11]"自然"者，"天"也，"国"者，建筑也。那上帝为何要将"天"与建筑牢牢抓在手里呢？就因为首先在起源观念上，这两者是密切联系在一起的。而卜辞所以将"上帝"说成为"自然与下国"的"主宰"，恰好说明殷人对两者是同时加以崇拜的。

---

6 《殷虚书契后编》以及乙1947、6750；铁220、3；下16、17；续6、13、12。

7 彭邦炯《卜辞"作邑"蠡测》，《甲骨探史录》（胡厚宣等著）第265页。

8 金611；乙3060；续5、171。

9 金611；乙3060；续5、171。

10 金611；乙3060；续5、171。

11 陈梦家《殷虚卜辞综述》。

殷周之际人们对"天"与建筑起源的崇拜尚且如此,那么,在殷周之前许多个世纪,建筑文化起源问题上的崇拜观念又是如何呢?

新石器时代晚期,在欧洲、北非以及亚洲印度等地,曾经出现过一种"巨石建筑",其规模之雄浑浩大,使人惊叹人类祖先的巨大创造力。一排排的巨石列,直立于广阔的原野之上,有的竟达3000英尺之遥,其存在价值固然不能排斥其具有实用的一面,而在观念上,显然是远古人类崇拜宇宙观念在建筑文化上的反映。由于崇拜天宇的威力,人不得不作出巨大努力,将一排排巨石直立于原野,为的是献祭于天神。同时,在那时的人们心目中,宇宙空间是神灵横行之处,加以他们对巨石本身的崇拜,就促使人们建造"巨石建筑",虔诚地相信这种建筑样式,能对横行于宇宙空间的有害神灵,具备拦截或推拒的巫术作用,以便使人在心理上获得一种虚幻的安全感。这种原始的近于疯狂的建筑热情,反映了原始初民同时崇拜天宇和建筑的古老的文化观念。

中国古代一般并无建造"巨石建筑"的崇拜热忱,但是,在建筑文化的起源观念上,同样因为拜天的缘故,也对建筑本身抱着崇祀的态度。换言之,建筑是如何起源的?在古人心目中,除了认为可以满足躲避风雨之类的实用之需,也是为了拜天的需要。

卜辞中有一"**亯**"字,亦写作"亯。"[12] 本义为"墉垣",是一个关于建筑物的象形字。后来,"**亯**"转义为"亨"。在《周易》卦辞中,"亨",其义为"祭",所谓"元亨"为大祭,"小亨"为小

12　京津 1046:铁 152、3。

祭是也。在《周易》之"传部"，"亨"还有"通"与"美"的意思，天人相"通"即为"美"也。"天"者，天宇自然，而且是带有神性的；"人"者，人事，此处可指建筑，建筑是"人事"之一种，是"人"的象征，人的力量智慧的表现。在我们看来，人的力量智慧肯定性地实现于天宇空间之中，这称之为"自然的人化"，或曰"人的本质力量的对象化"，这就是美，建筑文化也就是这样的美的一种。在古人看来，尽管建筑物在大地上的屹立本身，是一种清醒的现实存在的美，然而，由于他们认为天宇是带有神性的，故与天宇起源于同时的建筑也是同样令人深感神秘的。这实际上是人对自身本质力量的一种有趣的崇拜现象，或者可以看作是人的拜天意识向建筑文化起源观念的一种辐射。

自从东方大地上有了建筑，建筑给人遮风避雨、御寒抗暑、将毒虫猛兽挡在墙外，尤其在观念上，可将有害之神灵驱逐出去，使人深感生活的空前的"安全"。这种建筑的"奇异的功能"必然使我们的老祖宗惊讶不已。人们自己创造了"奇迹"，却不相信这种"奇迹"是自己创造的。于是便将这种具有"奇异功能"的建筑文化，归之于天帝的恩赐；在崇拜天帝之余，也对建筑加以崇拜。这就不难理解，本为建筑文化范畴的"亯"字，何以会转义为"亨祭"之"亨"了。故古人曰："亯（即亯），献也。"[13] "亨，献也。"[14] "亯，祀也。"[15] "亯，像修在宽大台基上的一座'庑殿式'房

13　许慎《说文解字》。
14　《尔雅·释诂》。
15　《广雅·释言》。

屋形……宫的初意概指献祭品于这座巨大庄严的建筑。"[16] 其底蕴于此可见一斑。

同样，卜辞中"家"字，也透露了个中消息。家，卜辞写作"𤱶"或"𤲃"[17]。"居也，从宀。"[18] 故"家"即人之安居之处，"家"与建筑攸关。自从有了建筑，人才开始在地球上有了自己的"家"。虽历史上建筑文化的起源，远远早于人类的定居生活，但建筑一旦起源，则意味着人类的生活开始趋向于定居。

最原始的建筑，无疑具有"家"的功能。但这功能是复杂的。悠古时代之"家"，与后世家庭之"家"相比，则是有区别的。《周易》说："九五，王假有家，勿恤。吉。"[19] 这里，假，格；格，来、进之义。故假，有至、到达的意思。恤，忧。依易理，"九五"，性刚健、中正，在正位。"九五"之位象征王者。故"家人"卦（卦象为☲☴）的这一"九五"之爻是说，处于"九五"之位的"王"到达"家"，是吉利无忧之事。这是社会已经进入"人王"时代人们所理解的"家"，其实就是指后世所谓坛庙一类的建筑。"王假有家"，与《礼祀·祭统》与《周易》"萃"、"涣"两卦所谓"王假有庙"的意思相同。

由此可见，后代中国的坛庙建筑，比如明清北京的天坛，其历史渊源，就是《周易》所谓"王假有家"的"家"。这"家"，专用于祭天或藏神主而无供人居住的意义。

---

16 《文字源流浅说》。

17 见于前 4、15.4；前 7、38、1。

18 许慎《说文解字》。

19 《周易·家人》。

　　然而这种后来发展为坛庙建筑的"家"，还不是最原始的中国古代建筑文化。最早的"家"，是祀火的地方。火的发明与利用，曾经给古代中国文化带来了一个巨大的历史性进步。而在古人生活中，保存火种使其常燃不熄是为头等大事，并且也最烦人。可是一旦发明了建筑，将火种引到"家"里来保存，就容易多了。因而，古人不仅拜火，而且连与火有关的建筑也一并加以崇拜了。前文说过，卜辞中"亯"（舍）有"亨祭"之义，古文字家朱芳圃氏释"亯"为"烹饪器也。上象盖，中象颈，下象鼓腹圜底"，此说固然可待商榷，但先民有拜火观念，这一点却也指得明了。"先民迷信鬼神，每食必祭，食物熟后，先荐鬼神，然后自食，故引申有进献及祭祀之义。"[20] 缺憾在于，此说并未将崇拜火与崇拜建筑联系起来。李镜池氏说，"九五之家，不是家庭的家，而是藏神主的地方。"此"与萃、涣两卦辞'王假有庙'同类。家、室、宗、庙等建筑物，起初是构建起来用以祀火的。在原始人同自然作斗争中所取得的巨大成就，是火的发现⋯⋯火种不能在露天地方、要放在家里来保存，也在家里祭祀它，以后家室宗庙等就成为放神主之所，也就是拜神的地方。"[21] 此说将拜火与建筑联系起来了，但没有说明那建筑是否由于具有存火的功能而成为崇拜的对象。其实，在笔者看来，这是不成问题的。但看北京天坛，在明清时代因具有拜天的功能意义，不是连其一砖一石都是神圣的嘛？后世倘且如此，在社会生产力更为低下的远古时代，因浓重的拜天意识，人们就更可

20　朱芳圃《殷周文字释丛》第 92、93 页。

21　李镜池《周易探源》第 224 页。

能将"家"看成神圣的了。所以在古代，崇拜火、天与建筑，常是三位一体的。《礼记》云："祭帝于郊，所以定天位也。"[22] "燔柴于泰坛，祭天也。"[23] 这里，帝，即具有神性的"天"；泰，太，通大，泰坛即大坛，泰坛即具有祭天功能的建筑；燔柴，以柴举火，此火下在于坛，上袅于"天"，也是具有神性之物，它沟通了建筑与"天"的联系。而泰，依《周易·泰卦》，有亨通泰平之义。泰卦卦象为䷊，内卦☰为乾，外卦☷为坤，合泰卦为乾下坤上。乾为天，坤为地，建筑介于上下天地之际，可谓"亨通泰平"。且"亨通"之"亨"，依前文之解，"祭"也。"祭"者，必具崇拜之义。因此的确，火、天、建筑三者之共性在于崇拜（祭）。因"祭"而"通"，故曰"亨通"。这雄辩地暗示了，古人崇拜天帝与中国古代建筑文化起源观念的一致性。

《周易》之"大壮"卦，也说明了这一点。此卦系辞称："上古穴居而野处，后世圣人，易之以宫室，上栋下宇，以待风雨，盖取诸大壮。"[24] 这是说，上古时代没有建筑时，先民只得冬天住在自然山洞里，夏天露宿野外。后来圣人以建筑改变了这种状况。那建筑物的基本形制是，柱子直立向上，屋宇下垂，具有避风雨的功能，这是取法于大壮卦。而大壮卦之卦象为䷡，有一种解释，称其下方四个阳爻，像柱子与墙，上方二个阴爻像铺在椽檐上的茅草；另一种解释为内卦像台基，外卦为具有门户窗牖的房屋。这里，暂且不管何种解说更有道理。依易理，内卦☰为乾，乾者，健，坚固之

---

22 《礼记·礼运》。
23 《礼记·祭法》。
24 《易传·系辞下》。

意；外卦☳为震，为雷。总之，天上雷雨交加，下有坚固的房屋，人就足以避风雨了，真可谓"大壮"之象了。"象曰：大壮，大者壮也。刚以动，故壮。"[25]"象曰：雷在天上，大壮。"[26]依我们现在理解，上古从无建筑到建筑物屹立于天地之际，不畏雷震，躲避风雨，确为壮观，这建筑文化的美，就是一种"大壮"之美。然而，在《周易·传》成书年代及其以前，这"大壮"之美，却被具有浓厚崇拜天帝意识的古人，看成为"圣人"承天而为（关于"圣人"与中国古代建筑文化起源观念的关系，详后）的结果，或者说，是天帝假"圣人"而为的产物。古人心目中的"大壮"之美，实际上是一种渗透着崇拜天帝与建筑之观念的"美"。我们不能忽视以下这一点，尽管《周易》古经不乏历史、哲学、美学与艺术等清醒的现实内容，因此尽可将它作为中国古代的历史文化来研究，然而，这部书本质上是一部占筮之书，其六十四卦，时时处处无不渗融着一定的崇拜意识，此大壮卦亦不例外。《周易·大壮》确未涉及到建筑的起源观念，却由于其本身的"占筮"（崇拜）意识（这"占筮"无非就是"问天筮地"而已），才有后儒的系辞传、借建筑文化之起源以发明这种崇拜意识。可见，在古人心目中，中国古代建筑文化之起源观，实际上是对"天"之崇拜在起源问题上的表现。

正因在中国古代建筑文化起源观上，崇拜天帝与建筑是古人的一种顽强的历史意识，才有比如殷商时代，商统治者频频迁都的历史行为。现在我们读《尚书》，那商王动员老百姓迁都的声嘶力

---

25 《易传·大壮·象辞》。
26 《易传·大壮·象辞》。

竭的叫喊，音犹在耳："明德朕言，无荒失朕命！"[27]（译文："大家要用心听我讲话，不许怠慢我的命令！"）为什么呢？因为，"殷降大虐，先王不怀厥攸作，视民利用迁。"[28]（译文："从前上天降大灾给殷国，先王也不敢留恋旧都，就根据人民的利益而迁都。"）说是迁都为老百姓的利益，实际上是对天帝意志的恐惧。"今我民用荡析离居，罔有定极。尔谓朕曷震动万民以迁？肆上帝将复我高祖之德，乱越我家。朕及笃敬，恭承民命，用永地于新邑。肆予冲人非废厥谋，吊由灵，各非敢违卜，用宏兹贲。"[29]（译文："现在我们的人民，因为受到水灾，四处逃散，没有可以安居的地方。你们说，我为什么要惊动上千上万的人民迁都呢？你们要知道：上帝降下来这样的大灾，原是叫我们迁到新邑，恢复高祖的事业，这就是上帝要兴隆我们的国家。我是很诚恳很小心地顺着上帝的命令去办事，我很尽心去拯救人民，叫人民永远住在这个新邑。我并不是不听从大家的打算，因为意见不同，总要采用好的。如今从占卜中也已经得到吉兆，谁也不敢违背占卜去办事，因此，我们就要完成这次迁都的大事业。"）

说过崇拜天帝与中国古代建筑文化起源观念之后，再来简略地谈谈崇拜地神与起源观念之关系，也许是不无裨益的。

对于中国古老的农业文明而言，除了天时，土地是它的命脉。因而自古祭祀地神之风一向很盛，崇拜地神实乃农业文化之一部

27　《尚书·盘庚中》译文根据《中国哲学史资料选辑》，后同。
28　《尚书·盘庚中》译文根据《中国哲学史资料选辑》，后同。
29　《尚书·盘庚下》。

分。"地载万物者，释地所以得神之由也。"[30] 东方大地广大无边，负载万物，万物葱茏，皆赖地以生，因而人们对土地，实在是很感谢的。又，大地亦常常降灾祸于人，江河横溢，山摇地动，泥石奔流，甚或火山爆发，人则死于非命，故人们对大地又时时惧怕。既感激，又恐惧，由此引起了对大地的崇拜。崇拜就是客观对象被神化，主观自我的异化与迷失，一旦崇拜便献祭。人自己创造了"地神"，又折服于"地神"脚下，受其摆布，这实在是一出历史的不可避免的悲剧。

那么，这种拜地观念与中国古代建筑文化起源的关系，又当如何？

"是故，易有大极，是生两仪，两仪生四象，四象生八卦，八卦定吉凶，吉凶生大业。"[31] 这里，"大极"，即太极，为阴阳未分，天地浑沌状态，是古人心目中宇宙的本根，宇宙万物由此创始。"生生之谓易"，易者，变易、简易、不易，故"大极"是一运动变易的宇宙本体，使阴阳分离，形成天地，这就是"两仪"。仪，仪容之意，天地就是"大极"的分化现象。天地一旦形成，便有春秋代序、夏冬交替，这便是"春夏秋冬"。"四象"即四时；或"四象"指金、木、水、火。扩而之谓"八卦"，"八卦"指天地水火风雷山泽八种自然之物。其实，"八卦"之变，是涵盖宇宙万物的，这种涵盖范围，当然也包括人事活动。在古人看来，"大极"的这种变化"规律"是任何人所不可违逆的，人的命运"吉凶"系于易

30　《白虎通义》。
31　《易传·系辞上》。

理，系于太极，系于天地，故凡欲成"大业"者，应顺应易理，不违天命地运，趋吉避凶才是。

这里，反映出来的对易、太极、天地之类的崇拜观念是非常浓烈的。

这里，既然认为太极是宇宙万物之本根，天地为太极所生，那么，太极亦便是建筑之本根了。而且，所谓建筑，不就是象法自然宇宙、立于天地之际的那种人为的小"天地"嘛？因而，对天地的崇拜，必然波及到对建筑起源的崇拜。因而，除了拜天，必须拜地。虽然古人认为，天尊地卑，但处于卑位的地比之于人，实在还是很崇高的，"地者，万物之母也！"惟显得人之渺小。

渺小的人拜倒于地，这就是所谓"社"。"社，所以神地之道也。地载万物，天垂象，取材于地，取法于天，是以尊天而亲地也。故教民美报焉。"[32] 社，就是"亲地"，就是"美报"。"社"还有另一解，指土地之神。"共工氏有子曰勾龙，为后土……后土为社。"此之谓也。社从示（读 qí），同"祇"，也是地神的意思。古籍所谓"大宗伯之职，掌建邦之天神、人鬼、地示之礼"[33] 的"示"，指的就是地神。对地神加以崇拜，就是"社"之第一解，故《礼记》又说"社祭土"。[34]

祭祀土地神，必须相地以建，要有一定的形式，这形式就是建筑。故"社"还有第三解，远古指祭祀地神之所，后世发展为社庙、

---

32 《礼记·郊特牲》。

33 《周礼·春官·大宗伯》。

34 《礼记·郊特牲》。

社稷坛之类。这就是古籍所谓"伐鼓于社"[35]、"王者封五色土为社，建诸侯，则各割其方色土与之，使立社"[36] 之"社"。"社"的重要性，不亚于祭天的"坛"以及下文将要论述的"祖庙"。社稷为立国之本与政权的标志。"人非土不立，非谷不食……故封土立社，示有土也；稷，五谷之长，故立稷而祭之。"历代封建王朝必先立社稷坛垣，然后自安；灭人之国，必废弃被灭国的社稷坛垣，然后自得。

"社"之三解，说明中国古代建筑文化美学思想上的一个问题，即拜地观念（地神观）、拜地对象（地神）、拜地之所（建筑），是三位一体的。拜地观念的产生，是与建筑文化的起源观念联系在一起的。由此可以想见，在远古时期，正是这种拜地观与拜地的心理需求，刺激了拜地之所的建造。我们的祖先是很讲实际的人，建筑的起源是从企图解决人的居住问题开始的，这就是说，建筑起源于实用。但是，那种求其实用的目的，在远古并非容易实现，于是便祈求神的佑助，祈天拜地，以便实现这一目的。因此，从"社"的起源（还有"坛"的起源，见前）大致可以联系建筑文化的起源。这种起源，似乎是受了崇拜地神（或天帝）观念的刺激，由此得出中国古代建筑文化起源于崇拜天地的初步结论。然而本质上，说建筑文化起源于崇拜，实际上是建筑文化起源于实用的另一种理论表述。因为，古人所以那样艰苦卓绝地发明建筑，讨好神灵，其目的仍在企望从天神地祇那里谋得实际好处，仅仅那种求其实用的愿望，只能在观念中"实现"罢了。

---

35 《左传·昭公十七年》。
36 《尚书·禹贡》。

总之，炎黄祖先对天地的崇拜，在中国古代建筑文化起源观念上打下了深刻的精神烙印，后世出现的诸多建筑文化现象，往往可从上古对天地的崇拜得到解释。比如，关于人牲祭现象，在殷墟文化中比比皆是。如殷墟第三期建筑遗址，"有一个'奠基墓'，埋小孩 1；有'置础墓' 9，埋人 1，牛 33，羊 101，狗 78。""乙七基址，埋有人 1，牛 10、羊 6、狗 20；七个'安门墓'，埋有人 18、狗 2、人或持戈执盾，或伴葬刀、棍之类。"[37] 夯土台基的建造，"经常用人'奠基'。一般是在台基上挖一个长方形竖穴，把人用席子卷好，填入穴内，再行夯实"。[38]《诗经》和《史记》也有记载，秦穆公死而建陵，殉葬者凡一百七十七人，其中包括奄息、仲行与铖虎子等三大贤人。[39] 而近期发掘的西安秦公大墓，虽然建造年代较穆公墓为晚，但殉人竟达一百八十二。

关于这种建筑文化现象，历史学家们曾经争论不休，他们以有无殉葬及殉人之多寡作为划定历史分期的一个重要立论依据；社会学家从政治角度，愤愤谴责当时统治者的残暴无道，这都无可厚非。但若从中国古代建筑文化起源观念看，这是天地崇拜（尤其是地神崇拜）在古代营事活动中的反映。

《礼记·郊特牲》云："以天之高，故燔柴于坛；以地之深，故瘗埋于坎。"又云："天神在上，非燔柴，不足以达之。地示在下，非瘗埋不足以达之。"原始祭地神之祭典，是将祭品或人血、牲血

---

37 邹衡《夏商周考古学论文集》第 79 至 80 页。

38 《新中国的考古发现和研究》第 225 页。

39 按：《诗·黄鸟》："彼苍者天，歼我良人！如可赎兮，人百其身。""良人"，即指奄息，仲行，铖虎子三大贤人。

浇洒于地，现当代以酒洒地、将骨灰撒在江河大地，实是远古祭地之法的发展。故所谓"以血祭祭社稷"[40]实是对地神最隆重的祭典。这就不难理解，古代中国建房造墓，何以要殉牲甚至殉人了。其建筑文化的美学意义在于，人们既然对天、尤其是大地之神佩服得五体投地，那么，在神面前献出鲜血与生命，也是在所不辞的。因此，以有无殉人现象及殉人之多少去推断某一历史阶段是奴隶社会抑或封建社会，此未必持之有据。殉人的房主或墓主，未必人人残暴无道。而被殉者也并非个个都是冤魂，他们之中，也肯定有不少是含笑于九泉的。这雄辩地说明，在古代中国，那种与建筑文化起源观念相关的天地崇拜，是被当作审美来追求的，这种崇拜，实在是一种虚假的审美，异化了的审美，是真正的历史的残酷。

第二节　祖宗崇拜与建筑文化起源观念

在炎黄古代，关于建筑文化之起源，除了归之于天地，还有归之于祖宗的。

本来，任何民族建筑文化的起源，都是该民族最远古时代人们的创造，都是人类祖先的光辉业绩。而中华民族的建筑文化起源观念，倒也别具一格，它是与中华民族自古以来的祖宗崇拜观念密切联系在一起的。

这里，且让我们先来看看一些中国古籍怎样谈论建筑文化之起源。

"古者人之始生，未有宫室之时，因陵丘堀穴而处焉。圣王

---

40 《周礼·大宗伯》。

虑之，以为堀穴，曰冬可以辟风寒，逮夏下润湿，上熏烝，恐伤民之气，于是作为宫室而利。"[41] "古之民未知为宫室时，就陵阜而居，穴而处，下润伤民。故圣王作为宫室，为宫室之法，曰：室高足以辟润湿，边足以圉风寒，上足以待雨雪霜露"。[42] "上古穴居而野处，后世圣人易之以宫室，上栋下宇，以待风雨。"[43] "上古之世，人民少而禽兽众，人民不胜禽兽虫蛇，有圣人作，构木为巢，以辟群害，而民悦之，使王天下，号曰'有巢'。"[44] "古者民泽处复穴，冬日则不胜霜雪雾露，夏日则不胜暑蛰蝱蚊。圣人作，为之筑土构木，以为宫室，上栋下宇，以蔽风雨，以避寒暑，而百姓安之。"[45]

这里所记，难免挂一漏万。然说到中国古代建筑文化之起源，种种古籍记载，却是异口同声，都说是古代"圣人"、"圣王"的创造。

那么，这些"圣人"、"圣王"，具体又指哪些创造者呢？

"《白虎通》云：黄帝作宫室"。[46] "有巢氏教人巢居。《易》曰：'略'，谓黄帝也。《黄帝内传》曰：帝（即黄帝）斩蚩尤，因建宫室。《穆天子传》曰：登昆仑观黄帝宫室。《白虎通》曰：黄帝作宫室以避寒暑。此宫室之始也。"[47] "《尔雅》曰：宫谓之室。《风俗通》曰：室其外也，宫其内也。盖自黄帝始。"[48] "堂，当也。当正向阳之屋。又堂，明也。言明礼义之所。《管子》曰：轩辕有明堂之议，

---

41 《墨子·节用中》。
42 《墨子·辞过》。
43 《易·系辞传》。
44 《韩非子·五蠹》。
45 《礼论》。
46 《尔雅·释宫》疏。
47 《事物纪原》（高承撰、李果订）。
48 《事物纪原》（高承撰、李果订）。

春秋因事曰：轩辕氏始有堂室栋宇，则堂之名，肇自黄帝也。"[49]《尔雅》曰：观四方高曰台，有木曰榭。《山海经》曰：沃民之国，有轩辕台。《黄帝内传》曰："帝斩蚩尤，因之立台榭，此盖其始也。"[50]"皇图要纪，轩辕造门户。"[51]

又，"《说文》曰，瓦，土器也。烧者之总名也。《礼记》曰：后圣修火之利，范金后土，此瓦之始也。《周书》曰：神农氏作瓦器。"[52]"《古史考》曰：夏后氏昆吾氏作瓦。"[53]"《古史考》曰：夏世乌曹氏始作瓶。"[54]"《世本》曰：禹作宫室。"[55]"舜作室，筑墙茨屋，辟地树谷，令民皆知去岩穴，各有家室。"[56]

凡此种种，不一而足，还可举出许多。

以上关于中国古代建筑文化起源的说法，所出时代有异，内容却大同小异，都将发明建筑文化的"历史功绩"，归于黄帝、神农、后土、夏禹之类。虽则种种传说，前后不无牴牾，张冠可以李戴，从纯史学角度看，往往经不住史实的检验，它们或出于先秦诸子之手，许多却是后儒悬拟，自然未可尽信。但是，从中国古代建筑文化角度看，这些连篇累牍的记载，喋喋不休的说教，看来是必有所本。这"本"，便是强烈的祖宗崇拜观念，其中透露出来的民族文化意向、文化心理结构，其美学意义无疑是深刻的。

---

49 《事物纪原》（高承撰、李果订）。

50 《事物纪原》（高承撰、李果订）。

51 《格致镜原》卷二十《宫室类》。

52 《事物纪原》卷八（高承撰、李果订）。

53 《事物纪原》卷八（高承撰、李果订）。

54 《事物纪原》卷八（高承撰、李果订）。

55 《尔雅·释宫》疏。

56 《淮南鸿烈·修务训》。

在所谓始创中国古代建筑文化所有有名的"圣王"中，威仪赫赫的黄帝地位极为重要。

黄帝，在古籍中是战国后期才被正式塑造而成的人化神，至汉才威名远播。但早在战国之前，关于黄帝的神迹传说，已有流传。黄帝成命百物，神通广大，不仅创造建筑文化，且为兵法、医学与道家之祖。司马迁写道："黄帝者，少典之子，姓公孙，名曰轩辕。生而神灵，弱而能言，幼而徇齐，长而敦敏，成而聪明。"[57] 虽是历史学家笔下的形象，似乎早已颇具神性。这位太史公还根据其前代传说，说"轩辕之时，神农氏世衰。诸侯相侵伐，暴虐百姓，而神农氏弗能征。于是轩辕乃习用干戈，以征不享，诸侯咸来宾从。"[58] 又称，黄帝与炎帝三战于阪泉之野，又与蚩尤战于涿鹿之野，擒杀之，于是便天下太平。其战功卓著，德政昭天，口碑尤佳。历史发展到汉代，黄帝成了汉族的一个始祖神，这是适应了汉代民族大融合的历史要求。汉以黄帝为祖，黄帝成了民族大融合的象征。所谓三皇五帝的古史体系，也需要这样一位共同的祖神。

于是，夏、商、周每一朝代的统治者，都被敷衍为黄帝的后裔，都与这位始祖有了血缘联系。所谓"夏后氏亦禘黄帝而郊鲧，祖颛顼而宗禹；殷人禘喾而郊冥，祖契而宗汤；周人禘喾而郊稷，祖父王而宗武王。"[59] 就反映了这种联系。这里，禘，祭。郊，本义为城外。古代祭天必燔柴，在郊外，称郊祭、郊祀、郊社。故郊，可引申为祭祀。鲧，相传为黄帝曾孙。祖，祖先、祖庙之谓也，亦

---

57 司马迁《史记·五帝本纪》。

58 司马迁《史记·五帝本纪》。

59 《礼记·祭法》。

有祭祖之义。颛顼,古帝名,五帝之一,相传亦为黄帝之孙;宗,原指祖庙,可引申为尊崇。禹,鲧之子。喾,相传亦为黄帝之曾孙。契,喾之子。汤,成汤。稷,后稷,喾之子。文王、武王,后稷之后代。这样,黄帝就成了后代人王所共同尊奉崇拜的祖神了。

实际上,尽管人各有祖、族各有祖,偌大东方古国,却肯定不会仅以黄帝为同一祖先。并且,当时人们所以尊称汉族之祖神为黄帝,其实不过是历史上流行的阴阳五行观在祖宗崇拜观念中的反映。

所谓阴阳五行观(亦称五德终始说),实发轫于战国齐人邹衍(公元前305—前240)之说。邹衍将《尚书·洪范》中的水、火、木、金、土构成世界万物的五行说,改造成唯心主义的天人感应与天道循环论。天道如何循环发展?按"五行终始"即"五德终始""规律"进行。此之所谓"水胜火、火胜金、金胜木、木胜土、土胜水"的"五行相胜"律。并且认为,朝代的更迭也必依"五行终始"这一"规律",这便是"天人感应"了。黄帝所以必为汉之始祖,实天之"必然"。《吕氏春秋》说:"黄帝之时,天先见大螾大蝼。黄帝曰:土气胜。土气胜,故其色尚黄,其事则土。及禹之时,天先见草木秋冬不杀。禹曰:木气胜。木气胜,故其色尚青,其事则木。及汤之时,天先见金刃生于水。汤曰:金气胜。金气胜,故其色尚白,其事则金。及文王之时,天先见火,赤乌衔丹书集于周社。文王曰:火气胜。火气胜,故其色尚赤,其事则火。代火者必将水,天且先见水气胜。水气胜,故其色尚黑,尚黑其事则水。水气至而不知,数备,将徙于土。"[60]这就是说,秦为水德,色

---

60 《吕氏春秋·有始览》。

属黑，秦所以代替周而立于天下，盖"水胜火"之故也；周为火德，色属赤，周所以代替殷商而立朝，盖"火胜金"之故也；殷商为金德，色属白，殷所以灭夏而王被华夏，又"金胜木"之谓也；夏为木德，色属青。那么，夏以前应是什么时代呢？根据"五行终始"，既然"土胜木"，那么，夏以前的时代应属木德，色属黄，其祖宗神当然该称黄帝了。又，汉在秦后，汉灭秦而立朝，这便应了"土胜水"的"天道"，土必胜于水，故汉必代秦以自立。汉者，土德，恰与上古亦属土德的黄帝时代相合。因而，历史上以各民族融合为汉族的汉代，便"理直气壮"地追认黄帝为其始祖了。司马迁所谓"秦始皇既并天下而帝，或曰：'黄帝得土德，黄龙地螾见。夏得木德，青龙止于郊，草木畅茂。殷得金德，银自山溢。周得火德，有赤乌之符。今秦变周，水德之时'，[61] 说的也就是这个意思。

自然，这种"五行终始"说，只是历史上阴阳五行家对历史更迭现象的一种唯心主义的解说，即使在唯心主义历史观的范畴内，也是难以自圆其说的。假设黄帝确为土德，按"五行终始"，"水胜土"也。照此推理，在黄帝时代以前，还应当有一个"水德"时代，水色属黑，故倘若这个"水德"时代也有"帝制"的话，则岂不是我们中华民族的始祖不是黄帝，而是什么"黑帝"了嘛？而且，一直上溯推论下去，按"五行终始"，实在是没完没了的，中华民族的老祖宗，究为何"帝"？实在也说不清了。

因此，中华民族源自"黄帝"说，其确凿的科学史学价值，实在也微。黄帝者，只是一介半人半神角色，并非实有其人，只是一

---

61 《史记·封禅书》。

个被神化虚构的中华民族精神上的始祖形象，所谓"百家言黄帝，其文不雅驯"[62]是也，这说明，即使是为黄帝作"本纪"的太史公司马迁，亦已疑该古史之未可尽信。

因此，所谓黄帝始建宫室（建筑）云云，当然是无可考定的。

但是，值得注意的是，"古史缅邈，中经改篡。发明制作者众矣，而多归美于轩辕"，[63]何也？

概而言之，这是中华民族强烈的崇祖观念在"作怪"。这里，我们且不谈古老的华夏比之世界上其他古老民族，比如古埃及、巴比伦、古印度究竟有多么不同。总之，崇拜祖先，是古代中国人的一个历史嗜好。自古以来，士大夫们的人生理想便是荣宗耀祖。家有家谱，族有族谱，大家族家谱与族谱之所记，离不开"祖宗功德"四字。谁的老祖宗在历史上有点小名气或大名气，其子遗便觉脸上光彩。掐指一算，孔夫子"去"了2500年了，而生于当代的孔氏七十几代孙，似乎还让人肃然起敬。老一辈的什么"家"在前有功，某氏后代干起坏事来便能有恃无恐。依仗门第、仰望门第，成了自古以来阻碍历史进步的一大顽疾。其实，父是父，子是子，祖宗是祖宗，后裔是后裔，除了血缘联系，其余应当两不相干。中国古代甚至现代的人生悲喜剧往往走了两个极端，或者鸡犬升天，或者株连九族。这都是祖宗崇拜在历史舞台上所演出的真正的历史悲剧。"族者，凑也，聚也。谓恩爱相依凑也。生相亲爱，死相哀痛，有会聚之道，故谓之族。"[64]"古无所谓国与家也"，国就是家，

---

62 《史记·五帝本纪》。

63 王献唐《炎黄氏族文化考》第1页。

64 《白虎通义》。

家者，血族之团体也，故"人类之抟结，族而已矣"[65]。族与家之祖宗崇拜，固然某种意义上有利于加强自古以来的民族向心力、团聚力，却使后来者想要举步前赴之时，不免每每回过头去看一看老祖宗的脸色。"天不变，道亦不变，祖宗之法不可变"，祖宗被神化了，是最高的权威，祖宗之遗说，"一句顶一万句"，成了中华民族的灵魂、精神支柱与评判人事是非的标准尺度。这便是古代东方亦可以说直至今天纠缠了人们头脑几千年的宗法观念，是深入人心骨髓的一种社会意识形态、一种民族的文化心理。

中国古代建筑文化以黄帝为宫室（建筑）之始祖，并非偶然，这是祖宗崇拜、宗法观念的表现。吕思勉说得好："盖古代社会，抟结之范围甚隘。生活所资，惟是一族之人，互相依赖。立身之道，以及智识技艺，亦惟恃族中长老，为之牖启。故与并世之人，关系多疏，而报本追远之情转切。一切丰功伟绩，皆以傅着本族先世之酋豪。而其人遂若介乎神与人之间。以情谊论，先世之酋豪，固应保佑我；以能力论，先世之酋豪，亦必能保佑我矣。凡氏族社会，必有其所崇拜之祖先。以此，我国民尊祖之念，及其崇古之情，其根荄，实皆植于此时者也。"[66] 黄帝作为"先世之酋豪"，并非实为建筑文化之始祖，而是在中华民族的传统文化——心理结构上，需要这样一位"酋豪"，以宣泄"报本追远之情"的缘故。

同时，黄帝所以成了崇拜观念中的中国古代建筑文化的"始祖"，还与古代所谓五方观念攸关。

65　吕思勉《中国制度史》第 378 页。
66　吕思勉《先秦学术概论》第 5—6 页。

　　所谓五方观念，实起于先民的社会生产、生活实践，是自我意识在一定空间领域中的表现。先民必以其自身所在之处为中，由此认识到其前后左右四个方位。故先民最初的空间观念必将其生存活动的空间划为这样前后左右中五个方面。从中出发，以中为基点，向四处眺望、开拓与进取。这种空间观念，接着便发展为东西南北中的五方观念，它既是地理观念，又是带有荒忽怪异色彩的天地崇拜观念。

　　在《山海经》中，这种关于东西南北中的空间观念是很明确的。刘秀《上山海经表》称，《山海经》一书，"内别五方之山，外分八方之海。"其"山"、"海"地域之划分，是以"中"为"坐标系"的，故《山海经》之"山经"部分有"中山"经之说。

　　那么，此"五方"中的"中"，与其余东西南北"四方"比较，有些什么不同呢？

　　屈原《招魂》篇这样描绘："魂兮归来，东方不可以托些，长人千仞，惟魂是索些。""南方不可以止些……蝮蛇蓁蓁，封狐千里些。""西方之害，流沙千里些。""北方不可以止些，增冰峨峨，飞雪千里些。""君无上天些，虎豹九关啄害下人些。……君无下此幽都些，土伯九约，其角觺觺些。""天地四方，多贼奸些。"[67] 那怎么办呢？

　　"魂兮归来，反（返）故居些！"[68]

　　何为"故居"？建筑也。这里"高堂邃宇，槛层轩些。层台累榭，临高山些。"是一个令人十分适的建筑空间环境。这空间环

67　《楚辞·招魂》。

68　《楚辞·招魂》。

境，就是人化的自然区域，人之所在的"中"。

"中者家也"，关于这一点，我们在第一章中早已有分析。

而在此"五方"中，黄帝就是"中"之"主"。

依有关古籍，黄帝或为"三皇"之一，或为"五帝"之一，这里暂且不论。反正，黄帝是居"中"而"制四方"的。"东方，木也，其帝太皞，其佐句芒，执规而治春，其神为岁星，其兽苍龙，其音角，其日甲乙。南方，火也，其帝炎帝，其佐朱明，执衡而治夏，其神为荧惑，其兽朱鸟，其音徵，其日丙丁。……西方，金也，其帝少皞，其佐蓐收，执矩而治秋，其神为太白，其兽白虎，其音商，其日庚辛。北方，水也，其帝颛顼，其佐玄冥，执权而治冬，其神为辰星，其兽玄武，其音羽，其日壬癸。"[69] 而"中央，土也，其帝黄帝，其佐后土，执绳而制四方，其神为镇星，其兽黄龙，其音宫，其日戊己。"[70]

显然，黄帝居"中"，"天命"所归。"中"既为"家"，"家"即建筑。并且，既然黄帝是中华民族的最古老的老祖宗，那么，发明中国古代建筑文化的，当然非黄帝莫属了。

这是以祖宗崇拜为主，集祖宗崇拜、天地崇拜与五方观念于一炉的建筑文化起源观。

这种中国古代建筑文化起源观念，给中国古代建筑文化的发展带来了深刻的历史影响。

首先，中国古代非常重视宗庙建筑。"君子将营宫室，宗庙为

---

69 《淮南鸿烈·天文训》。

70 《淮南鸿烈·天文训》。

先，厩库为次，居室为后。"[71] 春秋以前，王家、贵族进行营事活动，是将宫殿与宗庙看得同样重要的。"但在礼制上，宗庙的地位更重于朝廷。宗庙除了用作祭祖和宗族行礼的处所以外，更作为政治上举行重要典礼和宣布决策的地方。朝礼、聘礼和对臣下的策命礼等等，都必须在宗庙举行。君主有军政大事，都必须到宗庙向祖先请示报告，出兵作战也要到宗庙作出决定，授予战士兵器的'授兵礼'也要在宗庙举行，战胜后的'献俘礼'也常在宗庙进行。"[72] 何以如此？因宗庙乃供奉祖宗神之重地。秦皇汉武、唐宗宋祖，雄才大略，不可一世，他们的膝盖是天生不能弯曲的，然而在宗庙（除此还有在祭天地之时）里，也会诚惶诚恐地作跪拜礼，"早请示，晚汇报"，一切重大政事，虽然必"万岁"一人说了算，却还要装模作样地借祖宗之威权以号令天下，这实在是古代东方不可多得的一大奇观。

其次，"宗者，尊也。为先祖主者，宗人之所尊也。"[73] "宗，尊祖庙也。"[74] 以祖宗崇拜为建筑文化主题的宗庙建筑，是以家庭为基本社会细胞的封建宗法社会的精神象征。"宗"，从"宀"，显然是古代大屋顶建筑的象形，"示"之原义关乎生殖，可理解为被神化了的祖宗。"宗"，既与建筑有关，且指居住、福佑于"中"的被神化了的祖先。故祖宗，天下每一家的一家之"主"。这种"与家族形态及家庭生活方式有密切关联的房屋建筑，提供了一种从野蛮时

---

71 《礼记·曲礼》。

72 杨宽《中国古代陵寝制度史研究》第 32 页。

73 《白虎通义》。

74 《说文》。

代到文明时代的进步上相当完整的例解。"[75] 然而，这种以尊祖为崇拜观念的"家天下"的社会结构，几千年来在人们心上筑起了壁垒森严的道道高墙，使人心内向，不思向外，惟"中"为"高"，惟"宗"是命，形成了以清代程瑶田《宗法小记》所谓的东方宗法制度，以"家"为基本社会单位，自给自足，自生自灭，本能地从事农桑，排斥商贸，使中国封建社会得以超稳定地延续，所谓"别子为祖，继别为宗"，"百世不迁"。

同时，梁思成先生说："古者中原为产木之区，中国建筑结构既以木材为主，宫室之寿命固乃限于木质结构之未能耐久，但更深究其故，实缘于不着意于原物长存之观念。"[76] 考中国古代建筑文化传统，从建筑材料角度看，以木为材，木结构确是源远流长，一脉相承，这种建筑文化特色的延续而无以改变，以笔者之见，恰恰并非中华民族"不着意于原物长存之观念"，而是太"着意"于祖宗"长存之观念"的缘故。

建筑以木为主要材料有许多优点，加工方便、结构灵活，可塑性大，可使建筑形象质感熟软、偏于优美而使中华民族崇尚优美的审美情趣得到满足。缺点是木材易被损蚀，"未能耐久"。应当说，古人未必不了解木构建筑的这种致命伤。

但是，以木为材，木结构为老祖宗所创造，后人岂能动得？黄帝属土，土者，木之"母"也；木者，土之华也，土木焉能分离？倘若改土木遗制，岂非拿黄帝开刀？中国历来重人际伦理而不重自

75　摩尔根《古代社会》。
76　《梁思成文集（三）》第11页。

然物理，假如伦理物理两者不能兼得，怎么办呢？便宁舍物理而取伦理。以木为材、土木结构的建筑遗风所以延续数千年，因为它是与崇拜祖宗的伦理观念相联系之故。

还有，由于崇拜祖先，古代中国人将血缘关系看得过重。这种心理要求表现在建筑文化上，促成了群体组合的建筑空间序列的诞生、发展与持续。群体组合的出现自有其他许多原因，但以祖宗崇拜的家族制也不能不说为一大原因。清代王国维认为："我国家族之制古矣，一家之中，有父子，有兄弟，而父子兄弟又各有其匹偶焉。即就一男子言，而其贵者，有一妻焉，有若干妾焉。一家之人，断非一室所能容，而堂与房又非可居之地也。故穴居野处时，其情状余不敢知。其既为宫室也，必使一家之人，所居之室，相距至近，而后情足以相亲焉，功足以相助焉。然欲诸室相接，非四阿之屋不可。四阿者，四栋也。为四栋之屋，使其堂各向东西南北于外，则四堂后之四室，亦自向东西南北而凑于中庭矣。此置室最近之法，最利于用，而亦足以为观美。"[77] 这里，无须多作诠释，其义自明。正因为古人强调以老祖宗为宗主的一族人的"相亲"伦理关系，促进了建筑的群体组合的形成。对于每个内部具有森严伦理秩序的大家族而言，团聚在一起是很重要的，因而惟有建筑的群体组合，才"最利于用"，在文化观念上，"亦足以为观美"。

---

77 《明堂庙寝通考》，《王国维遗书（一）》。

第三章　模糊领域

在初步探讨了中国古代建筑文化的"空间意识"与"起源观念"两大问题之后，中国古代建筑文化关于建筑美的本质问题就显得尤为突出了。这是因为，任何建筑文化一旦起源，就是一种在时间延续中的物质性的空间存在，其空间性及空间意识与建筑美的本质关系是相当密切的。

什么是中国古代建筑美的本质？在未对其展开充分讨论之前，由于这一建筑文化学问题的复杂性，似乎不必也不能匆忙地对此下一个万无一失的定义。

但是可以肯定，中国古代建筑美的本质，是由中国古代建筑文化内部诸多因素所构成的矛盾运动及其与他事物的种种联系所决定的。为了力求对这一问题作出有益的理论探讨，先有必要对决定本质的"诸多因素"与"种种联系"加以初步考察。

在笔者看来，这些"诸多因素"与"种种联系"的动态结构，就是决定中国古代建筑美本质的一种"模糊领域"。

所谓"模糊"，本来只是自然科学——确切地说，只是一个数学范畴。当 1965 年，美国加州大学著名数学家查德（L.A. Zadeh），发表轰动国际数学界的数学论文《模糊集》时，人们对这一数学模糊论巨大的认识论意义始料未及。其实，这种模糊数学（也称弗晰数学），作为数学之第三代（第一代为经典数学、第二代为概率论与数理统计），不仅以大量的模糊现象作为数学研究对象，在人工智能、模式识别等多方面显示出无限活力，它成了研究许多界限不明、关系模糊的理论问题的一大十分有用的数学工具，一定程度上改变了人们传统的数学观念，而且，由于数学模糊论本有的哲学意蕴，"模糊"作为一个哲学范畴，丰富了传统认识论关于事物本质与量变的动态结构的概念。

倘若我们仅从认识论角度加以考察，所谓"模糊性"（Fuzziness），首先可理解为，客体对象处于动态变化中的某种性状与品质在同其他事物的动态关系中，缺乏明确、清晰的临界值。这就是说，任何事物的质的规定性，总是在与其他事物相互关联的"场"中得以确定的。如果某一事物与其他事物的相互关系非常复杂，并且处于动态变化之中，那么，这一事物的性状与品质，就可能带有模糊性。模糊性，是事物与事物之间处于渐变状态的一种动态的中介、过渡与连续性。并且正因如此，这种动态的中介、过渡与连续性，往往不易被实践主体所认识、所把握，所以，所谓"模糊性"，又是有待于被实践主体所认识、所把握的事物特殊的质的规定性。

中国古代建筑美的本质何在？一言以蔽之，就在决定这一本质的中国古代建筑文化一系列的模糊领域之中。

第一节　"中介"、"暧昧"与"灰"

中国古代建筑美，是由三大基本系统构成的：材料（结构）、环境与功能，它们统一于同一古代建筑文化的大系统之中。

材料系统：中国古代建筑用材的最大特色在于木材与泥土。这些材料都是东方大地自然的馈赠，也是古老的东方农业文化在建筑文化上灿烂的返照，或者说，它就是东方古代农业文化的一部分。

原始初民最初住在自然山洞或自然树荫下，这是世界上一切最悠古之人类的居住常式，炎黄祖先自无例外。后来，人们渐渐学会走出自然山洞，在山坡或平地挖掘半横向、横向或竖向洞穴，这是向大地要居住空间，其灵感当来自自然洞穴，但一般地舍弃了以山石为材的历史意向，而宁愿更多地、或者说不得不注目于泥土。这种对泥土的历史感情，首先是由炎黄祖先所赖以生存的大地所培养的。因为，当时人们所生存的黄河西部、北部流域，其黄土质地细密干结、水位较高、容易开掘、就地取材，没有必要弃近求远，而且舍此别无他途。同时，除了北地穴居以泥土为材之外，后代所谓南方"干阑"式建筑，实由远古之巢居发展而来。巢居，就是向地面附近的空中要居住空间，巢居必以木为材料而无疑。总之，中国古代建筑从其一起步，就与土木结下不解之缘，一为土穴，一为木巢，由此演变出其他居住样式。

以土木为始，尔后一脉相承，成为中国古代建筑用材之历史主流。远古居屋夯土为基，版筑为墙，"茅茨不剪"，是土木之"两重奏"。大约7000年前，北方盛行木骨泥舍，南地建造"干阑"木屋，离不开土木二材。陕西临潼姜寨仰韶遗址、西安半坡遗存、浙江河姆渡的建筑遗构以及河南二里头"夏墟"等等，均以土木为材而无例外。

据考古发现，最早的四合院遗构是以土木为材的，那是在岐山

凤雏一次令人鼓舞的发掘所证明了的。最早的宫殿，比如河南二里
头之宫殿遗址，虽其地面建筑早已荡然无存，但是，从现存之少许
草烬、木烬、台基夯实之鹅卵石、排列整齐之柱洞等遗构，可想见
其古朴的历史身影。

至于尔后的中国古建筑，从历史上赫赫有名的秦之阿房宫、汉
之未央宫、唐之大明宫、明清之北京故宫到名不见经传的寻常百姓
"家"，一律都是土木的"世界"。虽然中国古代建筑历史上时或也
有石材或以其他为材的建筑出现，但一般总不成气候，难敌土木之
滚滚历史洪流。

因以土木为材，这就决定了中国古代建筑之技术、结构的发展
方向。中国古代很早就能烧制以土为材的砖瓦，这种烧制技术是制
陶技术在建筑学上的运用，反过来又促进制陶技术的发展，并且进
而从技术向艺术演化，发明了独具民族特色的精工的花纹砖（画像
砖）与瓦当。在结构上，由于以土木为材，墙只成为划分空间的一
种手段，一般不用于承重，而以木构架为主要结构方式，创造了与
木构架相应的平面与建筑外观。比如，平面上横向铺排群体组合之
出现，固然有许多民族、历史、经济、观念方面的原因，其实最基
本的原因在于木这种材料的性能。木长度有限，这决定了古代建筑
之柱植过频，"间"之跨度不能过大的特点，因此就"间"本身而
言，其空间便不可能如西方中世纪或文艺复兴时期大教堂内部空间
那样高广。"间"之审美属性偏于小巧而少雄浑之气，一定程度上
切合古人偏于宁静独处的内心要求。在实用功能方面，这种空间尺
度偏小的"间"，某种意义上能够适合以小生产为基本生产方式的
生活活动之需，但有时又显得碍手碍脚、过于拥挤，作为弥补，便

有群体组合的出现。群体组合，主要表现为平面上间与间的连续组合，以向高空发展的间与间上下叠置为辅。这种组合方式，在实用意义上扩大了建筑使用空间，并且无疑极大地加强了整个建筑群的稳固程度，在审美上，却创造了独具民族特色的建筑群体形象的美。

并且，由于基本上以土木为材，梁柱的承重力是有限的，偏偏中华民族又嗜好于大屋顶，屋檐四垂，为求蔽阴御寒，需有一定的屋檐厚度，为求保护墙体与台基免遭风雨侵蚀，又要求屋顶有一定的出挑度，这就使得屋顶不可避免的重量与梁柱最大的承重力之间产生了尖锐的矛盾。解决这一矛盾可有两法：一为加强柱的粗度与缩短梁的跨度，这首先为木材的自然来源所限，而且使"间"的空间尺度更小，妨碍使用功能的实现。因而，此法虽易实施，却是一种笨拙的方法；二为运用力学原理，巧妙地分散梁柱的承重量，这便是斗栱的发明与运用。这种早在周代初期已经诞生的斗栱，世界建筑史上独一无二。它是斗与栱的合称，是在方形坐斗上用若干方形小斗与若干弓形之栱层叠装配而就。斗栱可用于承载梁头、枋头、外檐出挑的重量，后发展到用于木构架的节点上，以分散节点的过于集中的载重量。富于诗意的是，这种本是技术结构的创造，后来又渐渐向艺术推移，正如群体组合一样，斗栱的"错综"之美，何等邀人青眼，成了中国古代建筑媲美于世界建筑之林的一大特色而耀目于世界。斗栱与群体组合之建筑形象一起，同时还是古代人间伦理秩序的象征。

综上所述，中国古代建筑以土木为材料，由此引发了特殊的、传统的技术与结构，其整体形象常给人以愉悦的美感。一般而言，这种美感是属于优美范畴的。因以土木为材，质感偏于"熟软"，而少生硬，性格温和柔丽，而少阳刚之气，这一点在民居上表现得尤其明显，与欧洲古典石材建筑相比，即使是中国古代宫殿建筑，也还是富于东方特有的美的"土气"。建筑群体组合林林总总，气度不凡，井井有序，象征古代中国有条不紊的人间秩序，空间序列少有像西方古典宗教建筑那样向高空发展的，因而整个建筑形象亲切近人，轻盈平易，富于诗意的洋溢而不给人以突兀、惊奇的"痛感"。

那么，中国古代建筑这种材料系统的美，究竟美在何处？倘说美在土与木本身，则广袤的大地或磅礴的森林更富于美的生气；倘说美在技术与结构，则这种技术与结构仅仅是一定的物理力学与数学的运用。我们说，中国古代建筑确有特别迷人的材料美、技术美与结构美，但是，这种土木材料，实际上是以一定的与之相适应的技术结构而美；而这种技术结构之美，实际上又是以一定的功能要求、由土木材料所必然生发出来的美而美。任何单一的从材料或技术结构上去寻找这种美的指望，都必然落空。美在土木材料、技术与结构的中介、结合与连续，这是决定中国古代建筑美本质的其中一个"模糊领域"。

环境系统：这是中国古代建筑涉及于"场"的建筑文化的美学问题。所谓"场"，可分自然"场"与社会"场"。所谓自然"场"，指建筑美与自然的关系，亦即建筑美在自然界中的地位。此暂不论列，后详。所谓社会"场"，指建筑美在整个社会文化系统中的地位、作用与意义。

中国古代建筑文化并非是一个孤立的历史存在与历史现象，它总处于一定的社会"场"中。一定的社会环境系统决定中国古代建筑文化的存在与发展，而其存在与发展，反过来又丰富一定的社会环境系统。建筑应当独具嘹亮的"歌喉",又在一定社会环境系统的"大合唱"之中。

当建筑美之曙光在东方地平线上升起之时,它就注定不能脱离一定社会环境的制约。如果说,一定的社会文化犹如太阳,那么,建筑之美只是由阳光反射的"月华"。

首先,中国古代建筑美,深受一定的经济力量的支配。别的暂且不论,单就两千多年中国封建社会这一历史时期而言,自给自足的自然经济这一经济模式,发展缓慢,并且有时打着"漩涡",甚至倒退,由于中国古代建筑不是也不可能远离经济基础,经济发展的命运,决定了建筑之命运。如果经济萎缩,衰退,建筑必将失去光辉与活气;反之,一旦经济振兴,建筑便也扬眉吐气。试看秦代昙花一现,经济之发展尚来不及,除了一时畸形发展的宫殿、寝墓建筑之外,其他类型建筑的发展当然谈不上。前汉稍事振兴,国力(主要为经济力量)也日益强盛,于是便有帝王盘桓的长安城的大兴土木,秦之开创的建筑的一代雄风,到此时才初具规模。到了后汉便渐渐显出"下世"光景。魏晋更甚,长期战事、天下大乱,经济的痛苦呻吟促使建筑苟延残喘。当时寺塔建筑之大量建造,恰恰不是经济繁荣的表现,而是人们由于经济萧条、人生之物质与精神两者"囊空如洗",呼天抢地般向往天国的反映。至于唐代,尤其在盛唐,经济之空前活跃,促使各类建筑竞相涌现,不仅宗教类建筑,宫殿建筑,就连民居里巷、园林建筑之类,无一不曾经历"繁荣盛世"。当时的长安城为世界第一大城,陪都洛阳城内,建筑物也是鳞次栉比。长安一带,文人学子的"雁塔题名"与"曲江赐游"同为人生快事。这一切都雄辩地证明:经济之发展与建筑之发展基本上是同步的。因为，建筑所必需的经济支柱、技术力量、建筑材料与建造工具以及社会对建筑的需求量，首先被经济所决定，或者从某种意义上说，建筑活动就是经济活动的一部分。因此，从经济"场"中看中国古代建筑文化的历史面貌，并不一定是庸俗社会学观点。

其次，我们之所以说建筑文化之发展与经济之发展基本上采取同步的态势，是因为，建筑文化之发展，除直接受社会经济"场"的限制外，还可能严重地受到一定的社会意识形态的制约。比如说政治观念，是经济之集中表现，归根结蒂受经济的支配。然而，一旦一定的经济力量凝聚为一定的政治力量，就有可能在一定限度内脱离经济发展轨道而"自行其是"。这就是为什么历史上有些朝代经济上其实很是萧条，由于封建统治者骄奢淫逸、好大喜功，而导致了劳民伤财的大批宫殿与陵寝建筑的建造。前述魏晋南北朝时代佛寺佛塔的大量兴建，也说明一定社会意识形态——比如佛教观念在建筑文化上的作用。这种情况在唐之后的五代以及元代曾经再度出现。比如，仅西晋之长安、洛阳两地，共有寺院 180 所。东晋时，相传佛图澄在石赵所兴佛寺 893 所。南北朝时，南朝之宋代有寺院 1913 所、齐代 2015 所、梁代 2846 所、陈代 1236 所。北朝之北魏仅孝文帝太和元年，区区平城弹丸之地，新旧寺庙竟达 100 余所，各地达 6478 所；到了北魏末年，仅洛阳一地，有 1376 所，各地达 3 万有余，而北齐全境有寺院 4 万之多，[1] 可以说，建寺之风愈演愈烈。

1　中国佛教协会编《中国佛教（一）》。

同时，将中国古代建筑文化放在一定的社会意识形态"场"中来考察，虽然建筑是物质存在，但其同样具有一定的社会意识形态性。中国古代建筑是古代中国社会人生的空间展现，是积淀着一定历史、时代、民族文化心理的一种空间存在，是客体化、物质化了的古代社会人生，那些现在还屹立于东方大地或深埋于地下的古代建筑伟构，是历史为现实所看得见的民族文化精神。

要之，从环境系统看待中国古代建筑文化，为了审视历史上某一建筑、某一建筑群或某一时代的建筑的美学价值，必须将它们放回到一定的历史文化环境系统中去加以剖析才能有所识别。总体上说，中国古代建筑文化之历史发展与整个封建时代之经济发展亦步亦趋，同行同止，经济发展脚步蹒跚，使建筑步履跄踉。自给自足之自然经济千年难变，于是建筑也常是一副老面孔。由此可见，要改变民族建筑的历史风貌，只有在经济腾飞之时才有可能。与一切民族建筑文化一样，中华民族的古代建筑文化，也具有物质与精神两重性，只是其物质因素与精神意蕴独具民族特色罢了。因此，如果说中国古代建筑具有美的话——这种美当然是大量存在的，那么，这种美既不是以经济为基本决定因素的物质的"美"，也不是以脱离经济因素的所谓超然的精神之"美"，而在于物质与精神的相互荡激、结合与中介处，这，又是一个决定中国古代建筑美的"模糊领域"。

功能系统：当我们前文探讨中国古代建筑之物质与精神的双重美学性格时，实际上已经触及了建筑文化的功能系统。从总体而言，中国古代建筑功能齐全。其物质性功能满足人的生理要求，居住舒适，冬暖夏凉，挡风避雨，有利于人在建筑环境之中的一系列生存、生产、生活活动；其精神性功能，以往诸多研究中国古代建筑的论文、论著，往往将此归结为艺术审美功能，即所谓美观是也，这种功能是心理性的。这种建筑文化的美学观不无道理。

但是，其一，其物质性的生理功能与精神性的心理功能两者之间，其实并非毫不相干。

一方面，建筑的精神性功能须以物质性功能为基础。打开中国古代建筑史，可以说，没有一种建筑是不具备一定的实用性功能的。城市、乡舍、宫殿、寺观、坛庙、陵墓等等，当初正是因为首先求其实用才被建造起来的。寺院的精神性意义自不待言，但其同时是僧侣居住的"家"，是保护、贮藏佛像、经卷的庇护所；帝陵、后陵有象征王权煊赫、供观赡之意，又兼掩埋残骸、保存随葬文物的实际用途；园林中的小桥用以渡水，长廊可供导游，照壁具有遮掩、隔景之功，孤亭且兼凭眺；即使有些佛塔，也有导航之用；又，时至今日，长城之实际用途确实微乎其微，但其建造之初，不是具有阻止异族南下骚扰的功效嘛？而当年被西人称为"东方凡尔赛"的圆明园，遭英法侵略者一把战火化为灰烬、夷作平地，演出了中国古代建筑文化史上最惨厉的一幕，但现存该园原西洋楼区一二残柱，三二遗石，仍能指明这里是被毁圆明园的遗址所在。由此可见，尽管诸多建筑物的精神意义丰富强烈，而其基本实用功能自不可抹煞。

另一方面，具有实用功能的建筑，有待于发展其精神性的艺术审美意义，而且，只有既实用又美观的建筑才是健全的。一般而言，这种健全的建筑在中国古代屡见不鲜。那些地处高爽、朝向好、采光充足、平面布局合理、坚固耐用而又讲究美饰、形象悦目的建筑，无论在生理抑或心理上，都是令人惬意的。中国古代文化思想强调和谐，讲求中和、中庸的人生理想与人伦观念，建筑的和谐之美则往往表现在其"双重"功能之间。

当然，历史上确有不少建筑尚未达到这种和谐境界。比如，最原始的茅舍低矮、狭窄、潮湿，"茅茨不翦"、"茅茨土阶"，风雨飘摇，想必亦不甚稳固，虽可能稍事美化，却无法在"双重"意义上尽如人意；古道驿站、荒村野店，大概其一定的实用性功能是具备的吧，然而，倘若灾害、战乱、经济剥削使人连最起码的温饱尚不可得，要使那些民居窝棚、陋街残巷怎么美当然亦不可能；而那些供统治者休憩盘桓的宫殿，有时却由于过度地追求其精神意义，用今人的眼光看，居住其间的帝王将相、名门望族，也未必一定很舒适的，过度追求精神意义可损害一定的实际用途。

然而，这种"双重"功能分离、对立的建筑历史现象的出现，并不等于说，中国古代无视对建筑"双重"功能和谐境界的执意追求，有时，历史总是让人处于不能两全的尴尬地位，这就是所谓"非不为也，是不能也"。

因此，我们在关于中国古代建筑的"双重"功能之间，又发现了决定中国古代建筑美本质的一个"模糊领域"，或者称为"中介"。中国古代建筑，一旦一定程度上满足人的生理需求，就必然给人带来一定的生理性快感，这种快感必然放射到人的心理领域，引起心理反响。因此，生理性快感虽然并非美感，却是激起美感的一个不可或缺的生理基础；同时，凡是悦目、惬意的建筑形象，就是说，能够在人们心理上激起美感的建筑美，必然是一定的生理性快感的升华。

由此可见，中国古代建筑的美，并非单一地美在其物质性的实用功能上，也并非美在离开一定物质功能的所谓精神性的艺术审美功能上，而是美在"双重"功能两者的"中介"处，它是一种连结生理与心理的"暧昧"与"灰"域。

其二，就中国古代建筑美功能系统的精神性功能而言，笔者认为，以往有人总是将它简单地理解为艺术审美功能，这种建筑美学观点可待商榷。

略举二例。

大名鼎鼎的北京长春园西洋建筑，是被焚的圆明园的一个重要景区。其西洋建筑群始建于清乾隆十二年（1747年），建成于乾隆二十五年（1760年）。因为当时正值西方法国洛可可（Rococo）盛行之时，该建筑群取洛可可风格。又引进西方园林建筑环境之传统的"大水法"，喷泉水趣，洋味十足。建筑平面一反中国旧制，于园趣中突出西方中轴线对称特色，并且主轴东西向。全部建筑用承重墙、弃木构架，平面布置、立面柱式，门、窗、檐板及栏杆扶手等，这些，一概西洋情调。这座建筑群的精神性功能意义，除了艺术审美之外，显然还有认知作用。一、中国古代建筑在世界建筑文化史上自成一体，其民族个性之鲜明强烈，当可媲美于欧洲、印度、埃及等古代建筑。但中国古代建筑文化实际上并非是一个绝对封闭的文化系统，凡是美的建筑，虽为异国情调，仍然可以为中华民族的建筑文化所接受、改造。西洋楼景区为洋人蒋友仁、郎世宁、王致诚、艾启蒙、汤执中等合作设计，其中除艾启蒙为捷克耶稣传教士外，均为法国传教士。这些人对其本民族的建筑文化传统的钟爱之情自不待言，然而，既然这西洋楼建造在中国的圆明园，就能以"西洋"为基调，糅合"东土""语汇"，创造出在当时东西方人士看来都颇"中意"的建筑美。比如，西洋楼建筑群平面布局为东西向中轴对称，此纯为西式，为华夏园林建筑自古以来所无，又能适当"照顾"东方人的园林"口味"，在此主轴线布置三重建筑，隔断视线，避免西方式的过于直露；又如，西洋楼建筑环境遍用西式"大水法"，喷泉水池，蔚为主调，这为中国古代园林建筑水趣所无。中国传统园林水趣重在静水观美，掘池澹泊、碧波藕荷；水岸曲致，如尽不尽，好在静观；动水偶一为之，亦只细流涓涓，不事喷泉，以自然为上。故西洋楼的水趣虽以西式为本，但不忘华化，如海晏堂西部水法，装饰以中土传统的铜铸鸟兽畜虫之十二属形象，避用西方古代的裸体雕像，可谓匠心独运；又如，虽说建筑物的平面、立面安排全为西洋做法，但屋顶又采用不起翘的、经过一定改造了的硬山、庑殿、卷棚、攒尖等传统法式。这本身已经说明，西洋楼建筑群的美，其实就美在中西两方的"中介"处，美在其"模糊领域"，这一点，对我们当前的建筑美的创造不无启发意义。二、从西洋楼建筑群由洋人构思监造，到不久被洋人以武力夷为废墟，活现了近代中国一段最黑暗、最令人深感耻辱的历史。西方的文化渗透与武化的"船坚炮利"交互进击，老大东方帝国就只能满目疮痍了。从西洋楼在东方大地上的屹立到遭到毁灭，说明古老的中国社会同样具有一种向往西方文明的"内心"要求，但倘若不经过一场天翻地覆的改变社会制度的革命，这种要求不过是一场悲惨的梦。三、从西洋楼景区的建造，还可隐约看到当时清统治者的某种带着时代特点的思想情状。虽则，清高宗对西洋"奇珍异宝，并无贵重"，"独于天文数理，沿袭其祖父康熙帝从传教士研习前例，时加奖掖，而属于机械范畴的自鸣钟、喷泉之类，虽引起他的好奇，但仍有鉴于玩物丧志之诫，除历算以外，都视为消遣末艺"，[2] 不过，这毕竟是欧洲建筑文化于18世纪首先敲开中国大门，进入皇居领域，其意义当然并非囿于帝王个人的历史行为，而是时代的需要。

因此，可见中国古代建筑文化的认知性功能是显而易见的。大凡建筑文化，都具有这样那样的认知意义，就是说，在其精神性功能中，并非仅仅具有艺术审美功能。建筑是民族的标帜、时代的镜子、历史的物质性"凝聚"、人生内容的"积淀"。西方古代早有建筑是"石头的史书"的精辟文化观，那种认为所谓"建筑就是建筑，它就是它自己，什么都不反映"的观点，其实是人为地隔断了建筑文化与其余一切社会文化的内在联系。

又例：魏晋南北朝时代，由于佛教大盛，石窟寺这种特殊的中国古代建筑样式曾极盛于一时。从公元5世纪中叶至6世纪后叶约120年间，我们的祖先相继大量开凿了山西大同云冈石窟、甘肃敦煌莫高窟、甘肃天水麦积山石窟、河南洛阳龙门石窟、山西太原天龙山石窟、河北响堂山石窟等等，其工程之浩大艰巨，令人叹绝。石窟是供佛像、绘佛画、藏经卷之处，其实用、审美、认知意义都是具备的。然而，这种石窟的突出的功能之一，还在于创造了一种佛国的神秘氛围，驱使信徒臣服，对之不得不顶礼膜拜。不待赘言，这种宗教类建筑的特殊精神性功能之一，便在于崇拜。崇拜发生在人神之间，神是幻想虚构的"存在"，实际上是巨大盲目的自

---

2 童寯《北京长春园西洋建筑》，《圆明园（一）》。

然力量与社会力量的极度的夸张，是对人的主体性的压迫，说明人尚未真正把握到自然与社会的本质规律。这种崇拜性，不仅在中国古代的一切宗教类建筑中存在，而且有时在宫殿建筑、陵寝建筑中存在，那是对王权、祖宗神的崇拜。

因此，仅就中国古代建筑美的精神性功能系统而言，它是一个包括艺术审美、认知有时兼有崇拜因素的复杂的整体。就三者之内部关系来说，审美是认知的感性情趣，认知是审美的理性沉思；崇拜是精神的迷狂与理性的丧失，但崇拜又是人在神面前跪着的一种假性审美、假性认知，它往往与审美、认知同时存在，又可以在一定历史条件下成为审美、认知的前导。崇拜可以是审美、认知的史前形式，是审美、认知的异化、假性化。因此，随着社会实践的无限深入，崇拜这种"假性近视"，是可以"治愈"的。通常，在中国古代建筑美精神性功能的三大因素中，存在着既"二律背反"、又"合二而一"的辩证关系。这种关系又是一种"中介"、"暧昧"与"灰"域。一般系统论认为，整体大于部分之和。整体所以大于部分之和，就这里精神性功能的三大因素而言，是因为在这三大因素关系中间，存在着"模糊领域"的缘故。

以上我们逐一略论了决定中国古代建筑文化关于建筑美本质的材料系统、环境系统与功能系统的"模糊领域"问题，难免挂一漏万。其实，建筑作为一种物质性的巨大稳固持久的空间存在，与此三大系统的"模糊领域"密切相关的，还有建筑实体与建筑空间的关系问题。

任何建筑，都是由建筑实体（建筑物）与它所围合、所影响的建筑空间所构成的，两者互为存在条件。没有建筑实体的建筑空间与没有建筑空间的建筑实体，都是不可思议的。建筑实体是人以建造方式划分空间的手段。空间本来是属于自然的、自在的，由于建筑实体的确立，使自然空间中的与建筑实体相关的空间区域成为人为的空间、属人的空间、建筑空间；建筑空间是人以建造方式确立建筑实体的目的，它是建筑实体所围合与其影响力所及的外延区域。实体所围合的区域称为建筑内部（室内）空间。实体影响力所及的外延区域称为建筑外部空间。所谓建筑实体的影响力所及，实际上是一个变量，因而建筑的外部空间范围也是一个变量。皎洁的月光洒在五台山佛光寺大殿上，留下一片美的阴影，这阴影，可以说是佛光寺大殿影响力所及的外部空间区域；坐在奔驰的火车上经过文化古城苏州，远见虎丘塔高高耸立，其美可羡，在火车与塔之间的一个广大区域，便是塔的影响力所及的外部空间区域；当你乘上现代宇宙飞行器在太空遨游，如见中国的长城逶迤如带，那么，此时长城的外部空间便广大得十分可观。

西方古代很早就认识到建筑实体对划分空间的意义，人们为了创造建筑实体之美，发明与发展了古典柱式，象征男性的阳刚之美与女性的阴柔之美。还有，比如穹窿、尖顶、建筑立面的大事雕饰，尤以洛可可与巴洛克风格为甚，其着眼点偏于建筑实体本身（虽然实际上建筑实体与建筑空间是不可分离的），人们似乎习惯于将太多的才智与热忱倾注于建筑实体，在传统的建筑科学与美学的文化观念中，表现出对建筑实体的偏爱。因此，当现代派建筑师高喊"空间，建筑的主角"时，人们好像突然在一个早晨醒悟了过来，欣喜若狂，完成了建筑科学与美学观念的历史性转变。

中国古代建筑文化关于实体与空间的观念，一般而言，其实与西方古代并无二致，由于着眼于建筑实体之美，往往导致牺牲某些建筑空间尤其内部空间的实用价值，这是一切民族古代建筑文化的时代局限。

不过，也许与西方古代不同的是，在哲学观念上，中国古代早就注意到建筑实体与建筑空间的辩证关系问题，或者可以说，触及了建筑空间不寻常的美学意义。老子一句名言"当其无，有室之用"，便揭示了这一意义。老子是哲学家，他是否同时又是古代建筑师，历史并无记载，不敢妄论。但有一点可以肯定，老子从生活实感出发，看出了建筑实体与建筑空间之间辩证联系，并用以说明、阐发其哲学最高范畴"道"。"道"者，何也？在老子看来，犹如"室"之"无"。"无"者，何也？这里指空间。"道"，万物之始基与根本，犹如"室"之"无"即建筑空间对于建筑实体一样重要。从一般人们所惯熟的思维逻辑来说，建筑空间是依建筑实体而存在的，因为前者是后者确立、划分自然空间的结果。但是，问题恰好倒过来，试问，人们为什么要如此艰苦卓绝，甚至"劳民伤财"地建造房屋之类呢？难道不就在向茫茫自然空间区域要一个"有室之用"的"无"（建筑空间）嘛？这里，老子从强调"道"之重要的"原在性"出发，以人们常见的建筑现象作说明，却获得了一个意外的历史性收获，即从本体论、目的论揭示了建筑空间的重要意义，它既富于深邃的哲理，又是符合建筑空间论的科学之理的。可以说，老子关于"当其无，有室之用"的精辟见解，是中国古代的"空间，建筑的主角"论。

无论从建筑科学与美学角度，强调建筑空间的本体论、目的论意义是必要的。唯具"室之无"，才有"室"之"用"。故"室"之

"无"，从哲学本体论看，就是"室"（建筑实体）的"本体"，亦可简称为"体"。魏晋玄学家在解说老子的这一思想时说，"虽盛业大富而有万物，犹各得其德；虽贵以无为用，不能舍无以为体也"，[3]仅就建筑言，这是说建筑因涵"无"而有"用"之功能。"无"，就是建筑之根本的"体"。

然而，虽则建筑空间即"室"之"无"在整个建筑现象无疑具有本体意义，但与"无"相应的建筑实体又并非是可有可无的因素。从决定中国古代建筑美本质的"诸多因素"与"种种联系"角度看，无论企图仅从建筑实体揭示建筑美之本质，抑或仅仅认为建筑空间是建筑的孤立"本体"，都不无可待商榷之处。实际上，建筑空间与建筑实体是相辅相成的一个统一体，"体""用"一原，无法分拆。古人云，"体用一原，显微无间。"[4]又说："一原犹一本。体用一本，即谓体与用非二本。有体即有用，体即用之体，用即体之用。体即用之藏，用即体之显。用即由体出，非于体之外别起一用，与体对立而并峙。"[5]王阳明亦说："即体而言，用在体；即用而言，体在用，是谓体用一原。"[6]这里所说的体用观，是一对哲学范畴，但同时也揭示了建筑空间与建筑实体之间的统一关系，建筑空间与实体之关系亦存体用之理。而正是在这"显微无间"的建筑的"体"、"用"之间，又存在着一个参与决定中国古代建筑美本质的"模糊领域"。建筑文化之美既不在建筑空间，又不在建筑实体，而

3　王弼《老子注》。

4　《程氏·易传序》。

5　《程氏·易传序》。

6　王阳明《传习录》。

在空间与实体、体与用的"中介"、"暧昧"与"灰"。

在中国古代建筑的内部空间与外部空间之间，建筑美的模糊性又顽强地显露出来了。

屋顶、墙体、门窗之类，是分隔与沟通中国古代建筑内外部空间的手段，那么，这种作为手段的建筑实体的本质又是什么呢？从建筑"模糊领域"论看，它们不就是建筑内外部空间的中介与过渡嘛？在情感逻辑上，一定的建筑实体，不仅是建筑科学意义上内外部空间的中介与过渡，而且是美学意义上情感相互交流的一种过渡。北京四合院、江南民居与岭南寻常百姓的"家"，比之于故宫太和殿、十三陵长陵的棱恩殿，由于其墙体、屋顶、门窗设置等高度、厚度不同，立面分割与色彩、质感不同等等建筑实体因素严重地影响了这些建筑内外部空间不同的文化风貌与美学性格。四周封闭的陵体与四周通透的石牌坊、凉亭、长廊等等，亦不可同日而语。墙体上所辟门窗的多寡、大小、位置、形状等等不同，也会影响建筑内外部空间的交流。高墙深院大门紧闭或叶绍翁诗中所谓"久不开"的"柴扉小扣"、庭院的月洞门或垂花门及若以清人戴震《考工记宫室图》所绘建造的宫殿正门或闱门之间，其相应的内外部空间的美学氛围自然也是很不相同的。中国古代由于以木构取胜，墙不起承重之功效，故窗户的开辟十分灵活多样，往往实用与审美兼而得之，而且园林建筑之各种漏花窗，更重于审美，所谓"门窗磨空，制式时裁，不惟屋宇翻新，斯谓林园遵雅"。所谓"工精虽砖瓦作，调度犹在得人，触景生奇，含情多致"[7]是也。当代世

7　计成《园冶》。

界著名的美籍华人建筑师贝聿铭先生认为，西方古代（比如古希腊）对门窗的空间观念，一般注重其生理、实用与技术意义，重在求其通风、采光或闭围功能。中国古代建筑的门窗，似更重视其内外部空间心理情感的交融。因此，门窗作为建筑内外部空间的连续与中介，在古代中外，其美学意蕴是不尽相同的。再如中国古代的大屋顶，正如希腊的平顶、罗马的拱顶与中世纪西欧教堂的尖顶一样，何等严重地影响了中国古代建筑美空间意象的审美意味，这是有目共睹的。

中国古代建筑的建筑实体，正因其是一个动态的变量，是处于建筑内外部空间之间的一种"模糊"，才是一种活跃的、富于生气的因素，在这个领域，古代建筑匠师们做了许多好"文章"。

同时，就中国古代建筑的外部空间而言，它是处于建筑内部（有的建筑物无内部空间，此当别论）空间与自然空间之间的一种过渡、连续与中介，这也是一个有趣的"模糊领域"、"模糊空间"。比如，大屋顶出挑深远，其与建筑外墙面所构成的那一个空间区域，既非内部空间，又非自然空间，既是内部空间的延续，又是自然空间的延续，这就是中国古代建筑外部空间的"模糊"。中国古代的庭院式建筑在世界上独树一帜，并且影响到邻国，形成一个东方"庭院文化"圈。其实这庭院空间，既不是室内空间，又相对封闭，半封闭。小小庭院，勺水片石、三二草树，又具有自然空间因素，实在是一种"暧昧"的"灰"空间。

正如日本谷崎润一郎曾经说这，日本的一些寺庙建筑由一个大屋顶向下扣着，"房檐伸出很深，形成很深很广的阴影"，这是建筑"阴影的美"，实际上是一种"暧昧"的美。这种美，既非"人

为"，又非"自然"；或者说，既是人为的，又是自然的，是人为
与自然两者之间的一个渐变状态的美。当代日本著名建筑师黑川
纪章把这称之为建筑的一种"灰"。"灰"，处于黑白之间又不黑不
白，也就是"模糊"。日本中古时代传统建筑的特征是所谓"缘侧"
（即，建筑之廊檐部分），寺院、茶室甚至宫殿之某些部分，都有这
种"缘侧"。笔者很是赞赏这"缘侧"二字。缘者，连结之义；侧，
旁边也。"缘侧"这一空间区域，就是在建筑内部空间与自然空间
之"旁"，"连结"内部与自然空间两者的一个"模糊"空间。黑川
纪章将"缘侧"解释为"作为室内与室外之间的一个插入空间，介
乎内与外的第三域"、"因有顶盖可算是内部空间，但又开敞故又是
外部空间的一部分。因此，'缘侧'是典型的'灰空间'，其特点是
既不割裂内外，又不独立于内外，而是内和外的一个媒介结合区
域"。[8] 这里，黑川先生将"缘侧"范围划在建筑外部空间紧靠檐廊、
外墙体的那一部分，自无不可。但是，倘将"缘侧"作广义理解，
也可指处于建筑内部空间（建筑实体）与自然空间之间的那一个空
间区域，比如，街道空间、整座城市的外部空间，其实都是这样的
亦此亦彼、非此非彼的"模糊"空间。

　　要之，我们中华民族的古代建筑文化，是日本古代"缘侧"的
文化摇篮，而且在"模糊"这一点上，可能显得更典型些。因此，
日本关于"灰"、关于"缘侧"的建筑美学理论，可完全用以揭示
中国古代建筑美的本质。

8　黑川纪章《日本的灰调子文化》，《世界建筑》1981 年第 1 期。

第二节 "有机"与"天人合一"

本文第一节所论述的种种"模糊领域",实际上揭示了决定中国古代建筑美本质"诸多因素"的一些有机联系,"中介"、"暧昧"与"灰",你中有我,我中有你,相互交融,往复交流,也就是"有机"。

那么,中国古代建筑文化关于建筑美的本质在于"有机"吗?

流行于现当代的"有机"建筑论,是与美国著名建筑师弗兰克·劳埃德·莱特的名字联系在一起的。这位建筑巨匠,以其流水别墅、草原式住宅、古根汉姆博物馆等光辉设计为世界瞩目。1939年,莱特发表《有机建筑》一书,认为"现代建筑——让我们称之为有机建筑——是一种自然的建筑,是属于自然的建筑,也是为自然而创作的建筑"。[9] 这就是说,所谓有机建筑,首先注重于人为的建筑与自然之间的有机联系。1953年,莱特在回答记者时又说,所谓"有机",表示的是人为与自然"内在的(intrinsic)——哲学意义上的整体性",[10] 他说,房屋应当像植物一样,是"地面上一个基本的和谐的要素,从属于自然环境,从地里长出来,迎着太阳。"[11] 显然,这种"有机"建筑论,非常强调人为与自然之间的统一和谐,建筑是人为的产物,人化的自然,应当是自然的"有机"机体上的一部分,是"属于自然的"。

有意思的是,莱特这种"有机"建筑论的思想源泉却来自东方,莱特在日本工作过,也于早年访问过中国,看过老子的《道德

---

9 Wright:《Writings and Buildings》,第 280、298 页,转引自《建筑师》第 6 期。

10 Wright:《The Future of Architecture》,转引自《外国近现代建筑史》第 105 页。

11 Wright:《The Future of Architecture》,转引自《外国近现代建筑史》第 105 页。

经》，他钟爱于东方古老的建筑文化与老子的哲学思想，他在《自然的房屋》一书中，对这一点说得很肯定："许多人对我工作中的东方素质表示惊奇。我想这确是事实，因为当我们谈到有机建筑时，我们谈东方的东西胜过谈西方的东西。可以这样来回答：我的工作在某种含义上是属于东方的。"[12]莱特"确信东方的固有建筑比任何其他建筑更有机。他觉得日本人从不模仿自然，而是巧妙地吸取自然的形式。莱特不仅把这视为一种影响，而且把它看成是对自己各种信念的验证"。[13]

这里，虽然莱特似未直接谈到古代中国哲学与建筑文化对他的深刻影响，然而，莱特"有机"建筑观中的"东方素质"，其实首先应包括古代中国在内的，这种"东方素质"，并以古代中国为主要代表。因为在中古时代，一衣带水的日本民族建筑文化，虽是他们民族自己的东西，但在风骨意义上，实在可以说是中国古代建筑文化在东瀛岛国地平线的一个侧影。

中国古代建筑的"有机"性显而易见。前述几遍于华夏大地的古代庭院式建筑，在此不必赘言，这类建筑一方面标志着人工对自然的"占有"；另一方面使若干自然景物进入院内，点缀院中之景，意味着自然对人造环境的亲昵。就说佛寺道观吧，多建于风景名胜之地，其审美境界，力求达到人为与自然的和谐。试看我国四大佛教圣地：山西五台、四川峨眉、安徽九华与浙江普陀，均建于山势峻逸、风景秀美之处。所谓灵隐佛地、岳麓古刹、南岳禅林、

12　Wright：《Writings and Buildings》，第 280、298 页，转引自《建筑师》第 6 期。

13　陈少明《老子、莱特与"有机建筑"》,《建筑师》第 6 期第 210 页。

江涌金山等等，都是自然环境与建筑风物和谐的"二重奏"。泰岱日出独步天下，云雾缭绕，便有道教建筑碧霞祠盘桓其上。登碧霞云里金殿，顿感凉风飕飕，云海漫漫，金碧辉煌，一洗尘俗。四川"青城天下幽"遐迩闻名，所谓三十六高峰、一百零八景青黛幽意，其美难以述说，林泉山华、古道幽居，有道观建筑上清宫屹立于此，号称"神仙都会"，使自然之"幽"与道教之"清虚"非常合拍。而在《诗经》所谓"嵩高维岳，峻极于天"的河南嵩山，建有占地10余万平方米，房舍400余间的中岳庙，其恢宏气势、雄伟博大，恰与嵩山北瞰黄河、南临箕颍、崇山峻岭、重峦叠嶂的自然风貌浑然一体。

可以说，这种"有机"之美在中国古代园林建筑上表现得更是淋漓尽致。历代骚人墨客在这方面留下了大量诗文，足以令后人揣摩回味，窥见个中消息。东晋郭璞："云生梁栋间，风出窗户里。"唐代王维："隔窗云雾生衣上，卷幔山泉入镜中。"杜甫："暗水流花径，春星带草堂。""白波吹粉壁，青嶂插雕梁。""窗含西岭千秋雪，门泊东吴万里船。"李白："檐飞宛溪水，窗落敬亭云。"宋代陆游："江山重复争供眼，风雨纵横乱入楼。"苏东坡："无限青山散不收，云奔浪卷入帘钩。"所有这一切关于建筑美的诗句，其美的意象都是建筑与自然融合在一起的。谢灵运说："抗北顶以茸馆，瞰南峰以启轩，罗曾崖于户里，列镜澜于窗前。因丹霞以赪楣，附碧云以翠椽。"[14] 苏子由说，"每月之望，开户以待月至，月入吾轩，则吾坐于轩，与之徘徊而不去。"[15] 叶绍翁名句："应怜屐齿印苍苔，

---

14 《宋书·谢灵运传》《山居赋》。
15 苏子由《待月轩记》，以上转引自宗白华《美学散步》。

小扣柴扉久不开。春色满园关不住，一枝红杏出墙来。"[16] 或汉人的
《两都赋》、唐人的《滕王阁序》、宋人的《醉翁亭记》等等，其所
传达的美感的焦点，都在于建筑与自然的相互渗透。当代我国著
名美学家宗白华先生说："中国人爱在山水中设置空亭一所，戴醇
士：'群山郁苍，群木荟蔚，空亭翼然，吐纳云气。'一座空亭竟成
为山川灵气动荡吐纳的交点和山川精神聚积的处所。倪云林每画山
水，多置空亭，他有'亭下不逢人，夕阳澹秋影'名句。张宣题倪
画《溪亭山色图》诗云：'石滑岩前雨，泉香树杪风，江山无限景，
都聚一亭中'。苏东坡《涵虚亭》诗云：'惟有此亭无一物，坐观万
景得天全。'唯道集虚，中国建筑也表现着中国人的宇宙意识。"[17]
是的，如果说，西方古代在很长的历史时期内，由于对自然美的漠
视与疏忽，将由人工所为的建筑看作是人为与自然相对立的产物的
话，那么，在古代东方的建筑文化观念中，恰恰将人为的建筑看作
是自然、宇宙的有机部分。门户、窗牖、楼阁、亭榭之美，既是人
工之美，亦是"天然"之美。建筑之美是自然美的社会侧影，建筑
美的源泉在自然之中。离开了自然，建筑便失去其独立的美的品
格。这正如明代造园大家计无否（计成）所言："轩楹高爽，窗户
邻虚，纳千顷之汪洋，收四时之烂漫。""虽由人作，宛自天开。"[18]

　　白居易是唐代著名诗人，他深湛的艺术造诣一定使他领悟到诗
歌艺术与建筑美的相通之处，这便是诗歌与建筑之美，都美在人为
与自然的统一和谐，也可以说美在两者的"模糊"与"灰"域。史

16　叶绍翁《游园不值》。
17　宗白华《美学散步》第 72 页。
18　计成《园冶》。

载，唐宪宗元和十一年（816年），白居易被贬为江州司马，暂居于庐山，筑寓园并自撰《草堂记》。仔细钻读这一篇不为世注目的《草堂记》，可以发见其中蕴涵着丰富的中国古代建筑文化的"有机"论思想。首先，所选草堂之址是契合人之心境的。"匡庐奇秀甲天下山，山北峰曰香炉，峰北寺曰遗爱，介峰寺间，其境胜绝，又甲庐山。元和十一年秋，太原人白乐天见而爱之。若远行客过故乡，恋恋不能去，因面峰腋寺作为草堂。"[19]这位大诗人所以筑寓"介峰寺间"，固因"其境胜绝，又甲庐山"，更因这里的自然景物十分切合其谪官不久的惆怅与失意。郁意难解，当不喜招摇而筑室于峰巅，故惟求其"面峰"而居了。其次，草堂之美学性格也是契合人之心境的。"木，斫而已，不加丹。墙，圬而已，不加白。砌阶用石，幂窗用纸，竹帘纻纬，率称是焉。"[20]唯质朴是美、"布衣"是美，一洗朝堂之秾丽。虽则当时白氏并非"布衣"，但草堂之乡风野趣，某种意义上是诗人性情压抑、求其清和宁静淡泊的内心情绪的一种写照。同时，环境与建筑风格也是相互协调的。要使建筑与自然环境相互协调不出两法：一、使建筑与环境"对立"，在"对立"之中求和谐。此时，建筑是整个环境的一个新的、强烈的因素，由于建筑物的屹立，很大程度上改变了自然景观；二、使建筑风格服从于自然环境的美学基调，建筑之美融渗在自然美之中，此时，建筑对整个自然景观的改变不大。白氏草堂与匡庐自然的协调属于这里所说的第二类。"仰观山，俯听泉，傍睨竹树云石"，使

---

19 《白氏长庆集·草堂记》。
20 《白氏长庆集·草堂记》。

"物诱气随、外适内和"，[21] 涤尽污浊，通体"逍遥"，在这天趣自然中，草堂不仅是一审美对象，而且成为观赏庐山之美的一个出发点。

应当说明，中国古代这种"有机"建筑的实例俯拾皆是，民居、寺观、园林、居室是这样，宫殿、陵寝等建筑门类，也在自觉不自觉地追求建筑与自然的"有机"之美，只是限于篇幅，此勿赘述。

那么，这种建筑"有机"观的哲学基础是什么呢？

天人合一。

西方古代，尤其在那尚未真正发现、讴歌自然美的历史年代里，其人生观是"天"、"人"各一的。天是天，人是人，天是人认知的对象，人有时不得不匍匐在天的脚下，天人之间是有严格界限的。于是便有浓烈的悲剧观念，崇拜观念，有日神与酒神精神；作为历史性的反拨，有人对天"格物致知"的古代自然科学的昌明，有以后 18 世纪"浮士德式"对人生的苦苦追求，有近代尼采式的"唯意志"，这都是天人分立观在哲学上的表现。

中国古代的特殊哲学观是"天人合一"。在《周易》，"企图对包含自然、社会、人类的历史发展等等范围极其广泛的问题作出一种总体性的概括和说明，建立一个世界模式"。[22] 古代先哲习惯于将"天"、"人"放在一起加以思考，认为宇宙之根本原理，亦即人生的根本准则；宇宙自然之理，是人生社会之理在天上的返照；人生社会之理又是宇宙自然之理在地上的俗化。"天地之精，所以生物者，莫贵于人；人受命于天也，故超然有以倚。"[23] "为人者天

---

21 《白氏长庆集·草堂记》。

22 《中国美学史》第 1 卷第 285 页。

23 董仲舒《春秋繁露》。

也。……天亦人之曾祖父也。此人之所以乃上类天也。""人之形体，化天数而成；人之血气，化天志而仁；人之德行，化天理而义；人之好恶，化天之暖清；人之喜怒，化天之寒暑；人之受命，化天之四时；人生有喜怒哀乐之答，春秋冬夏之类也。……天之副在乎人，人之情性，有由天者矣。"[24] 故"以类合之，天人一也"[25]。"天人本无二，不必言合"。[26]

这种"一锅煮"的民族文化心理模式，可以说是深入到民族的灵魂骨髓的。谈宇宙，往往从人的生理心理角度附会之，"天亦有喜怒之气，哀乐之心，与人相副。"[27] 说人生，又要到天那里去寻找根源，"人之身，首妾而员，象天容也。发，象星辰也。耳目戻戻，象日月也。鼻口呼吸，象风气也。胸中达和，象神明也。腹胞实虚，象百物也。""颈以上者，精神尊严明，天类之状也。颈而下者，丰厚卑辱，土壤之比也。足布四方，地形之象也。"[28] 真可谓"有天地，然后有万物；有万物，然后有男女；有男女，然后有夫妇；有夫妇，然后有父子；有父子，然后有君臣；有君臣；然后有上下；有上下，然后礼仪有所错。"[29] 弥纶天地，无所不包，天人相类，天人相通，天道亦即人道，"天地人只一道也。"[30] 天人之间，究为何物？其实又是一个"模糊领域"。

24　董仲舒《春秋繁露》。

25　董仲舒《春秋繁露》。

26　程明道《语录二上》。

27　董仲舒《春秋繁露》。

28　董仲舒《春秋繁露》。

29　《易传·序卦》。

30　程伊川《语录十八》。

那么，在这个天人统一体中，在天面前，到底有没有人的位置呢？或者说，在人面前，天的形象又是如何呢？

一般而言，认为天"小"人"大"，此其一；认为天"大"人"小"，此其二。

其一，天"小"人"大"。荀子云："水火有气而无生，草木有生而无知，禽兽有知而无义，人有气有生有知亦且有义，故最为天下贵也。"[31]"二气交感，化生万物，万物生生，而变化无穷焉，惟人得二气之秀而最灵。"[32]"人之所以能灵于万物者，谓其目能收万物之色，耳能收万物之声，鼻能收万物之气，口能收万物之味"。[33]"人也者，天地之全也。"[34]"人之才得天地之全能，通天地之全德。"[35]人者，宇宙之精华，万物之灵长，天地之大全，人的形象与位置于此可见一斑。

其二，天"大"人"小"。庄子云："吾在天地之间，犹小石小木之在大山也。"又说："汝身非汝有也。……汝有之哉？曰：是天地之委形也。生非汝有，是天地之委和也。性命非汝有，是天地之委顺也。孙子非汝有，是天地之委蜕也。"这是说，人为天地所出，人在天地间，是渺小的。

以上两解，是两种不同的"天人合一"论。中国古代儒道两家均主"天人合一"说。不过，儒家一般主张天"小"人"大"说，亦即"有为"说，"入世"说，以"有为"、"入世"追求"天人合

---

31 《荀子·王制》。
32 周敦颐《太极图说》。
33 邵雍《皇极经世·观物内篇》。
34 胡五峰《知言》。
35 戴震《原善》。

一"的人生境界、道德境界，实现人的存在价值。道家一般主张天"大"人"小"说，亦即"无为"说，"出世"说，以"无为而无不为"追求"天人合一"的人生境界。

儒道两家的"天人合一"说，在哲学文化上对中国古代建筑文化的影响尤为深刻持久（东汉以后还有佛禅）。它们各自在中国古代建筑美与自然之关系上的表现，是宫殿、坛庙、官邸、陵寝建筑等偏重于受到传统儒家规范的影响，其建筑美学性格强调平面的中轴线、对称群体安排，其伦理观念、等级思想相当强烈，这类建筑也注意建筑与自然环境的"有机"统一，但正如前述，由于这些建筑的人为因素与信息十分触目，成了积极地改变自然景观的一种现实、明朗的建筑美；一般而言，园林建筑，尤其文人园林建筑，偏重于受到传统道家情思的濡染，唐代以后则深受庄禅思想的浸润，这类建筑一般平面安排灵活多样，弃绝中轴线观念，曲线十分丰富，刻意追求以小晃大、景有限而意无穷的人生意境、模山范水，努力使人工的建筑形象消融在人化的自然与天趣自然之中。而传统庭院建筑，则可以看作儒道对立互补双重影响的一个中间地带。

这里应当指出，倘从道家主张"无为"、轻视人的力量这一点看，是必然会走向对自然的崇拜迷狂这一人生境界的，然而，中国古代园林建筑之类的形象涵义，虽然不能说已绝对排除了某些宗教思想的影响，却明明白白地重在审美而拒绝神的意味，为什么？因为，道家虽然主张"无为"，同时却认为"无为"即"无不为"，因"无为"而"无不为"。道家的"无为"，显然并非出于对盲目大自然的全人格的恐惧，而在将"无为"与"无不为"（即"有为"）画了等号。当然，这种"有为"与儒家相比，不是主要表现在改造、改变自然的实际行为中，而是在意念之中。虽然仅在意念中，恰与儒之"有为"不无相通之处。这是终于使深受道家情思熏陶的园林建筑等没有走向迷狂的一个文化心理根源（道教建筑似当别论）。另一方面，就"无为"而言，既然主张放弃人为的努力，便与真正的审美无缘，然而，在观念中，摒除实用功利与种种杂念，"无为而无不为"又是一种超脱的典型的审美心理。于是，便形成了一种奇观，园林建筑美的意境是"悠然意远而又怡然自足的。他是超脱的，但又不是出世的"。是"讲求空灵的，但又是极写实的。他以气韵生动为理想，但又要充满着静气。一言以蔽之，他是最超越自然而又最切近自然，是世界最心灵化的艺术，而同时是自然的本身"。[36]

要之，中国古代建筑美与自然之关系，体现了"天人合一"的审美理想与人生追求，这种关系也是"有机"的、"模糊"的一个"中介"与"灰"域，正如中国古代绘画与自然之关系那样，它一般"既不是以世界为有限的圆满的现实而崇拜模仿，也不是向一无尽的世界作无尽的追求，烦闷苦恼，彷徨不安。它所表现的精神是一种'深沉静默地与这无限的自然、无限的太空浑然融化，体合为一'。它所启示的境界是静的，因为顺着自然法则运行的宇宙是虽动而静的，与自然精神合一的人生也是虽动而静的。"[37] 它既饮吸无穷时空于建筑之美，又在建筑之美中透露出与人生境界相谐的自然野趣。

36　宗白华《美学散步》第 125、123 页。

37　宗白华《美学散步》第 125、123 页。

第四章　儒学规范

　　中国古代建筑文化之民族美学性格，受儒、道、佛哲学思想影响尤巨，而以儒学为最。这里，且让我们先说中国古代建筑文化的儒学规范。

第一节　土木"写就"的"政治伦理学"

　　儒学，先秦"百家"之首，为孔子所创立。在中国古代思想文化史上，儒学经历过汉代经学、宋明理学以及清代经学等诸多历史阶段的变迁流播，形成了一股宏大的思想文化洪流，有力地塑造了中华民族的文化心理与民族性格，并与道、佛诸学成对立互补态势，给中国古代一切文化科学艺术其中包括建筑文化以持久、深刻的濡染。

　　儒学最重人伦教化。"儒家者流，盖出于司徒之官，助人君顺阴阳明教化者也。"[1] 此为汉人对儒之界说，说得不差。人以个体形式存在于社会，必在群体中生活，于是，必有个人与个人、这部分人与那部分人在群体中的种种关系，君臣、父子、夫妇、长幼、尊

---

1 《汉书·艺文志》。

卑，依自然"阴阳"而定，构成等级森严的人伦关系。这种关系，是时代儒学注意的中心。而"助人君顺阴阳明教化"者，即所谓"礼"。

礼者，何也？政治伦理也，殷周就有了的，起于神祀。《铁云藏龟》记有"豐"字，即后之所谓"礼"。王国维云："盛玉以奉神人之器谓之豐，若豐，推之而奉神人之酒醴，亦谓之醴，又推之而奉神人之事，通谓之礼。"[2] 郭沫若曰，"礼是后来的字。在金文里面，我们偶尔看见用豐字的。从字的结构上来说，是在一个器皿里面盛两串玉具以奉事于神。《盘庚篇》里面所说的'具乃贝玉"，就是这个意思。大概礼之起于祀神，故其字后来从示，其后扩展为对人，更其后扩展而为吉、凶、军、宾、嘉各种仪制。"[3] 杨荣国亦说："'礼'，甲骨文写作'豐'或'𧰼'，是殷人祭上帝、祖先时，用两块玉放在一个器皿里作供奉的意思。后来，发展成为'礼治'作为压服奴隶的规范。"[4]"豐"（礼），从豐从豆；豐，串连之玉形；豆，象器皿。礼从示，有崇祀之义。

儒学始祖孔夫子生当"礼坏乐崩"的春秋之世，对当时礼的被毁弃破坏痛心疾首，以复礼为己任。孔子声称"郁郁乎文哉，吾从周"；"尔爱其羊，我爱其礼"。[5] 其"从周"、"爱礼"之心很是虔诚热烈。不过，孔子所倡导的礼，虽源自殷周，却应时代之需，掺和了仁学的内容，他以仁释礼，改制了礼，发展了礼，一定程度上略去了古礼祀神的崇拜意味，使对神的礼变为对人的礼，将礼的强

2 《观堂集林（六）·释礼》。

3 郭沫若《十批判书·孔墨的批判》。

4 杨荣国《中国古代思想史》。

5 《论语·八佾》。

制与当时意义上的中庸、博爱、人道相结合。认为人与人之间严格的等级秩序与博爱孝慈是人伦的两个侧面，前者为礼，后者为仁。两者的结合，就是孔子关于礼的理想模式。或者可以说，在原始儒学看来，愈是强调森严的社会等级秩序，便愈符合古代的博爱人道（仁）原则，礼看似外加的，具有强制性质，却实在应当成为人作为社会个体的一种内心自觉要求。在孔子那里，表面上，礼收起了那种狞厉的面目，常常露出关于"仁"的和悦的微笑。试看据说只需"半部"就可"治天下"的《论语》，谈"仁"之处甚多。"樊迟问仁，子曰：'爱人'。"[6] "子贡曰：'如有博施于民而能济众，何如？可谓仁乎？'""子曰：'夫仁者，己欲立而立人，己欲达而达人，能近取譬，可谓仁之方也已。'"[7] "子张问仁于孔子。孔子曰：'……恭、宽、信、敏、惠。恭则不侮，宽则得众，信则人任焉，敏则有功，惠则足以使人。'"[8] "颜渊问仁。子曰：'克己复礼为仁'。"[9] 可以说，"仁"是原始儒学的中心思想，这种"仁"，就是礼，最终目的全在于礼，"非礼勿视，非礼勿听，非礼勿言，非礼勿动。"[10] 惟礼，仁在其中，忠孝悌恕贞信亦在其中了，这是儒家所追求的人生政治伦理境界。

孔子建立了一座仁学亦即礼学大厦，"礼，大言之，便是一朝一代的典章制度；小言之，是一族一姓的良风美俗。"[11] 礼是为人生

---

6 《论语·颜渊》。

7 《论语·雍也》。

8 《论语·阳货》。

9 《论语·颜渊》。

10 《论语·颜渊》。

11 《郭沫若全集·历史篇2》第96页。

所须臾不能离开的。荀子将礼看成是生而俱来的东西，"人生而有欲，欲而不得，则不能无求，求而无度量分界，则不能不争。争则乱，乱则穷。先王恶其乱也，故制礼义以分之，以养人之欲，给人之求，便欲必不穷乎物，物必不屈乎欲，两者相持而长，是礼之所起也。"[12] "礼者，因人之情而为之节文，乃生活之法式。"[13] 礼的目的与作用在于"节""欲"，在于使人生之"欲"适度，礼是治"乱"之"本"，是外"顺阴阳"（天地）、内契心欲、"助人君"、"明教化"、"经国家、定社稷、序人民"[14] 的有效武器。古代世界，没有像中华民族这样重礼的。孟子云："天下之本在国，国之本在家，家之本在身。""身"之"本"即在于礼也。故儒家欲"修身齐家治国平天下"，必十分讲究礼，唯在伦理而不重物理，这实在是中华民族一种历史的不幸。

在漫长的封建社会里，礼是无所不在的，礼渗透于一切人生领域。礼，作为一种顽强的封建政治伦理观念，严重地影响了中国古代建筑文化的精神面貌与历史发展。"礼有三本，天地者，生之本也；先祖者，类之本也；君师者，治之本也。""上事天、下事地，尊先祖而隆君师，是礼之三本也。"[15] 这里，值得加以注意与研究的是与"生"、"类"、"治"相关的"三本"之礼，十分强烈地表现在中国古代的坛庙、都城、宫殿与陵寝等祭祀性或政治性建筑文化现象中，当然，这种表现，不是抽象的政治伦理说教，而是通过一定

---

12 《荀子·礼论》。

13 吕思勉《先秦学术概论》第 55 页。

14 《左传·隐公十一年》。

15 《荀子·礼论》。

的建筑科学与美学处理，进行象征，令人意会。以下分而论列。

先说宗庙。

宗庙，亦称太庙，是专供祭祀祖宗的建筑。北京明清故宫紫禁城前，出端门往东，经太庙街，有太庙建筑群，其占地约165000平方米，基本为明代旧制。太庙正殿明时为9间面阔，清代改为11间，其形制品位几与故宫太和殿同列，太庙供奉皇家祖宗牌位，昭穆次序分明，以昭为尊，可见当时一派帝王气派。又，大名鼎鼎的曲阜孔庙，亦是宗庙建筑，在现存遍布全国的孔庙中，其历史规模当推第一。孔庙平面南北长600米，东西宽145米，呈狭长形，从南往北，中轴线意识十分强烈，八进序列，因而，整个建筑群的纵深感很强，加强了崇祀即"礼"的意义。其大成殿为主题建筑，北宋遗制。殿为重檐歇山9间式，品位相当于故宫之保和殿，可见，被御赐为"至圣先师"、"文宣王"、"衍圣公"的庙，比起品位"天下老子第一"的北京故宫太庙来，还是稍逊一筹的。当然，就大成殿本身而言，其平面面阔近46米，进深约25米，内部空间最高度约25米，在整个孔庙建筑群中尺度最巨，尤其殿正面布置10根雕盘龙巨柱，建筑形象雄浑刚阳，突出了孔夫子的崇高历史地位，这实在要比这位儒学先师生前以"复礼"为旗号、到处奔走呼号、到处碰壁的形象庄严得多。而其妻丌官氏的牌位，按儒学遗训，夫妇不能同列，只好屈尊供奉于寝殿（大成殿后）。至于这位圣人的所谓孔门七十二及历代名贤凡一百五十六后儒，虽然，据说是应当为后人们所尊敬的，但因有导师在此，也就以陪祀者的身份，其牌位被供奉于大成殿之左右两庑而名正言顺。古希腊的亚里士多德曾经喊出"吾爱吾师，更爱真理"的至理名言，在东方这块古老土地上，却由于导师具有长、祖的意义而成绝对权威、绝对真理。因此，看来亚氏这句格言的古代东方版应为"吾爱真理，更爱吾师。"爱"吾师"就是爱"真理"，祖宗就是"真理"，而且"真理"是分等级的，因为人是分等级的。又，中国古代东方大地上常见的宗祠，也是宗庙建筑之一种，不过，比起故宫太庙与曲阜孔庙来，为品级规制低下者罢了。而在宗祠本身，它在整个村落、市镇建筑群中，其形象还是十分威风的。地方豪门望族，为了显示其崇祖的热忱，竞相以最好的材料、伦理规范所能允许的最巨硕的建筑尺度、迷信观念中最佳的地望天时来建造宗祠，殷殷之心，实为中华民族心态中的一大奇观。

在世界建筑文化史上，古代中国的宗庙建筑，也许是"独家经营"，只有东方宗法式社会才能孕育、出现这种奇特的建筑文化现象。应当指出，这种建筑文化现象不自宋元明清始，早在殷代，已初见端倪。卜辞中有"宗、升、家、室、亚、宔、旦、亥、户、门"以及"大宗、小宗、中宗、亚宗、新宗、旧宗、屮宗、又宗、西宗、北宗、丁宗"等记载，均与宗庙有关。[16] 然而，那是指先王先妣的宗庙或集合的宗庙。这与周代以后以男性先祖先王为神主的宗庙有所不同。殷之所谓"宗，其义为藏主之所"[17]。"示"，即藏（供奉）于宗庙的先祖先王的神主，"示与宗的分别，即神主（或庙主）与神主所在之宗庙、宗室的分别。"[18] "示"，有大小之别：直系先王为"大示"；旁系先王称"小示"。殷从上甲开始的"大示"，

16　陈梦家《殷虚卜辞综述》。

17　陈梦家《殷虚卜辞综述》。

18　陈梦家《殷虚卜辞综述》。

就是所谓"元示"。卜辞"自上甲六示"，指上甲至示癸六个先王；"自上甲廿示"，指从上甲至武乙二十个直系先王，小示也有若干。而"示"之所在，即后世之宗庙。当时，依等级差别，宗庙建筑名目繁多而祀祖实质则一，其朝向不等，或以南北向、或以东西向，平面大多长方形，尺度大小亦不同。

周代（西周）是古代中国宗法制基本成熟的历史时代。所谓宗法制，指以血缘为纽带、以嫡长子为大宗、以男性家长为尊所构成的社会典章规范文化制度。其有大宗、小宗即殷之所谓大示、小示之别。先王之嫡长子为法定之王位继承者，其登上王位，为全国大宗，先王之次子为小宗；次子有分封为诸侯者，在封地为大宗，其嫡长子登上诸侯王位，又为诸侯国之大宗，其次子又为小宗……这样层层叠叠，依次而下，构成宝塔形的宗法社会的网络结构，等级森严而呈超稳定态势。《诗》所谓"君之宗之"，是说周族不仅以公刘为君，而且公刘是周之大宗；又说"本支百世"，是指文王既为国君，其嫡长子系的后嗣是世袭的百世不迁的大宗。《诗》又有"既燕（宴）于宗"、"于以奠之？宗室牖下"的咏叹。这样，从全国最高"家长"皇帝世家，到最普通的老百姓，都有他们的先祖大宗需要祭祀，于是，各种品格不同的宗庙建筑便应运而建，可谓宗庙遍于域中，祭祖之风大炽。这种历史的嗜好使周人立下一条关于建筑营国的"规矩"："君子将营宫室，宗庙为先，厩库为次，居室为后"。[19] 由此可见其对宗庙的重视了。

周代宗庙之伦理意义在于"尊尊"。这是与殷制又有些不同的。

---

19 《礼记·曲礼下》。

周人祭庙，"诗、书、礼经皆无明文。据礼家言，乃有七庙、四庙之说。此虽不可视为宗周旧制，然礼家言庙制，必已萌芽于周初，固无可疑也。……商人继统之法，不合尊尊之义，其祭法又无远迩尊卑之分，则于亲亲、尊尊二义，皆无当也。周人以尊尊之义、亲亲之义而立嫡庶之制，又以亲亲之义经尊尊之义而立庙制，此其所以为文也。"[20] 王国维氏的这段话值得参考，它说明殷商之时宗法观念、宗法制度及其相应的宗庙建筑的未曾基本完备，直到周初才有了一个历史的飞跃，这就难怪以"从周"为理想的孔夫子及其后儒，其宗法意识如此明确与浓烈了。

同时，王国维氏的论述还触及了"七庙、四庙"的庙制模式问题。中国古代建筑文化史上，实行过不同的庙制。据说，东汉王莽自称"予受命遭阳九之厄，百六之会，府帑空虚，百姓匮乏，宗庙未修，且祫祭于明堂太庙，夙夜永念，未敢宁息"，于是，"取其材瓦，以起九庙。一曰黄帝太初祖庙；二曰帝虞始祖昭庙；三曰陈胡王统祖穆庙；四曰齐敬王世祖昭庙；五曰济北愍王王祖穆庙，凡五庙不坠云；六曰济南伯王尊祢昭庙；七曰元城孺王尊祢穆庙；八曰阳平顷王戚祢昭庙；九曰新都显王戚祢穆庙。殿皆重屋。太初祖庙东南西北各四十丈，高十七丈，余庙半之。为铜薄栌，饰以金银琱文，穷极百工之巧。"[21] 这里，论威风排场，以"黄帝太初祖庙"为最，其余八庙体量，只及其一半，可见对黄帝之虔诚。

《礼记》云："天子七庙，三昭三穆，与大祖之庙而七。诸侯五

20　王国维《殷周制度论》。
21　顾炎武《历代宅京记》第 50 页。

庙，二昭二穆与大祖之庙而五。大夫三庙，一昭一穆与大祖之庙而三。士一庙。庶人祭于寝。"[22] 这里，天子、诸侯、大夫、士与庶人社会地位不同，而使其庙数急速递减到零，在礼的观念上，反映了阶级与等级的对立与差别。正如荀子所云："有天下者事七世，有国者事五世，有五乘之地者事三世，有三乘之地者事一世，持手而食者不得立宗庙。"[23] 说得真是清清楚楚。

同时，这里还涉及了"昭穆"秩序。周代将同族男子分为昭穆两辈，隔代辈同。比如，天子七庙制的昭穆秩序就是这样排列的，

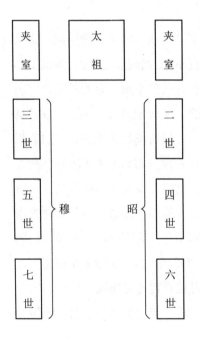

违者就是僭礼（见简图）。这里，太祖为一世。第二、四、六世为昭辈；第三、五、七世为穆辈。那么，其第八世当又是昭辈了，第八世驾崩后，其神主牌位供奉于原六世宗庙内，原六世、四世、二世依次前挪一庙，原二世迁入夹室；第九世驾崩后，亦照此办理，以此类推。朱熹解释诸侯五庙制，说的也是这个道理："周礼建国之神位，左宗庙，则五庙皆在东南矣。……盖大祖之庙，始封之君居之。昭之北庙，二世之

22 《礼记·王制》。
23 《荀子·礼论》。

君居之。穆之北庙，三世之君居之。昭之南庙，四世之君居之。穆之南庙，五世之君居之。……大祖之庙，百世不迁。自余四庙，则六世之后易一世而一迁。"

从朱熹这段话中可以看出，宗庙的平面位置在"国"（都城）的"东南"，这便是《周礼·考工记》所谓"左祖右社"制。古人以左为上，可见宗庙在古人心目中的分量。"奉祀王室祖先之地，它代表王室宗族，是为宗法观念——'亲亲'的标志，将宗庙配置在主轴线的左前方，和外朝联成一体，借显示周王的天下大宗子的身份，进一步突出王权，从而体现'亲亲'与'尊尊'结合的宗法血缘政体特色"。[24] "宗，尊也；庙，貌也，所以仿佛先人尊貌也。" [25]崇拜宗庙，也就是崇拜祖宗，宗庙在中国古代建筑文化中的价值，也就是它在宗法制中的价值，换言之，是祖宗在整个宗法制观念中的地位，决定了宗庙在中国古代建筑文化中的独特美学意义。古代中国人对祖宗神是佩服得五体投地、"言听计从"的，其虔诚程度，大约与"文革"初年的"早请示，晚汇报"差不离。不仅祭祀，大凡册命典礼、出师授兵、祝捷献俘抑或告朔听政、外交盟会，往往在宗庙举行，为的是在心理上，需要听听祖宗神的声音，寻求精神支柱。宗庙是国家政权的象征，因为，它强烈地显示了等级观念，这正如马克思所言，"中世纪各等级的全部存在就是政治的存在，它们的存在就是国家的存在，……它们的等级就是它们的国家。" [26]因此，在古代中国，失去宗庙，便意味着失去国家政权。"桀纠幽

24 《考工记营国制度研究》第 57 页。
25 《三辅黄图》。
26 马克思《黑格尔法哲学批判》。

厉……遂失其宗庙"，[27] 这里的宗庙，即为国家。"安危荣辱之本在于主，主之本在于宗庙。"[28] "宗庙之灭，天下之失。"[29] 故灭人之国，往往"毁其宗庙"[30]。

这里应当指出，早在孔子时代之前，宗庙已经存在，这当然不能由此得出这种古代建筑文化现象是在儒学规范下出现的结论。然而，无论宗庙建筑文化，还是儒学规范本身，其起始、酝酿、形成与发展成熟都有一个历史过程。本书所以要论述孔子时代之前的宗庙建筑文化现象，目的是为儒学诞生以后并深受其影响的这种建筑文化寻找一个历史的"根"，并由这"根"进而观察其"根"上的"茎"、"华"与"实"、亦即后代宗庙建筑文化的历史发展。人们看到，当儒学兴起、礼制大盛之时，宗庙建筑文化的发展也与之取了同步发展的态势。人们可以将原始儒学诞生之前的宗庙建筑文化现象，看成哲学上由准儒学熏陶下的文化产物。因为，即使儒学本身，也同样有一个缘起、酝酿、形成、发展、成熟直至消亡的历史发展过程。如果说，宗庙建筑文化的"根"，深扎在殷周之际甚至更早的文化土壤之中，那么儒学，虽是由孔夫子所创立的，却不是由一个天才头脑，突然在一个早晨创立的，它的"根"也在殷周之际甚至更悠远的历史文化中，它是以往炎黄文化的历史累积与扬弃。

尤其，在祖宗崇拜这一点上，儒学规范中对祖宗的礼制以及宗

---

27 《墨子·非命》。

28 《吕览·务本篇》。

29 《吕览·遇合篇》。

30 《孟子·梁惠王下》。

庙建筑文化两者之间，存在着历史的沟通与契合，它们是"异构同质"的。

恩格斯说："亲属关系在一切蒙昧民族和野蛮民族的社会制度中起着决定作用。"[31] 处于孔子时代及尔后漫长封建社会时代的中华民族，虽然早已走出了"蒙昧"、"野蛮"的历史发展阶段，但文明如当时的赤县神州，也是从远古的"蒙昧"与"野蛮"发展而来的，这一点毋庸讳言。远古，人与人之间的伦理关系十分单纯，也很原始，便是以血缘为纽带组成氏族集团，尔后氏族之间的兼并便渐成国家。国家诞生之前不知多少个世纪，为争夺食物丰茂、环境优越之地，氏族之间发生的争斗，想必十分剧烈，为求自立于氏族之林，任一民族，都企望于本氏族人丁兴旺，将人口稀少看作亡族灭种的最大威胁。因此，人们自然便将人自身的生产繁衍看作无比重要的事情，适逢当时人们对人的生育之理一无所知，深感神秘恐惧，于是必然地便生殖崇拜，由生殖崇拜而追根寻源，于是便崇拜祖宗，尤其崇拜最古老的祖宗。远古图腾崇拜，其实就是这种生殖崇拜、祖宗崇拜的历史前导。关于这一点，在中国古代文化心理中，直到殷商尚可见若干历史遗影。"天命玄鸟，降而生商。"[32] "有娀方将，帝立子生商。"[33] 郑笺云："天使鳦（引者注：读 yī，亦写作鳦，即玄鸟。诗云："'燕燕于飞。' 一名玄鸟。齐人呼鳦"）下而生商者，谓鳦遗卵，娀氏之女简狄吞之而生契。"[34]《铁云藏龟》有

31　《马克思恩格斯选集》第 4 卷第 24 页。

32　《诗·商颂·玄鸟》。

33　《诗·商颂·长发》。

34　杨荣国《中国古代思想史》第 7 页。

"贞：于妣乙求年"之说，这是"妣乙不见合祭于先祖，当是殷代上世的先妣，即商祖契之母简狄；乙为后世玄鸟所自出"[35] 之意。由此可见，殷人的图腾崇拜对象是"玄鸟"，虽然这"玄鸟"，实际上当然并非殷人之祖，但在殷人心目中，是看得与祖宗一样重要的。

相传远古之东方大地上发生过炎黄之争，结果黄族之后裔雄踞中原而炎族之后裔成为四夷。这里，暂且不管其考据学上的历史真实性究竟如何，这种炎黄之争的历史传闻，必然极大地加剧了后代崇祖、祭祖的历史风气，使得中华民族建立在生殖崇拜基础上的祖宗崇拜的心理定势非常顽强而且牢固，这也不能不说是中国古代宗庙建筑文化大盛的一个民族心理根源。

要之，中华民族宗庙建筑文化的深层文化心理根源在于与儒学规范的礼制相联系的生殖崇拜。

次说都城。

"都邑者，政治与文化之标征也。"从儒学规范之礼制角度看，中国古代都城建筑文化尤其强调王权重威，讲求礼治秩序。

大凡城市都邑，都是统治者盘桓之地，古今中外概莫能外。中国古代都城建筑，尤其历代首都，虽具有经贸、文化、外交等多种功能，但一贯强调王权重威、讲求礼治秩序是其基本美学特色。如果说，近现代诸多城市往往是经济文化交流的中心，那么，中国古代都城则首先是政治、军事堡垒。"筑城以卫君，造郭以守民"，[36] 保护国君与管辖天下民众二者得兼，营国建城，目的在君。君者，

35　王国维《殷周制度论》。

36　《吴越春秋》。

"夫贵为天子，富有天下，名为圣王，兼制人，人莫得而制也"、"君使诸侯，一天下，是又人情之所同欲也，而天子之礼制如是者也。"[37] 忠君重礼，是儒学所提倡的，一般地成为中国古代都城建筑文化的美学主题。

且说《周礼·考工记》，为西汉武帝时河间献王刘德补《周礼·冬官》缺文而问世，书中述西周建筑文化尤其都邑之礼颇为详备。孔子十分向往西周文武周公之礼治，推崇周礼不遗余力。应当说，《周礼·考工记》出现于"独尊儒术"的西汉，虽其内容在于总结西周的都城制度，然所述礼制规范是与儒学教条相契合拍的。

《考工记》规定城邑礼制为三等。一为奴隶制王国首都王城；次为诸侯封地国都诸侯城；三为"都"即宗室与卿大夫采邑。"王城居首，为全国血缘宗法政治中心。诸侯城列作第二级，是周王朝在一个地区的血缘宗法政治大据点。卿大夫采邑（都）为第三级，系周王朝血缘宗法政治的基层据点。""三级城邑，尊卑有序，大小有制。"[38] 虽同属一个统治阶级，也很重尊卑"名分"。

为体现森严冷肃的礼制观念，重视都城建筑个体或群体的方位必依"周法"而历代少有改变。《考工记·匠人》有所谓"左祖右社，面朝后市"之说，王城必以宫城居中，因为这是天子所居之地。以宫城为平面"坐标系"设立其他建筑群，即宫城左前方为祖庙（宗庙、太庙），右前方为社稷坛；宫城外前方为朝、后方为市。祖庙象征宗法血缘，社稷以示国土，"普天之下，莫非王土"也。

---

37 《荀子·王霸》。
38 《考工记营国制度研究》第 139 页。

朝在宫之前，君王面南，群臣北拜。贸市为次，占地又小，只应设于整个王城的北部"卑位"。毋庸置疑，那些里巷之居布于宫城四外，与宫保持一定距离，不得闯入宫之禁地，又要在位置上起到拥戴宫的作用。同时，这种平面布局，实际上是有中轴线的，宫城处于中轴线上，"祖"、"社"为中轴线之左右两翼。"中轴线"原为建筑地理位置观念，象征华夏居天下之中，这里突出王权居中，强调重威。

应当指出，由于种种地理、材料及有关人文因素等影响，数千年来古代都城的平面布置，当然难以绝对以《考工记》之规构思建造。然《考工记》之礼制精神却基本未变，它成了中国古代都城的基本模式。比如，秦都咸阳"因北陵营殿，端门四达，以制紫宫象帝居，引渭水灌都以象天汉，横桥南渡以法牵牛"，[39] 于渭北营建六国宫室，以示一统天下，并将宫廷区域向渭水以南发展，欲建成阿房宫等大片宫殿。应当说，这与周代都城制度有些不同了，然而，考咸阳扩建之主体宫城构思，是以周礼所倡导的中轴线观念为主干的。又如，前汉王城平面布置因地形等因素所限，又出于实际使用功能之需，市区扩大，且分为东、西两部，道路亦不如《考工记》所规定的那样规整，因此，汉之长安被称为"斗城"而非《考工记》那种经纬分明的棋盘式，但王城规划重点仍在宫城，且具有明确的中轴线。这一点，可以《汉书》所载萧何造未央宫以令"天子重威"为佐证。又如，由于组织建造北魏洛阳的孝文帝倚重儒学，使历史上的这座名城尤其强调以宫为主、推重中轴线的总体构

---

39 《三辅黄图》。

思。再如，隋唐长安且不必多言，其在遵守儒学规范的都城礼制方面堪称典型。即如唐代洛阳而言，虽因宫城偏于西北一隅，使整个都城的中轴线随之西移，而宫城以东为大片市商里坊聚集之地，给人以东重西轻之不平衡感。但，由于宫城以西辟建大片林囿，仍然收到了中轴线左右基本对称，以宫城为中心，体现帝都重威的美学效果。至于明清北京故宫，其儒学重礼之倾向可以说体现得最充分了。其平面布局，自南至北以正阳门、大明门（大清门）、天安门、端门、午门、太和门、太和殿、中和殿、保和殿、乾清门直达鼓楼，形成一个强烈的中轴序列，左为祖庙，右为社稷，对称布排其他建筑，并且，太和殿之宝座恰好设在全城之中轴线上，这种浓烈的礼制气息，与当时宋明理学大兴、儒学规范更为深入地溶解于民族灵魂不无关系。

"名位不同，礼亦异数。"[40] 中国古代都城建筑文化的礼制性格，往往是通过一定的数及数之变化显现出来的。

《考工记》云："匠人营国，方九里，旁三门。国中九经九纬，经涂九轨。左祖右社，面朝后市，市 朝一夫。"又云："经涂九轨，环涂七轨，野涂五轨。"[41] 这里，其他暂且勿论，单说王城道路宽度，是等位最高的。"轨谓辙广，乘车六尺六寸，旁加七寸，凡八尺，是为辙广。"[42] 故王城南北直道宽可周尺七十二、环城大道为五十六尺，而城外野路仅四十尺，至于这里未提及的诸侯城与"都"，其道宽度小于王城者而必无疑。又，按周礼，王城城垣高为

40 《左传·庄公十八年》。
41 《周礼·冬官·考工记》及注。
42 《周礼·冬官·考工记》及注。

七雉、城隅高九雉；宫城垣高五雉，宫隅高七雉，宫门门阿高五雉。这里，雉，为古代城墙面积单位，高一丈、长三丈称一雉。可见，王城、诸侯城与采邑的"雉"规十分严格，且王城、宫城的城垣、城隅以及宫城城垣，宫隅、宫门门阿的高宽度也须循礼而定，不是随便可以胡来的。"祭仲曰：'都城过百雉，国之害也。'"是何缘故？因为，据"先王之制，大都不过参国之一，中五之一，小九之一。"[43] 这里，"先王之制"，儒学规范也。都，卿大夫采邑，大采邑的城墙面积不能超过"国"（国都）的三分之一，古代侯伯国都城墙面积规定为三百雉，故"大都"不超过一百雉；"中都"不超过六十雉；"小都"不超过三十三雉许。而"今京不度，非制也。"[44] 京，何许人？即京城大叔。《左传》中说他不过是社会地位不及侯伯的一个人物，竟建都城超过百雉，因此，难怪重礼的郑大夫祭仲要对此愤愤不平了。又，按《周礼·考工记》，王城面积为"方九里"，这是最高规格，"天子城方九里，公盖七里，侯伯盖五里，子男盖三里"[45]，依次而下。人们看到，受儒学规范的礼制制约下的都城制度，往往以二为等差级数表示建筑品位的不同，这里是一显例。这种等差级数的出现，在建筑科学技术上并无意义，完全是中国古代重伦理、轻物理的又一表现，"自上以下，降数以两，礼也"。[46]

又，在建筑体量与用材上，也须依礼而定。唐代建筑的若干等级规定为：官位三品以下，堂舍不得超过五间九架，头门屋不得超

---

43 《左传·隐公元年》。
44 《左传·隐公元年》。
45 《周礼·考工记》戴注。
46 《汉书·韦贤传》。

过三间五架。五品以下，堂舍不得超过五间七架，头门屋不得超过三间两架。六品七品以下不得超过三间五架，头门屋不得超过一间两架。平常百姓不得超过三间四架。[47] 明代的住宅等级制度为，"一品二品厅堂五间九架"；"三品至五品厅堂五间七架"；"六品至九品厅堂三间七架"、"庶民庐舍不过三间五架"。[48] 在《营造法式》中，也一定程度上渗透着儒家关于礼的内容。材有八个等级：一等材横断面为 54 平方寸；二为 45.375 平方寸；三为 37.5 平方寸；四为 34.56 平方寸；五为 29.04 平方寸；六为 24 平方寸；七为 18.375 平方寸；八为 13.5 平方寸。并规定一等材只可用于比如太和殿、棱恩殿等最显贵的建筑，这种建筑面阔为 9 至 11 间；二等材只可用于面阔为 5 至 7 间的建筑；三等材用于 3 至 5 间者；四等材用于 3 间殿身与厅堂为 5 间的建筑；五等材用于小 3 间殿身或大 3 间厅堂的建筑；六等材用于亭榭或小厅堂；七等材用于小殿之类；八等材只能出现于殿内藻井或小榭之类的建筑上。这里，"材尽其用"，虽有建筑科学技术上的考虑，但主要出于儒学规范的制约。

再说宫殿。

宫殿，任何都城的主题建筑。作为帝王理政与生活场所，其取地最广，位置居中、用材最精、造价最费、尺度最巨、品位最高当属无疑，很少例外。

比如，这里又该说到北京明清故宫了，其"最、最、最"的重礼之"歌"可谓响彻云霄。故宫为明清两朝的宫殿，自明成祖执政

47　刘思训《中国美术发展史》第 56 页。
48　《明史》卷 66。

五年（永乐五年，1407年，一说永乐四年）始建，劳民伤财、惨淡经营，到1421年才告建成。其宫城东西跨度760米，南北纵深960米，平面呈长方形。其内部建筑制度依"礼"而定，分外朝内廷两部分。外朝附会古之"三朝"礼制，为太和殿、中和殿、保和殿。三者之中以太和殿为尊，因为这里是朝典如即位、大朝、颁发诏令以号天下之地。故其高近27米、宽约64米，进深37米多，面阔最大，至清改为11间，坐落于一巨大的汉白玉台基上，与长陵之棱恩殿同为现存中国古代尺度最为巨硕的木构建筑。太和殿采用品位最高的重檐庑殿屋顶[49]，赤柱黄瓦，额枋青绿，屋顶走兽与斗栱出挑的数目为最多，雕刻精美，彩绘以龙、凤为题，色彩偏于金黄，"金黄者，帝王之色也"。太和殿前视野开阔，辟一广场，不事绿化，占地2.5公顷，平面方形规整，为宫城内最大的院落，气氛肃穆庄严，有天子"极目千里"之意。太和殿左右前后布置以高低错落、秩序井然的其他建筑群，呈对称态势，有簇拥之意，又保持一段距离，取"帝威者，可敬而不可近也"。中和殿在太和殿之后，为帝王莅临大朝视政的准备之所，采用方檐圆屋顶，位在其次，保和殿屋顶用歇山式，这种建筑礼制与此殿仅供皇帝欢宴或举办朝考的身份是相配的。

整个外朝占地约6万平方米，其地位高于内廷。内廷为皇家居住之所，主要建筑为乾清宫、交泰宫、坤宁宫。乾者，阳，以示君；坤者，阴，以示后。三殿两侧为东六宫、西六宫，是嫔妃居住

49　按儒学建筑规范，庑殿式屋顶品第最尊，歇山式次之，悬山、硬山式又次之，攒尖顶最次。

之地，东西六宫之后，又建有专供皇族太子们居住的住所，其尺度品级当更在其次。可谓帝王"重色而衣之，重味而食之，重财物而制之，合天下而君之，饮食甚厚，声乐甚大，台榭甚高，园囿甚广"，[50]锦衣玉食，美室广厦，乾清坤宁，销魂大悦也。这是渗融着儒学规范的"前朝后寝"制，其伦理意义实与《考工记》所谓"内有九室，九嫔居之。外有九室，九卿朝焉。九分其国，以为九分，九卿治之"[51]者相通。在前朝后寝侍事帝王的，虽同为臣属，但也有前后之分，男女之别，真可谓"女正位乎内，男正位乎外，男女正，天地之大义也"。[52]乾者，又谓天，男；坤者，又谓地，女。乾坤之"正位"是天经地义。

又，宫殿门制，也必依礼而定。古代天子、诸侯、卿大夫门制有别。如在应门之旁立阙（观），"设两观，乘大路，天子之礼也。"[53]"礼，天子诸侯坛门，天子外阙两观，诸侯内阙一观。"[54]卿大夫不得设置坛门，"家不坛门"[55]，就是这个意思。至于塞门，帝王宫殿前才能设立，臣树塞门，便是僭礼。"邦君树塞门，管氏亦树塞门；邦君为两君之好有反坫，管氏亦有反坫。管氏而知礼，孰不知礼？"[56]这里，邦君，指帝王；管氏，管仲；反坫，古代设于堂上两楹间以示礼制礼节的土台。面对这种"礼坏乐崩"的乱礼行

---

50 《荀子·王霸》。
51 《周礼·考工记》。
52 《周易·家人》。
53 《公羊·昭公》。
54 《公羊解诂》。
55 《礼记》。
56 《论语·八佾》。

为，重礼的孔夫子可谓痛心疾首，便措辞严厉地提出了责问，可见其"复礼"之心的虔诚急迫。故宫从大清门（明代为大明门）、端门、天安门、午门到太和门的连续设置，其礼制依据是儒家所推崇的所谓"五门"制度。加上位于全城南端的正阳门，纵深1700米，划分6个大小有别的空间，因门制序列几经高潮，最后经太和门前往，迎面一正方形太和殿广场，森然肃然，使入朝参拜者的伦理观念情绪得到宣泄、达于"沸点"。

最后说说陵寝。

"古之葬者，厚衣之以薪，葬之中野，不封不树。"[57] 这说明殷周时代的墓葬是不封土堆、墓前不植树木以作标记的。"古者墓而不坟，文、武之兆，与平地齐"，[58] 说的也是这个意思。"墓"者，"没"也。坟，有高起之状。"古也，墓而不坟。"[59] 这可以肯定。中原地区出现坟丘式墓葬，据说始于孔子。这位"至圣先师"幼年丧父，颇尽孝心，便将合葬于防的父母的墓"封之，崇四尺"。[60] 求其识别膜拜。四尺之坟，自然不高，但已具有礼拜意义。

陵寝制度的儒学规范，首先重在君王。帝陵之高度是无与伦比的。如始皇陵"坟高五十余丈"，合现制120多米。汉武帝茂陵"高十四丈"，合现制46.5米，为汉陵中之佼佼者。唐太宗倡言"薄葬"，"请因山而葬，勿需起坟。"其实陵之所居九嵕山海拔1188米，高峻雄伟，其陵之崇高不言自明。高宗与则天合葬于乾

---

57 《易传·系辞》。
58 崔实《政论》。
59 《礼记·檀弓上》。
60 《礼记·檀弓上》。

陵，也是"因山为陵"，陵之所在梁山海拔 1049 米，崇高意义不在唐太宗的昭陵之下。北宋巩县八陵中，永安陵现高 8 米、永昌陵现高 21 米、永熙陵高约 29 米、永定陵高 21 米、永昭陵高 22 米、永厚陵高 20 米、永裕陵高 17 米、永泰陵高 21 米，[61] 其高度虽则看似平平，而且八陵之间互有差别，但在当初所有北宋陵墓中，帝陵当然是最高的。又如，明孝陵居所谓"钟阜龙盘、石城虎踞"的南京紫金山独龙阜玩珠峰下，阜高 150 米，气象非凡。清初三陵以及清东陵、西陵的高度当也为清代陵墓之"最"，此不赘言。总之，以高为至尊，是体现在陵寝制度中的儒学规范。而臣仆之陵墓，不管墓主功劳多大，都不得超过帝陵的。如汉之陪葬于茂陵的李夫人墓，据《三辅黄图》为八丈，霍去病、卫青墓仅崇二丈。唐代规定一品"陪陵"可起坟 4 丈，这是特例。一般情况下，一品官坟高必在 1 丈 8 尺，二品以下，每减一品就降 2 尺，六品以下为 8 尺。从开元二十九年（公元 741 年）起，又下令一品官坟高 1 丈 6 尺，二品以下依次递减 2 尺，六品以下为 7 尺，庶人仅为 4 尺。明代规定，公侯坟丘高可 2 丈，一品 1 丈 8 尺；二品 1 丈 6 尺，依次以 2 尺递减，至七品芝麻官仅为 6 尺，而庶人不得起坟。

中国历代陵寝礼制，不仅以高为贵，而且以多为贵。

为了对死去的帝王进行祭祀，帝陵多建有陵寝建筑。秦始皇陵的地上地下建筑固不待多言，其墓道、地宫、雕塑品之繁丽宏富是人们所熟悉的。"以布衣提三尺剑有天下"的汉高祖刘邦的长陵，"周七里一百八十步"，其地宫"内梓棺、黄柏肠题凑，以次百

61　罗哲文、罗扬《中国历代帝王陵寝》。

官藏毕，其设四通羡门，容六车六马，皆藏之。四方外陕，东石外方立，先闭剑户，户设夜龙、莫邪剑、伏弩，设伏火。"[62] 其繁富程度，人们只要看看品位低于长陵的陪葬墓的随葬品之多，便不难想见。如已被发掘的陪葬墓周亚夫父子墓，墓坛中建有复杂的木构建筑，仿贵族宅第式，出土的大量精美的玉器、漆器、车马器、玉衣以及兵俑近 600 件、人俑近 2000 件，其数量之巨，已是叹为观止，而长陵之"多"，自然不在其下。

又，在建筑文化上成就堪称十三陵之冠的明成祖长陵，其"多"更是不同凡响。首先，陵寝建筑多重进深。自南至北，依次为石牌坊、大红门、碑亭、华表、汉白玉七孔大桥、棱恩门、棱恩殿、内红门、宝城、明楼、宝顶以及陵冢（地宫）。其中，比如大红门为陵园门户，歇山顶、单檐、朱壁黄琉璃瓦，东西为围墙，周长 80 里，设中山门、东山门、老君堂门、贤庄门、灰岭门、钻石门、雁子门、德胜门、西山门、榨子门等十门。其次，在长达 800 多米的神道两侧，每隔约 45 米间距，对仗放置石象生，计有麒麟、骆驼、象、马、鹿、狮子、獬豸、文官、武将、功臣等等，以象征帝王生前仪卫。又次，棱恩殿面阔九间，为最高品位，汉白玉台基，高 3.2 米，3 层构筑，殿平面东西 66.75 米，南北 29.31 米。殿内排列着 60 根楠木巨柱，气氛森严肃穆。同时，为显示帝王高贵的伦理身份，据《李朝实录》，在长陵陵寝文化制度中还含有殉葬制。殉葬这天，宫中设宴，殉葬者哭声震天，十六个嫔妃被迫站于

---

62 《汉旧仪》，转引自林黎明、孙忠家《中国历代陵寝纪略》。

小木床上，活活吊死⁶³，其状惨不忍睹。而包括长陵在内的十三陵各陵门前立有一块无字碑，不著一字，其意却在颂扬帝王"功德"太"多"，无法述写。

中国古代陵寝建筑制度的文化原则在于"事死如事生"，陵寝主人生前是何社会地位身份，死后便也得到相应"待遇"。所谓"事死如事生，礼也"。⁶⁴生之礼与死之礼是统一的。荀子认为，"礼者，谨于治生死者也。""丧礼者，以生者饰死者也，大象其生以送其死也。"故"礼义之法式"重在讲其养生与送死之道。如果，"厚其生而薄其死"，是"奸人之道而倍（背）叛之心也"。⁶⁵荀卿的这种观点，是典型的儒学观。

要之，从以上对中国古代宗庙、都城、宫殿以及陵寝建筑文化制度的简略巡视中，读者可以看到，这是一部用土木"写就"的"政治伦理学"。其中建筑规制及其附属文化内容，十分重视与讲究对于"数"的运用，随处可以看到以"数"表示政治伦理等级的现象。数理本属自然科学，儒家却将它抓在手里，成为实现儒学规范的一种有力"武器"。中国古代的数理之学本来并不在古代西方之下，却往往可悲可叹地成为儒学伦理的附庸。重人伦、轻机巧；重伦理，轻数理，是数千年尤其近代中国数理之学落后于西方的原因之一，而这，主要应当"归功"于儒学规范的制约。其历史的悲剧性质，正如古代中国最早发明了火药与指南针，却一般不去用于发展船坚炮利、用于航海，而为求粉饰太平盛世大放烟火鞭炮、用罗

63　参见林黎明、孙忠家《中国历代陵寝纪略》。
64　《左传·哀公十五年》。
65　《荀子·礼论》。

盘看风水一样。

"数"与这部以土木"写就"的"政治伦理学"是密切相关的，尤其一些特殊的"数"比如"九"，在中国古代建筑文化美学中具有特别的社会伦理文化意义，而这，让我们放到第二节去作具体分析。

第二节　以礼为基调的礼乐"和谐"

尽管中国古代建筑文化，一般具有强烈的政治伦理色彩，这里，不乏神权的威慑、王权的煊赫、族权的冷峻以及父权的威严，由于建筑文化现象蕴涵着严厉的阶级或等级观念，而显得思想保守、僵化，令人深感略带苦涩的历史滋味。可是，历史悠久的中国古代建筑文化，却并非一种简单的政治伦理符号的演绎，它也是民族审美意识的物化。

儒家重礼，此不必多言。礼者，等级森严的典章制度与伦理规范，其着眼点在于对社会人群的"分"、"分而治之"，这是礼的精神实质。所谓礼者，"法之大分，类之纲纪也。"[66]君君、臣臣、父父、子子，各司其职，各安其位，"天尊地卑，君臣定矣；卑高已陈，贵贱位矣。"[67]礼，在于要求社会有条不紊，秩序严格，这里，讲的是强权意志。

然而，一旦强权意志过分强烈，壁垒森严，惟礼而无其他，最后则必导致天下大乱，儒家对这一点看得很清楚。

于是，作为对立互补因素，必有儒家倡言的"乐"出而平衡调

---

66 《荀子·劝学》。

67 《易传·系辞上》。

和。"乐者为同，礼者为异，同则相亲，异者相敬，乐胜则流，礼胜则离。合情饰貌者，礼乐之事也，礼义立则贵贱等矣，乐文同则上下和矣。"[68] "乐统同，礼别异。"[69] "礼乐皆得，谓之有德。"[70]

这便是儒家的礼乐中和观。

孔夫子以仁释礼解乐，提倡与追求新的历史水平的礼乐中和境界，不仅是儒家最高的人生境界，也是最高的文化审美理想。

什么是乐？郭沫若氏采罗振玉说，认为"乐"之初义"从丝附木上，琴瑟之象也。或增Ａ以象调弦之器"。许慎《说文》释"乐"字为"五声，八音总名。象鼓鞞。木，虡也。"将乐（樂）看作木架置鼓的象形。其实，以上二说均非"乐"之初义，而只是出现于先秦钟鼎铭文、简书刻辞以及秦篆中"乐"字的引申义。"乐"，甲骨文写作樂，其 ８，是果实累累之象形，与谷物、食物有关；Ａ，是 金、金（"食"字）之简写。故"乐"字之 ８ 与 Ａ，并非什么"琴瑟之象"、"象鼓鞞"，[71] 乐之初义并非指音乐，而是人进食时所获得的生理性快感，后才引申为音乐与艺术。

这种关于乐的最初义，恰与儒家对于乐的哲学理解相通，即首先将乐看作是人欲的一种需要。按一般理解，"礼是意志的训练，乐是情感的陶冶；礼是由外而内的教育（注：故带某种强迫意味），乐是由内而外的教育（注：故具由衷之特性）。"[72] 此自不无道理。但在儒家，都将乐与礼看成是人的一种生命现象与本质。换言之，

---

68 《礼记·乐记》。

69 《礼记·乐记》。

70 《礼记·乐记》。

71 参见修海林《乐之初义及其历史沿革》，《人民音乐》1986 年第 3 期。

72 《经今古文学》，《周予同经学史论著选集》第 8 页。

它们首先是人的一种不可亦不愿违逆天理的自觉的生理欲求，犹如人饿了非得吃东西而后获得生理上的大快一样，根本不需要社会外力的强迫，因为这种人的自觉生理欲求的源泉在本然的天地之中。"乐者天地之和，礼者天地之序。""大乐与天地同和，大礼与天地同节。"[73]"人生而静，天之性也，感于物而动，性之欲也。"人性欲望之"动"，是由"天性"所开启的，故"凡音（乐）之起，由人心生也，人心之动，物使之然也。"[74] 这里的"物"，即指天地。礼乐以及礼乐中和，本根于天地之源以及天地内在的辩证法。因而，尽礼作乐，天经地义。礼乐的辩证中和，是天理与人欲的同时满足。天理是人欲的理化；人欲是天理的情化。礼乐中和，也是一种"天人合一"。

礼之本义，在于华夏初民敬神祭天祀祖，《说文》云，礼者，"所以事神致福也"。因此，最初的礼，在于人对神（包括天地、祖宗神）的崇拜。孔夫子改造了礼，其历史功绩，在于将原始之礼的规范，从人与神之关系历史地移置到人与人的关系之中。神人之等级区别，变成了君臣、上下、尊卑、父子、夫妇之类的等级区别。这是以清醒的世俗理性洗刷了历史的迷狂，但并未摒弃一切迷狂因子，君、父、夫、尊、上者，仍在一定程度上具有神圣意味。李泽厚先生说："孔子没有把人的情感心理引导向外在的崇拜对象或神秘境界，而是把它消融满足在以亲子关系为核心的人与人的世间关系之中，便构成宗教三要素的观念、情感和仪式统统环绕和沉浸在

---

73 《礼记·乐记》。
74 《礼记·乐记》。

这一世俗伦理和日常心理的综合统一体中，而不必去建立另外的神学信仰大厦。这一点，与其他几个要素的有机结合，使儒学既不是宗教，又能替代宗教上的功能，扮演准宗教的角色，这在世界文化史上是较为罕见的。不是去建立某种外在的玄想信仰体系，而是去建立这样一种现实的伦理—心理模式，正是仁学思想和儒学文化的关键所在。"[75] 所言极是。儒学伦理规范并非宗教教条，而礼具有准宗教的社会功能。礼者，神圣不可侵犯。当人们僭礼时，必须勇敢地正视它那"严厉的眼神"；当尊礼成为人生一大自觉的内心要求时，又可领略它那"和悦的梦里微笑"。半是迷狂，半是清醒；半是崇拜，半是审美；半是意志整肃，半是精神愉悦；半是必然王国中的挣扎，半是自由天地中的飞翔。同时，在儒家看来，礼之特性，一方面必以对立互补的乐的存在才有存在的价值；另一方面，其自身就本然地包涵乐的因素，"乐者，通伦理者也。"[76] "礼之用，和为贵，先王之道斯为美。"[77]

虽然儒家亦重乐，以至于孔夫子闻韶乐而"三月不知肉味"，然其目的仍在于实行其礼，孔夫子所以恶郑声，就因为郑声不符礼之规范。"诗，可以兴、可以观、可以群、可以怨，近之事父，远之事君。"[78] 兴观群怨、事父事君，离不开一个"礼"字。

因而，周谷城先生说，"祖国美学原理有最突出的一条，曰由礼到乐。""这条原理可以贯通于一切美术品的创造过程，而得到体

---

75 李泽厚《中国古代思想史论》第 21 页。

76 《礼记·乐记》。

77 《论语》。

78 《论语》。

现。"[79] 这不无道理。不过，儒家所倡导的礼乐中和并非礼乐并举，而是以礼为基调的礼乐"和谐"。

这种礼乐"和谐"，往往在中国古代建筑文化舞台上发出磅礴的声响。

试看北京天坛，这座原名天地坛的中国古代优秀建筑，始建于明永乐十八年迁都北京之时。当时皇家天地合祭，嘉靖九年（1530年），颁立京华四郊分祀天地制度，因而四年之后更名为天坛。清乾隆、光绪时都曾改建。天坛是明清两代封建帝王祭天祈年之所，主要建筑为圜丘与祈年殿。

天坛的建造起于崇天意识。封建帝王，贵为天子，虽则骄横跋扈、不可一世，有时便也感到信心不足、力量不够，他们将朝代的倾覆、意外的灾变，归之于天的不悦与惩罚，从传统的"天人合一"观中认为天是有意志的，不可得罪的，于是，他们将自己对天下的统治说成是"天降大任于斯人"，"受命于天"；于是，处于人间至尊地位的封建帝王，也就折服于天，对天顶礼膜拜了；于是，皇帝在每年冬至这一天，要进行隆重的祭天活动，这是人王向"昊天上帝"的"请示"与"汇报"、祈求与祝福，为此，须建天坛以尽崇天、尊天之礼。

周代已有祭天礼俗，"冬至日祀天于地上之圜丘"[80]，说明那时早有专供祭天的圜丘这样的建筑。孔夫子生当春秋晚期，"不语乱、力、神"，却也是"畏天命"的。[81] 这种思想虽然历经诸多封建朝

79　周谷城《礼乐新解》，《文汇报》1962 年 2 月 9 日。

80　《周礼·大司乐》。

81　《论语》。

代，岁月磨砺，直到明清儒学时代而无有多大改变。天坛修建于明清，是比较晚近的事。但这祭天礼俗之根，深埋在周甚至周以前的历史土壤中，儒家成了这一礼俗的辛勤耕耘者。

天坛重礼意蕴十分浓郁。其圜丘按古制，郊天须柴燎告于天，故坛而不屋，露天而祭。其初建时坛面及护栏砌以蓝色琉璃砖。现制为乾隆十四年（1749 年）扩建的结果，坛面改用艾叶青石，栏板望柱采用汉白玉。值得注意的是，此坛圆形三层，各层台阶数目及栏板望柱均用阳数；坛面石除中心石为圆形外，外围所砌扇面石数目亦都为阳数。阳数亦称天数，源于古代中国以天为阳的哲学观、宇宙观。天数为九，因而，这一著名建筑的用材数为九及九之倍数。居住中国三十年、研究中国美术的英人白谢尔氏（Beshell）指出，圜丘“陛各九级。坛之上成径九丈，取九数。二成径十有五丈，取五数。三成径二十一丈，取三七之数。上成为一九；二成为三五，三成为三七，以全一三五七九天数。且合九丈、十五丈、二十一丈，共成四十五丈，以符九五之义。”[82]

这里的奇妙之处在于，所谓“九五之义”，其源来自浸透了儒家思想的《周易》。[83] 天坛之用材规制，所以要取奇数避偶数并且以九为上，是因为据《周易》“传部”（相传孔子作“十翼”，即《周易》之“传部”，学术界认为多不可能。但“传部”是对《周易》“经部”的文化学阐述，主要内容当为儒家的宇宙观与人生观），天阳地阴，天奇地偶，于是圜丘各部构制均避偶取奇，并且

82　白谢尔《中国美术》（戴岳译）。

83　按：在《周易》中，同时还包含道家思想，此暂勿论。

崇尚九数。《周易》乾卦爻辞云："九五：飞龙在天，利见大人。"这是上上吉卦。乾为天，其性阳刚，富有活力与创造力。据易理，"九"这个数，处于阳爻之最高位；"五"，恰好是阳爻的阳位得正，"九五"之位，无比吉利。"九五"之爻，恰逢"飞龙在天"，空间无垠、威力无比、活跃无限、前路无量。而龙，不是华夏古老之图腾，帝王之象征嘛？龙飞"九五"，无上崇高。因而，圜丘三径共成四十五丈（九乘五），在礼制意义上，实在既是对天的崇拜，又是对帝王的崇拜。

由此可见，天坛"礼"之意义有二：一、帝王对天的崇拜；二、帝王要求普天之下对王权的崇拜。作为普通老百姓，天帝与人王都应当是其顶礼的对象，合二而一。

至于"九"这个数，何以后来会成为中国古代建筑文化美学思想中天帝与人王的象征？此可追溯到为孔子及后儒所推崇的周礼。据《周礼》，古代有两种井田制。一为《周礼·遂人》所记十进位制井田，更常见为《周礼·小司徒》所谓"九夫为井"的田制。所谓"夫"，原指奴隶、农夫。后发展为井田基本面积单位。按周制，一个奴隶授田百亩，每亩占地方百步，这块土地面积便称为一"夫"，亦即周代金文所谓一"田"。周代多以九"夫"为一"井"。故一"井"，是一农业人口聚集地域单位；也是一行政管理单位，所谓"方一井九夫之田也"[84]。所谓"古制：六尺为步，步百为亩，亩百为夫，夫三为屋，屋三为井。"[85] 一井九夫。其平面呈一井字

---

84 《管子·立政》。

85 《汉书·食货志上》。

方格（⊞）。在此一井地域单位中，奴隶们的耕作生活，久之必使"井"之中央成为聚集之点；人口聚集必有交换活动；有交换，便是市的起源。因而，中国古代城市别称市井。

　　而城市的起源是与国家的起源联系在一起的。有城市，必有国家，故古代"国"有"都城"之意。国家的统治者必盘桓于都城之中。某种意义上可以说，都城是由井田发展而来的。那么，都城中的宫城建在哪里？就建在"井"之中位。《周礼》说："九分其国，以为九分，九卿治之。"[86] 都城划为"九分"，宫城占中部之一分，其余划分为八，这种地域划分，实际上是将都城看作一块扩大了的井田。

　　历史发展中，城市平面布局因多种因素而不断演变，不可能完全按周礼的硬性规定。但中国古代城市平面力求方形，道路纵横、宫城居中（往往在全城中后区域）以及棋盘式区域划分等，仍可看出井田制的历史痕迹。并且更为重要的是，虽经漫长历史的变迁陶冶，随着宋、明理学兴盛，人们对源于井田的"九"数愈加热衷神往，因为在政治伦理上，"九"代表了统治者对"井"，尔后是城市、国家的统治与驾驭，"九"就是人王所统辖的天下，是王权的象征。

　　熟谙封建礼制与统治术的儒家，熟谙儒学规范的封建王室，当然很是看重这种关于"九"的历史文化遗产，因此，天坛的尚"九"之礼"歌"，也就如此嘹亮地"唱"起来了。

　　然而，天坛的美学意蕴在于重礼，乐却也在其中了。在深受儒

---

86 《周礼·考工记》。

学规范与思想熏陶的古人看来，天坛无疑是美的。在今人眼里，天坛往往也是美的。这种美感，就客体角度而言，当起于天坛本身"乐"的特性。

首先，天坛圜丘各部构造取数为阳、为九与九之倍数，这种富于节律的数差，使建筑形象节奏明晰、理性精神浓郁。由于采用的是同一种数差"语言"，显得浑然一体。"礼"的特定内容常为人所不取，但为礼制所决定的建筑形象一旦确立，其节奏、韵律、体量却有可能因具相对独立的美学性格而邀人青眼，成为不同时代、不同民族与阶级所普遍可接受、普遍可传达的美。这种美，其实正是儒家所推崇的中国古代建筑文化的礼乐中和之美。

同时，整个天坛占地 4000 亩，合 270 万平方米，为我国现存最大的古代祭祀性建筑群。圜丘、祈年殿排列于一条南北向的中轴线上，两者以高于左右地面的甬路相通，使天坛之形象刚阳森严；圜丘四周围以两道矮墙，拓展了空间感，使圜丘比实际尺寸更显得壮阔，又在祈年殿前置一狭长庭院，与后面之大庭院形成尺度悬殊的空间对比，使祈年殿的尺度感更显高大；为附会古代"天圆地方"之宇宙观，天坛之平面取圆形，使这座著名建筑更显得雄浑壮美；而天坛区域大片的松柏林海，姿态遒劲挺拔，色调沉静冷峻，气氛庄严肃穆，所有这一切，不仅符合儒学规范礼制，也可普遍地给人以崇高与阳刚之美感。

至于常见的其他中国古代建筑，为强调"尊者居中"、等级严格的儒家之"礼"，其平面常作对称均齐布置，正如梁思成先生所说："以多座建筑合组而成之宫殿、官署、庙宇、乃至于住宅，通常均取左右均齐之绝对整齐对称之布局。庭院四周，绕以建筑物，庭院数目无定。其所最注重者，乃主要中线之成立。一切组织均根据中线以发展，其布署秩序均为左右分立，适于礼仪（Formal）之庄严场合；公者如朝会大典，私者如婚丧喜庆之属。"[87] 白谢尔氏亦说："中国宫室，多为一层平房。欲加其数，则必须纵横皆增，使无违乎均齐对称之势。凡正殿之高旷，东西厢之排列，迴廊之体势，院落之广狭，台榭之布置，以及一切装饰物之风格，虽万有不同，而要以不背乎均齐对称之势为归。"[88] 这种关于对称均齐的历史嗜好，不仅具有礼的特性，而且具有乐的意蕴，可以说，是中国式的以礼为基调的礼乐"和谐"。

这种"和谐"所以美，不仅因为儒学之礼数千年来哺育成熟的中国古代的民族文化心理结构为这种"美"的创造与欣赏确立了主体因素，而且它在一定意义上，契合了包括中华民族在内的全人类的某种审美生理心理机制。西方著名美学家乔治·桑塔耶纳说得好："对称所以投合我们的心意，是由于认识和节奏的吸引力。当眼睛浏览一个建筑物的正面，每隔相等的距离就发现引人注目的东西之时，一种期望，像预料一个难免的音符或者一个必需的字眼那样，便油然涌上心头，如果所望落空，就会惹起感情的震动（引者：这里指对不对称均齐的审美）。"[89] 又说，"在对称的美中可以找到这些生理原理的一个重要例证。为了某种原因，眼睛在习惯上是要朝向一个焦点的。例如，朝向门口或窗洞，朝向一座神坛，或一个宝座、一个舞台或一面壁炉，如果对象不是安排得使眼睛的张力

87 《梁思成文集（三）》第 10 页。

88 《中国美术》第 35 页。

89 乔治·桑塔耶纳《美感》第 61—62 页。

彼此平衡，而视觉的重心落在我们不得不注视的焦点上，那么，眼睛时而要向旁边看，时而必须回转过来向前看，这种趋势就使我们感到压迫和分心。所以，对所有这些对象，我们要求两边对称。"[90]

尽管对称均齐之建筑美，怎样在一定限度内契合人由先天与后天因素相互作用而成的审美需要，尽管"中国艺术最大的一个特质是均齐，而这个特质在其建筑与诗中尤为显著。中国底这两种艺术的美可说是均齐底美，即中国式的美。"[91] 而这种"中国式的美"，主要是由儒学规范而成的美，显得平稳、冷静、自持、静穆、壮阔甚至伟大，但也不免缺少变化，显得呆板与保守。

由儒学所规范的中国古代建筑文化光辉灿烂，但这种建筑文化的时代毕竟早已过去了。

90　乔治·桑塔耶纳《美感》第 61—62 页。
91　闻一多《律诗的研究》。

第五章　道家情思

当本文试图将道家哲学与中国古代建筑文化联系起来加以美学探讨时，所面临的课题也许是严峻的。

人们要问，究竟哪一类中国古代建筑文化受道家哲学影响最大，或者说其文化现象充分积淀着道家情思呢？

是中国古代园林文化。

可是，谁都明了，中国古代园林，一般是由园林建筑物、山水草树道路以及其他人文因素所构成的，园林建筑物只是构成这一文化系统的其中一个因素，它不等于整个园林文化，园林学亦非一般所说的建筑学，的确，任何将两者混同的观点都是违背常识的。

而作为中国古代建筑文化美学思想的研究，这里，似乎只能以园林文化中的建筑文化作为它的研究对象。

这就产生了一个矛盾：本书以中国古代建筑文化为研究对象，但本文却要以渗透着道家情思的中国古代园林文化为美学论题，似乎超出了本书的学术宗旨。

其实并非如此。

以笔者看来，对建筑文化可作广义与狭义两解。

在西文里，建筑 Architecture（而非 Building）这个词，其义为

"巨大的工艺"。凡是"工艺",以沉重、坚固的物质材料构成、与大自然密切结合、且体量"巨大"者,均可称"建筑"。无疑,以园林建筑物为重要构成因素的中国古代园林文化,便是这样一种广义的 Architecture(建筑)文化。

德国古典美学家黑格尔曾经指出,园林"不是一种正式的建筑"(引者注:这里的"建筑",取狭义),却是融合着一切建筑手段的一种"高级建筑艺术"[1](引者注:这里的"建筑",取广义)。这见解看似前后矛盾,实际上包括了对"建筑"的狭义与广义的辩证见解。

从古代"宫室"(房屋)起源及建筑空间观上看,中国古代园林,其实是房屋这种狭义建筑型式的一种历史性的必然发展。

远古东方大地,本来并未有什么房屋之类。最原始的居穴或居巢,是原始初民对一定自然空间的第一次"人化",是人与大自然的对立关系在居住问题上的第一次解决。这说明,人有能力摆脱远古洪荒时代的叵测空间,为自己开辟一方属人的居住空间环境,建造一个躲避盲目自然力、供栖息的庇护所。

这无疑是一个巨大的历史性进步。

然而,最原始建筑物的出现,虽将大自然的盲目力量部分地关在了门外,却也同时将整个大自然(包括自然美)拒之门外。当我们的老祖宗住进了地穴、村舍、城镇、宫殿,感到盲目自然力一般不能加害于他时,又发现自己与大自然的亲缘距离拉大了。一种渴望,勾起了人们对自然野趣的强烈眷恋之情,向往大自然这一人类

---

1 黑格尔《美学》。

故乡，要求以自然主人身份重新回到大自然去，从而打破那种尤其是实用性建筑空间环境与自然天趣的对立，这是人的一种顽强的文化审美意识。

于是，补房舍初步实用性功能之不足，以审美观赏游乐为主要目的的园林文化（广义建筑文化）便应运而生。

中国古代园林文化，一种特殊的出于人对大自然的依恋与向往而创造的建筑空间，一种人欣赏人化的自然美与建筑技术人工美的特殊方式，它是人对大自然欣喜的回眸与复归，是自然美、建筑美（狭义）以及其他人文美的相互渗透与和谐统一。或者说，中国古代园林文化虽然内含狭义的建筑因素，但不等于本书其他章节所说的建筑文化，都可以看作是狭义的建筑空间向自然美空间环境的渗透、延伸与发展。园林文化的出现，某种意义上是中国古代建筑文化的一个历史性飞跃，正如英国培根所言，"文明人类先建美宅，营园较迟，可见造园艺术比建筑（狭义）更高一筹。"[2]

因此，将整个中国古代园林文化作为中国古代建筑文化美学思想的研究对象，可谓理所当然。

同时还必须指出，本文所探讨的中国古代园林文化的道家情思，指的是这种园林文化典型的文化特质，并非认为其文化特质仅仅在于道家情思，实际上，与道家思想处于对立互补地位的儒家、佛家文化也在一定程度上影响了中国古代园林文化的美学性格。而且，就道家情思这种典型的文化特质而言，它既不是每一座古代园林个体特质的总和，也不是它们的"平均值"，由于每一时代，每

---

2 转引自童寯《造园史纲》第 1 页。

一座园林的美学性格实际上是不会完全一致的，因此，本文所说的道家情思，无非是指中国古代园林文化的主要思想倾向罢了。

第一节　中国古代园林文化之"道"

道是什么？且看老子如何论"道"：

"有物混成，先天地生……吾不知其名，强字之曰道。"*"道冲而用之，或不盈。渊兮似万物之宗。""道者，万物之奥。""道可道，非常道。""道常无为而无不为。"《老子》全书，论"道"处凡七十三，其意义略有差异。从这里所引，可见"道"之基本哲学涵义有三：其一，先天地而存在和生成万物的本根与始基；其二，其性"无为"，因"无为"而"无不为"；其三，其本体隐秘恒常，只可意会，不可言传。

这里，"道"之中心涵义在于"无为"。"无为"思想，是老子哲学的基本内涵。所谓"无为"，就是"道"，任其自然之意。"人法地、地法天、天法道、道法自然。""功成事遂，百姓皆谓：'我自然'。"这里所谓"自然"，就是"本然如此"之意。

老子崇尚"出世"。认为政治的昏庸、社会的混乱、民众的贫穷，都是人为"失道"的缘故，由此，他尤其猛烈抨击"入世"、"大伪"的礼制。"大道废，有仁义；慧智出，有大伪。六亲不和，有孝慈；国家昏乱，有忠臣。""故失道而后德，失德而后仁，失仁而后义，失义而后礼。夫礼者，忠信之薄而乱之首。"老子认为，

---

* 本章所引老子语录，均见《老子》(陈鼓应本)，下不赘注。

所谓仁义、忠信、孝慈这些礼的教条，都是人为地敷衍出来的，因是人为（伪者，人为也）的，一概都无用，只有"本然如此"的"道"，才是治之"首"。"我'无为'而民自化，我'好静'而民自正，我'无事'而民自富，我'无欲'而民自朴。"陈鼓应先生说，"事实上，'好静'、'无事'、'无欲'就是'无为'思想的写状。"[3]此言不差。"好静"之于社会的骚乱搅扰，"无事"之于尘世的烦苛政举，"无欲"之于人寰的贪得无厌，无疑都是一剂良药。

这里应当指出，由老子这种"无为"哲学，极易推导出"放任自由"的思想。"好静笃"，"无所事"，"无贪欲"，放弃一切外在行为的努力而使"无为"回归到内心，这便是先秦道家所追求的"自由"。自由是对必然的把握，这种把握方式只能是实践，因而，离开人的社会实践活动根本谈不上人真正的自由。然而，道家那种弃绝尘海纷攘、超乎功利的"无为"主张，却使人在意念情趣上仿佛超越社会而回归于自然，使本已为尘俗所紧绷的内心在自然的荡漾中重新求得片刻的松懈、宁静与欢愉，这只有在精神上崇尚自然无为才能体悟，其实，这是与对自然的审美心理机制相通的。

中国古代对自然的审美观，是建立在"天人合一"的哲学基础上的。无论儒家、道家，都讲"天人合一"。

如果说，儒家以"人为"即"有为"求"天人合一"的人生境界与审美境界，那么，道家是以"无为"求得这种"天人合一"境界的。

恰恰在这一点上，庄子继承、发展了老子的"道"论。

3　陈鼓应《老子注译及评价》第33页。

什么是美呢？庄子认为，道即美，道即无为，无为即美。无为即自然，自然是天地的本性。因而，"天地有大美而不言。"[4] "夫天地者，古之所大也，而黄帝尧舜之所共美也。"[5]

庄子根据老子"人法地、地法天"，人以天地为法的思想，以天地为"师"，热烈歌颂天地自然的"无为"、"大美"。"吾师乎！吾师乎！"[6] "天下有常然。常然者，曲者不以钩，直者不以绳，圆者不以规，方者不以矩，附离不以胶漆，约束不以纆索。"[7] 天地之"道"，不用人为规矩而自成圆方，曲、直、圆、方、附离、约束，均本然如此而不必苦意穷搜，只要以"无为"态度而拥入于大自然，就能使人生境界"天人合一"，这便是"身与物化"，"万物复情"，[8] 人"与物为春"[9] 的"天和"境界，"与天地和，谓之天乐"[10] 也。"天乐"，就是天地自然契合于人之内心的美，"天人合一"之美，其契机与枢纽，在于"天"、"人"都是"无为"的，此犹如"昔者庄周梦为蝴蝶，栩栩然蝴蝶也，自喻适志与，不知用也。俄然觉，则蘧蘧然周也。不知周之梦为蝴蝶与？蝴蝶之梦为周与？周与蝴蝶则必有分也。此之谓物化。"[11]

这种"物化"之美，就是人生的"逍遥游"，美得无限，犹如大鹏之美，其背"不知几千里"，"怒而飞，其翼若垂天之云"，"水

---

4 《庄子》。
5 《庄子》。
6 《庄子》。
7 《庄子》。
8 《庄子》。
9 《庄子》。
10 《庄子》。
11 《庄子》。

击三千里，抟扶摇而上者九万里"，[12] 犹如"神人"、"真人"、"至人"之美，"乘云气，御飞龙，而游乎四海之外"，[13] "上窥青天，下潜黄泉，挥斥八极，神气不变"，[14] "大泽焚而不能热，河汉冱而不能寒，疾雷破山、飘风振海而不能惊"，[15] 可谓"磅礴万物"[16]，至美至乐。

这种无限之美，时空跨度极大，给人的"动感"十分强烈，却不是随便什么人可以感受、欣赏的，只有其内心世界超脱于功名、利禄、权势、尊卑的束缚，贵柔、守雌、守静，使精神臻于优游自在、无挂无碍，才得领略其无限风光。因此，庄子说："夫虚静恬淡，寂寞无为者，万物之本也……静而圣，动而王，无为也而尊，素朴而天下莫能与之争美。"[17]

道家"无为"哲学的所有这一切丰富思想，构成了中国古代园林文化即广义的建筑文化的一种深刻的文化背景。

中国古代园林文化发轫较早，在世界三大园林文化流派[18]中独树一帜，饮誉环球。据古籍记载，早在三四千年前，炎黄子孙已在东方大地上进行园事。《史记·殷本纪》有纣王沙丘苑台之记，说明殷商已筑帝苑。甲骨文有关于"囿"的象形文字"囧"。古代园林称"囿"或"苑"。"有墙曰苑，无墙曰囿。"[19] "苑，所以养禽兽

12 《庄子》。
13 《庄子》。
14 《庄子》。
15 《庄子》。
16 《庄子》。
17 《庄子》。
18 世界古代三大园林文化派别：中国、西亚、古希腊。
19 《淮南子》高诱注。

也。"²⁰《周礼·地官》说周代筑有灵囿。"文王之囿方七十里，刍荛者往焉，雉兔者往焉。与民同之，民以为小，不亦宜乎？"²¹ 这时的园林文化带有原始古朴的特点，基本是本然存在的地形、地貌与自然风物，人工因素少弱，略加圈划，范围很大，主要供统治者游猎取兴，具有较浓烈的自然野趣风味，是一种未经道家之"道"濡染过的古朴园林文化。

先秦园林文化发展到秦代，有了一次历史性跳跃。秦始皇于都地咸阳大规模兴建宫室，以炫文治武功，以酣人间富贵荣华，且在渭水之南兴修上林苑，苑中千花万树，离宫巍巍。始皇好神仙方术，笃信神仙家（方士）所谓渤海湾中有蓬莱、方丈、瀛洲三神山之说，多次派人入海求不老之药，而终于不可得。这种神仙幻想反映在园事上，就于咸阳"作长池、引渭水"、"筑土为蓬莱山"。²² 这，在将建筑物引进园景这种广义建筑环境之时，使某些迷信崇拜观念渗透到园林文化中来，首开人工掘土堆山之举，聊作神仙之想，这就开拓了中国古代园林文化的艺术构思。不过，此时的园林文化主题，还并未是崇尚"无为"的道家之"道"。

秦之历史短暂，使园林文化如昙花一现。直到汉武帝国力强盛之时，才复苏至于昌盛。当时，皇家将南山以北，渭水之南，长杨、五柞以东，蓝田之西大片土地辟为帝苑，修复且拓建秦时遗园上林苑、广植奇花异树，以供采集观游。"武帝初修上林苑，群臣

20　许慎《说文》。

21　《孟子·梁惠王下》。先秦古制：一里为1800尺，周代一尺约为0.227米，70里约为28602米。

22　《三秦记》。

远方各献名果异卉三千余种。"[23] 并续建宫殿楼观，如观象观、远望观之类曾名噪一时，使园林文化的主题增加了新的旋律。汉武帝也好方技之说，故于都城长安西部建章宫内建太液池，堆筑蓬莱、方丈、壶梁及瀛洲诸山景于池水之际，具有向往彼岸神山圣水的象征意义。不料这种借崇神以自娱的园事活动，奠定了中国古代园林文化模山范水的基本构思与造园方法。

另一方面，汉代园事，始从皇家向官家发展。王室倡导、群臣效尤，这是必然的。当时的官僚、贵戚甚至一般富殷人家亦造园林。丞相曹参、大将军霍光雅好园事。董仲舒发愤攻读授讲，以至三年不窥园，可见筑有私园。"茂陵富户袁广汉于北山下筑园，东西四里，南北五里，激流水注其中，构石为山，高十余丈，奇树异草，靡不培植……重阁修廊，行之移暑不能遍也。"[24] 这种园事，打破了王室对园林文化的垄断，往往冲淡了园林文化摹拟想象中仙水神山的不老之思，园林之"天空"变得有些明朗了。

汉代"罢黜百家，独尊儒术"，经学大盛，黄老之学也曾发出铿锵的时代音调，两汉之际又有印度佛学东渐。因此，尤其在东汉，朝野思想虽以儒学为尊，然道家情思也相当活跃。表现在园事上，园林文化之主题在于欣赏自然之美，"道"之意蕴亦在潜生暗长，但无论帝王、官宦造园，其目的多在于尚富、象征王权煊赫与享乐。

魏晋南北朝战乱迭起，造成了一方面老百姓苦难深重，另一方

---

23 《三辅黄图》。
24 《三辅黄图》。

面统治者横征暴敛、及时行乐的社会风气。封建士大夫神经敏感脆弱，以抑儒扬道的玄学之风大炽。于是，喟叹人生短暂、世事日蹙的时代情绪四处弥漫，所谓"生年不满百，常怀千岁忧"、"对酒当歌，人生几何，譬如朝露，去日苦多"的时代悲歌响彻云霄。又如所谓"目送归鸿，手挥五弦；俯仰自得，游心太玄"之类的绝唱宣响常萦怀间。既然社会动荡不宁，人生促似朝露，那么，士大夫们弃灼热混浊的社会尘世，尚超然自得、清静无为，蔑视礼制的人生哲理，便是理所当然的了。

于是，人们的向往与兴趣便趋向于避社会而向自然，以自然为精神寄托，放浪形骸，醉心山林，隐逸田园，与这一时期文学领域中崛起的山水田园诗相媲美，开池筑山养花营树一时竟为风尚。比如，曹魏与孙吴政权利用征战余暇，在洛阳与建业两地兴造苑林，好似在狂烈杂乱的时代音调中忽然奏出调性柔和的乐章而显得有点不和谐。杨衒之《洛阳伽蓝记》于记述众多伽蓝（寺、塔）之余，附记当时（北魏）洛阳贵族名园多处。同时，随经济文化日渐东趋南移，东晋南朝的官僚园林亦不逊色，苏州顾辟疆园为当时吴地第一私园，审美价值甚高。凡此一切，在一系列耗资巨万，近乎醉生梦死及时行乐的园事活动中，道家的"无为"思想作为一种时代精神，进一步催醒了人对自然美的领悟与欣赏，成了园林文化的主旋律。

隋唐园林文化不仅以规模宏大象征王权煊赫、民族昌盛，且以丰富的水景水法取胜。如炀帝之西苑以水景为主，园之湖面周长十多里，碧波荡漾，象征蓬莱诸神山的土台山景似浮于烟波之中，山上台观楼阁依稀可辨。唐代长安城东南一隅之曲池园林名胜，更多地带有世俗特点。据载，每逢春和景明或秋高气爽之日，或到传统节假，园内游众倍增于平日，摩肩接踵，几使万人空巷。或逢举子及第，皇家赐游，堪与雁塔题名同为快事。同时，官园与文人私园亦曾大量营建，最著称于世的是长安东南的辋川别业，这里本为宋之问蓝田别墅，后经唐代诗人王维苦心经营而成远近著闻、范围最大的文人园。

唐代是儒、释、道兰家并存互长、相契融合的时代，比如禅学（南宗之学），不过是吸吮了儒、道思想的中国佛学，参禅的王维修筑的文人园也同样渗透着"道"的情思。

宋代园林文化随市民商品经济的进一步兴起而大盛。大量私园涌现，据说几使京城左近百里之内并无隙地。李格非《洛阳名园记》录洛阳一地名园三十多例（一说洛阳名园二十四个）。北宋园林文化承唐代遗风，许多均在唐旧园基础上筑成，一种怀旧情绪使人常以古树古迹古址入园，园风古色古香，且以水为标，不重山筑，引种花卉绿树，百态千姿。洛阳名园独以牡丹盛冠古今，富华繁丽，独具特色。南宋都于临安，气候温润，山川形胜，园林文化涤尽了汉唐雄风，向风格秀逸软糯方向发展。大规模的造园活动说明封建统治阶级的林泉之想是无法满足的，当时临安建有皇家园苑玉津园、聚景园与集芳园等，南京建有御园、养种园与八仙园等。官商私园以杭州附近地区为最著名，如环碧园、隐秀园、择胜园、云洞园等不可胜数，《吴兴园林记》记有名园 30 多例。同时，南宋还开始了人对湖石这种特殊自然美的审美，这是盛产湖石的太湖地区自然风光契合道家情思的一种艺术灵感。于曲径萝垂、横桥卧波、洞门花影之际，取湖石点缀其间，或突兀挺立峭拔，或悄然敛容仁站，令人沉思心撼，在对景中给秀逸流丽的园林景观增强了骨力。宋米芾《相石法》称园石具有秀、绉、瘦、透的美学性格，很以为是。太湖石成了一种表现力相当强的建筑文化"语汇"，一定程度上象征封建文人学子孤芳自持、傲骨嶙峋或雅好空灵，于淡泊中见深沉的精神气质。

元蒙入主中原，残酷的民族压迫与阶级统治严重阻碍了社会生产力的发展，社会经济的严重破坏，失去了大规模营造园苑的现实基础，政治地位偏低而有民族心的汉人、南人（长江以南的人民）一般缺乏留连湖光山色的热情，人们对自然美怀有一种萧疏冷寂的情感，元代园林文化成绩寥寥，停滞不前，虽曾营建宫苑与一些贵族林苑，并有倪瓒（云林）这样的造园家出现，然毕竟是园林文化史上的一个低潮时期。

直到明代中叶，农业经济恢复，手工业、商业发展，一些达官显贵文人学士的造园热情才再度高涨。尤其江南私家园林，据地理之胜、倚文化之富，蔚蔚然邀人注目。南京、苏州、太仓之地的园林，尤其现存于苏州的拙政园、留园等名园闻名于世，其建造之势如雨后春笋。

明代园林文化在以往以水景为主、池中堆山的文化传统基础上，发展了一种叠石文化。园内危峰深洞、山石峥嵘，或孤峰独持，或犬牙连绵，渗融着一种推崇"洞天福地"的道教的道家情思。园主虽不一定为道教中人，然而这种爱石之癖，是与异于道教、又与道教相通的道家情思相关的。

明代计成（无否）《园冶》（原名《园牧》）的出现，从文化与园事匠艺角度总结了历代园事实践的经验，成为我国古代最完整也是世界上最早的造园论著。此书详细讨论了兴造、园说、借景、相地、立基、装折、栏杆、门窗、墙垣、铺地、掇山以及叠石等造园美学原理、技艺与方法，虽重在匠艺，然而，其提出的"虽由人作，宛自天开"[25]这一美学命题，其精神内涵便是道家情思。道家重自然，抑人工，这一命题亦重自然（天开）；道家讲"无为"，这一命题其实也说着了园林文化的"无为"本质。园林本为"人作"，倘不是"人作"，这世界上本来就不会有园林这种广义建筑文化，从这一点看当然并非"无为"。但是，园林文化与宫殿、坛庙建筑文化相比，一主退隐休憩、澹泊冲淡，一主功名进求，灼华热衷；一在出世、一在入世；其哲学一为儒，一为道是很显然的。道是"无为"。离宫殿坛庙而就园林，便是心理上的"无为"。因此，中国古代园林文化"虽由人作"，其哲学与美学底蕴却在于道家的"无为"思想。

最后，清代为中国古代园林文化集大成的时代，可以毁于英法侵略战火的圆明园与承德避暑山庄及后起的颐和园为代表。

尤其被誉为"万园之园"的圆明园，它是中华民族的骄傲与稀世珍宝。这座"夏宫"（Summer Palace，清帝常于夏日居住其内，洋人故以名之），建于北京西郊，始建于康熙执政的 1709 年，历经雍正、乾隆、嘉庆、道光、咸丰六朝，到 1860 年（咸丰十年）被焚，逾时一个半世纪。它占地之大叹为观止，周围 20 华里，仅园内殿、台、馆、楼、阁、亭、轩、廊等建筑面积约 16 万平方米。它几乎全由人工在平地上开掘堆垒而成。叠石理水，匠心独运，养

25　计成《园冶·园说》。

花植草，惨淡经营。它由圆明、长春、绮春三园（统称为圆明园）构成，依势排列，巧于因借。它湖面辽阔，或宁静或激荡；溪流淙淙，或低吟或欢歌；山陂得宜，或突现或避让；建筑连属徘徊，或恢宏或俊逸；花树嫣红姹紫，晨启露蕊，昏溢幽香。它由一百多景组成，集隋唐以降北方宫苑与南地自然山水式园林文化之精英荟萃，通过对景、引景、借景及显隐、主从、避让、虚实、连续或隔断等造园手法，将"北雄南秀"的我国不同民族园林文化熔于一炉，在其西洋楼区，又使异国情调与华夏意气交融汇合。它既是皇家居住休憩理政之地，又是图书馆与博物馆，书画珍玩收藏之富，令人叹绝。它是"东方的凡尔赛宫"，"其规模之宏敞，丘壑之幽深，风土草木之清丽，高楼邃室之具备，亦可称观止。实天宝地灵之区，帝王豫游之地，无以逾此。"[26] "人民的想象力所能创造的一切几乎是神话性的东西都体现在这座宫殿中……希腊有雅典女神庙，埃及有金字塔，罗马有斗兽场，巴黎有圣母院，东方则有夏宫（圆明园）。谁没有亲眼目睹它，就在幻想中想象它。这是一个令人震惊、无可比拟的杰作。"[27]

以上，本文只是非常简略地俯瞰一下中国古代园林文化的发展轨迹。由此可见，关于道家情思，先秦及秦代尚来不及渗透到园林文化中去，汉代以降，一般地成了园林文化的"灵魂"。

中国古代园林文化一般可分两大类：皇家宫苑与封建官宦、士大夫私家园林大化。

---

26 《圆明园后记》。

27 雨果《致巴特力尔上将》，《第二次鸦片战争》丛刊（六）第389—390页。

皇家宫苑一般规模较大，在平面布局上，有时儒学规范、礼制也渗透其间，建造风格一般以秾丽繁富炫耀于世，追求的是一种绚烂之美。这种园林文化的美学意蕴，主要在于显示帝王权威、气派与极度富有。这种园林文化的审美机制自在"天人合一"，由于帝王者，天之骄子，他是代表天的，"天人""合"于帝王一身，故一切颂帝、崇尚王权的园林文化意义，自然也就被看成是符合天意的。同时，它也显示了帝王对于自然美的欣赏与钟爱之情，"简文帝入华林园，顾谓左右曰：'会心处不必在远，翳然林木，便自有濠濮间想也。觉鸟兽禽鱼，自来亲人。"[28] 帝王既然也是人，在其人性深处，当然同样具有要求回归于自然、拥入自然使身心大悦的生理心理因子，因此，虽然这类园林文化的王权意识烙印尤深，却与崇尚自然的"道"具有必然的历史联系，当然，其道家情思相对少弱亦是事实，这一点这里暂且不作详论。

关于封建官宦、士大夫的私家园林文化，也有不同情况。

大凡中国古代封建士大夫的处世哲学不外是"达则兼济天下，穷则独善其身"。兼济天下者乐观进取，一般以儒学为思想武器；独善其身时为途穷之策，消极退隐。但无论得意失意、在朝在野，皆以雅好山水、渔樵、野田之趣为名士风度，前述魏晋追崇园事以及明清江南私家园林之勃兴，都基于这种民族文化心态。

不过，有些封建官宦与士大夫终身官运亨通，成为高门望族而踌躇满志，他们筑园的目的，主要在于声色乐事，追求富贵豪华，这种心态本与道家之"无为"不合，但是，由于权倾天下，以为自

---

28 《世说新语》。

然亦是我囊中之物而恣意把玩自然。或者，虽然不能亦无法体悟"道"之精微，也要无病呻吟，附庸风雅。这类园林文化之底蕴，亦在追求自然与自我即"天人合一"，却是自然"合"于自我，而不是自我消融于自然之中，正如孟郊有诗云："天地入胸臆，吁嗟生风雷。文章得其微，物象由我裁。"其自我在自然面前的趾高飞扬之态于此可见一斑。

有些官宦与士大夫的仕途并不得意，他们深感浮沉升降的人生劳顿之苦，退归园林，崇尚出世无为之"道"，似乎成为人生的最后归宿与精神寄托，却是"身在江湖"而"心存魏阙"，苦于怀才不遇而穷发牢骚。或者有些封建士大夫终生未仕，馋涎于高官厚爵而翘首以待，内心之纷争扰攘不得平抑，屡遭失败的极度痛苦之后便追求精神上的自我解脱，却并未遁入空门而留连湖光山色，去追求精神上与自然宇宙同在的无限、永恒之美。这便是中国古代私家园林，尤其文人园林文化的"道"，其精神实质亦在于"天人合一"。但这种"天人合一"是某种恬淡、静虚的自我心胸消融于自然，而不是自我挟持自然，是道家所说的"返朴归真"。即所谓"礼者，世俗之所为也。真者，所以受于天也，自然不可易也。故圣人法天贵真，不拘于俗"[29]也。

但看江南古代名园苏州拙政园，其名"拙政"，实为不仕而宦情不减之牢骚也。晋潘岳说："筑室种树，逍遥自得，……灌园鬻蔬，以供朝夕之膳……此亦拙者之为政也。"[30]潘岳，字安仁，荥阳中

---

29 《庄子·渔父》。
30 潘岳《闲居赋》。

牟人，任河阳县令时，在县中满种桃李，一时传为美谈。具志向、有文才而累官仅至给事黄门侍郎，有点不得志而自称"拙者"，并将实是鄙弃高官晋爵而放逸于自然的"筑室种树"、"灌园鬻蔬"，看成"拙者之为政"。明代嘉靖年间，御史王献臣在苏州本为唐代陆龟蒙故宅、元代为大宏寺旧址建别墅、设园林，借潘岳《闲居赋》题园名为"拙政"，其意自明。文徵明有"园记"云，"王君之言曰：'昔潘岳氏仕宦不达，故筑室种树、灌园鬻蔬，曰：'此亦拙者之为政'也。"[31] 而此"拙政"之意，其精髓就是道家的"无为"与闲适，晋陶渊明也说，"开荒南野际，守拙归田园。"[32] 此之所谓"身在江海之上，心居乎魏阙之下"[33]，虽在林泉的逍遥闲适，而其心悒郁不甚得意。

苏州之网师园，其名亦有此意。网师者，渔人也，犹庄周《渔父》篇与屈子《渔父》诗之"渔父"。网师园，"宋时为史氏万卷堂……三十年前，宋光禄悫庭购其地，治别业，为归老之计，因以网师自号，并颜其园，盖托于渔隐之义"。[34] 中国古代封建士大夫多以事渔樵为隐，如柳宗元《渔翁》诗所寄情怀、宋人胡仔自号"苕溪渔隐"等等，网师园园中设"濯缨水阁"，此"濯缨"一词，取于"沧浪之水清兮，可以濯我缨"之句，显与渔隐有关。朱熹《楚辞集注》认为屈原所谓"渔父"即"隐遁之士"，彭启丰说，"予妻弟鲁儒字宗元，筑园于沧浪亭之东，名曰网师园，……予尝

31 文徵明《王氏拙政园记》。
32 陶潜《归田园居》之一。
33 《吕氏春秋·审为》。
34 钱大昕《网师园记》。

泛舟五湖之滨，见彼为网师者，终其身出没于风涛倾侧中而不知止，徒志在得鱼而已矣。乃如古三闾大夫之所遇者，又何其超然志远也。"[35] "志在得鱼"，"超然志远"，道家情思，这说得最清楚也不过了。

上海豫园之空间处理，明潘允端说得极是。"园东面，架楼数椽，以隔尘市之嚣。中三楹为门，扁曰：'豫园'，取悦老亲意也。入门西行可数武；复得门，曰：'渐佳'。西可二十武，折而北，竖一小坊，曰：'人境壶天'。过坊，得石梁，穿窿跨水上。梁竟，面高埠，中陷石刻四篆字，曰：'寰中大快'。"[36] 超脱于尘俗，"悦"、"亲"、于"壶天"，便是人生渐入佳境，"寰中大快"。

宋神宗执政年间，极力支持王安石推行新法。与王安石同为翰林学士的司马光是反对派，因力持异议而官运阻塞，居洛阳二十年而埋首于编纂《资治通鉴》，此时便崇尚老庄"独善其身"的人生哲学。熙宁六年（1073 年），司马光造"独乐园"以自娱，并自撰园记云，"孟子曰：'独乐乐，不如与众乐乐；与少乐乐，不如与众乐乐'，此王公大人之乐，非贫贱者所及也。孔子曰：'饭蔬食饮水，曲肱而枕之，乐在其中矣。'颜子一箪食、一瓢饮，不改其乐'；此圣贤之乐，非愚者所及也。若夫鹪鹩巢林，不过一枝，鼹鼠饮河，不过满腹，各尽其分而安之，此乃迂叟之所乐也。"[37] 这里，司马氏自述建造独乐园的美学动机。司马光认为，儒家热衷建功立业，抱"独乐乐，不如与众乐乐；与少乐乐，不如与众乐乐"

35　彭启丰《网师园说》。
36　潘允端《豫园记》。
37　司马光《独乐园记》，《温国司马文正公集》。

的人生态度，这种"兼济天下"，与众同乐的人生境界，不是"贫贱者"（司马光自比）所能博取的，又不能为了"兼济天下"，学儒家圣贤甘于"一箪食、一瓢饮，不改其乐"的清苦，犹如林木繁茂，鸟栖不过一枝，河水千里，鼠饮不过满腹，既然在"与众乐乐"方面无能为力，于是只得弃"众乐"的儒学信条而抱道家的"独乐"主义，筑园名曰"独乐"。虽然实际上司马光并未"独乐"终生，但此园的"独乐"意蕴，实在是十分契合当时司马光的失意心境的。这位封建文人27岁时，作《迁书》41篇，自号"迁夫"，及熙宁六年（1073年）造"独乐园"，时年五十四，故称"迁叟"。或曰："'吾闻君子之乐必与人共之，今吾子独取足于己、不以及人，其可乎?' 迁叟谢曰：'叟愚，何得比君子? 自乐恐足，安能及人?'"[38] 这里，不甘于淡泊的不平之意溢于言表，既然朝堂纷争，人事不顺，于是只得弃朝堂嚣尘，转向静虚无为的自然中去陶性冶情，以力图求得内心的平衡，步入另一种"天人合一"的人生境界，这实在也可以说是儒道互补的一大明证。此时的"天人"关系，是天巨人微，人之微力既然在实际上无力改变天则，便在实际行为中超脱于功利与人事羁绊，使精神追求达于自然的无限。因此，"独乐"之内心境界，是暂时放弃社会责任、鄙弃功名、清心寡欲，与大自然之美景"共乐"的境界，实则是人的精神消融于自然美景的境界。因此，如果说，儒家的"天人合一"，是"天""合"于"人"，主张人定胜天；那么，道家之"天人合一"，是"人""合"于"天"，是"人"之精神意趣在"天"趣自然中优

38　司马光《独乐园记》，《温国司马文正公集》。

哉游哉的境界，而佛家的所谓"天人合一"，因认为一切事物现象无所常驻，虚妄不实，故实际上是"天人""合"于虚无。

将道家之"无为"，看成儒家"人为"（有为）哲学与佛家虚无哲学之间的一个中介；既不主张"人为"，又不崇尚虚无，追求的是生命个体精神上的"自由"与自我完善；既不纵欲，不不禁欲，主张节欲养生；儒家那种功成名就、荣宗耀祖、封妻荫子的人生"大乐"既不可得，又蔑视佛家的所谓人生之"苦"，于是有司马光所说的"独乐"。这便是无为自然的"道"。

这种道家情思，以柔以"雌"自守，不与人争，退让于人事，返璞于自然，表现于中国古代园林文化，是一种典型的阴柔之美，此老子所谓"知其雄，守其雌，为天下谿"。"雄以喻尊，雌以喻卑。人虽知自尊显，当复守之以卑微，去之强梁，就雌之柔和"[39]也。

这种"阴柔之美"，确实令人陶然忘返。唐代大诗人白居易称颂冷泉亭"山树为盖，岩石为屏，云从栋生，水与阶平，坐而玩之者可濯足于床下，卧而狎之者可垂钓于枕上"。[40]又说"十亩之宅，五亩之园。有水一池，有竹千竿。勿谓土狭，勿谓地偏。足以容睡，足以息肩。有堂有序，有亭有桥，有船有书，有酒有肴，有歌有弦。有叟在中，白须飘然，识分知足，外无求焉。"[41]又说他自建的庐山草堂，"物诱气随，外适内和，一宿体宁，再宿心恬，三宿后颓然、嗒然，不知其然而然。"[42]这时，便成逍遥自在，物我

---

39 《老子》汉河上公注。

40 白居易《冷泉亭记》。

41 白居易《池上篇》。

42 白居易《庐山草堂记》。

浑一，诚如苏轼所啸吟的那样，"惟有此亭无一物，坐观万景得天全"。[43] 戴醇士："群山郁苍，群木荟蔚，空亭翼然，吐纳云气。" 人与自然同在，人仰其"天德"，以天自适；天倪云气，又如人一般"吐纳"有生，王羲之对这一审美境界体悟尤深："仰观宇宙之大，俯察品类之盛，所以游目骋怀，足以极视听之娱，信可乐也！"[44]

第二节　曲线与意境

大凡中国古代园林，以曲线见长，无论园林中的建筑物，山水道路抑或草树花卉，都具有丰富的曲线之美。

一般中国古代建筑之大屋顶，其基本造型在于曲线形，无论品位最高的垂脊四面坡的庑殿式（宋时称四阿顶），还是歇山式、攒尖式等等，莫不如此，古希腊那样的平顶式极为罕见。

尤其反宇飞檐，有一种轻盈俏丽之美。"如跂斯翼，如矢斯棘；如鸟斯革，如翚斯飞。"[45] 这里，跂，多生的脚趾，亦可释为踮起脚往远处观望；革，读 jí，急；翚，读 huī，古书上指五彩之雉。《诗·小雅》中的这些著名诗句，是以鸟的飞势形容中国古代飞檐的飞动之美，虽然说的是《诗》所谓"秩秩斯干，幽幽南山"中的斯干，指的是周室王的考室，但也说着了反宇飞檐的美学特性。这

43　苏轼《涵虚亭》。

44　王羲之《兰亭序》。

45　《诗·小雅·斯干》。

是"言檐阿之势似鸟飞也；冀言其体，飞言其势也。"[46]朱熹亦说：
"言其大势严正，如人之竦立而其恭翼翼也；其廉隅整饬如矢之急
而直也；其栋宇竣起如鸟之警而革也；其檐阿华采而轩翔如翚之飞
而矫其冀也，盖其堂之美如此。"[47]

是的，中国古代建筑形象之美，是以台基平面和立柱墙体一
般呈现的方形直线对称与大屋顶一般呈现的弧线反翘形象的完美结
合，恰如梁思成先生所言，比如"角柱生成，自当心间向角，将
柱渐加高，可以加增翘起之感。"[48]同时，它又是由平面的"中轴"、
立面的直线所传达的逻辑理性与审美"语汇"颇为丰富的曲线所蕴
含的欢愉情调的和谐统一。

中国古代园林建筑物，其曲线之美更强烈、更婀娜多姿，显得
更逗人。

试看园林之亭，或玉立于小丘之巅，或濒水而建，或隐显于
藤萝掩映之际，或凝伫在幽篁深处，既是园景的重要点缀，又是游
众休憩凭眺之处（古人云，亭者，停也。可见亭之一用在于歇息休
憩）。"有亭翼然"，苏州沧浪亭、宜两亭、冠云亭、月到风来亭、
扬州水亭、圆亭、廊亭、绍兴兰亭、石亭以及其他所谓快哉亭、冷
泉亭、飞泉亭、醉翁亭、湖心亭等等，天下名亭不知凡几，难以
一一述说。亭有独立亭、半依亭之别，前者俏然独持，后者与廊、
壁相连；亭之平面多有圆形、扇形与梅花形；亭之顶以攒尖式为多
见，歇山顶亦较普遍。"重盖峨峨，飞檐辙辙"，多少曲线组成了美

---

46 《营造法式》疏解。
47 转引自萧默《屋角起翘及其流布》，《建筑历史与理论》第2辑第30页。
48 《梁思成文集（三）》第16页。

的"合奏"。"至则洒然忘其归，觞而浩歌，踞而仰啸，野老不至，鱼鸟共乐，形骸既适，则神不烦，观听无邪则道以明，返思向之汩汩荣辱之场，日与锱铢利害相磨戛，隔此真趣，不亦鄙哉！"[49] 又，"盖亭之所见，南北百里，东西一合，涛澜汹涌，风云开阖，昼则舟楫出没于其前，夜则鱼龙悲啸于其下，变化倏忽，动人骇目，不可久视。今乃得玩于几席之上，举目而足。"[50] 亭之审美愉悦如此，真有所谓"心斋"，"坐忘"与"涤除玄鉴"之意。

又如曲廊、波形廊或回廊、爬山廊之类，比如苏州拙政园的水廊，网师园的曲廊、射鸭廊，沧浪亭的复廊以及颐和园的长廊等等，逶迤多姿，依势而曲，情意绵绵，"别梦依依到谢家，小廊回合曲阑斜；多情只有春庭月，犹为离人照落花。"[51] 又能为游人导游。而万墙一道，起伏无尽，连属徘徊；具有丰富曲线美的各式花窗，犹如串串"音符"，似尽不尽，横桥九曲卧波，洞门圆柔可人；厅堂轩馆，楼阁台榭，石舫峥嵘，小院恬静，处处可见曲姿，时时显得娇柔。

再说道路山水，由于中国古代园林平面布局一反古代都城之棋盘方格常式，一般亦不像宫殿、陵寝以及民居（比如明清北京四合院）那样具有"中轴线"，园林各景区之间的空间分割与连续十分灵活多变，这就必然导致连结各景区的观赏路线（道路）依势而设，好似有机躯体的诸多血管脉络，血行气流，周遭畅利。尚曲径通幽而忌通衢大道，直往直来，一览无余者，一般为人们所不取。

49　苏舜钦《沧浪亭记》。

50　苏辙《庐州快哉亭记》。

51　张泌《寄人诗》。

尤其江南私家文人园林，其道曲曲折折，缠缠绵绵，可谓"小园香径独徘徊"[52] 了。

中国古代园林的平面布局为自然山水式，而不是西欧古代的几何式。叠山理水，模范自然，以曲致为上。以叠山而论，无论苏州环秀山庄的假山、扬州片石山房的假山、个园假山、小盘谷假山，还是常熟燕园的假山、上海豫园的大假山，莫不尽然。陈从周先生说，比如上海豫园大假山，"其下凿池构亭，桥分高下，隔水建阁，贯以花廊，而支流弯转，折入东部，复绕以山石水阁"，这是说大假山区位于曲折蜿蜒的园林环境之中，其"山路泉流纡曲，有引人入胜之感。自萃秀堂绕花廊，入山路，有明祝枝山所书'溪山清赏'的石刻，可见其地境界之美"。[53] 而美在"山贵有脉"，"水随山转，山因水活"，"溪水因山成曲折，山蹊随地作低平"[54] 也，妙在"叠黄石山能做到面面有情，多转折；叠湖石山能达到宛转多姿，少做作"[55]，不露凿痕。山有定法，石无定形。法者，脉络气势之谓，要旨在于生动传神，痴、瘦、丑、顽，石品不一，随宜而佳。倘若恣意堆垒、粗糙疏忽，或者拘泥成法，不思曲变，定然不成佳作，犹如诗拘律而诗亡，词拘谱而词衰，"学究咏诗，经生填词，了无性灵，遑论境界"，[56] 先生所言极是。

至于讲到园林水景，中国古代，如 14 世纪西班牙大名鼎鼎的红堡园，开掘十字形水渠以象征天堂的水景，是没有的。水景虽为

52　晏殊《浣溪沙》。

53　陈从周《园林谈丛》第 122 页。

54　陈从周《园林谈丛》第 1—2 页。

55　陈从周《园林谈丛》第 13 页。

56　陈从周《园林谈丛》第 13 页。

人作，却应更如自然。这种水景，除皇家园林，一般不以宽阔冗长见著，水域边沿自然延伸，若断若续，曲折宛转，似尽无尽。有些古代园林水景原本自然之水，并非人工平地开掘而成，也必通过一定的人工手段，一变其散漫芜杂的自然形态，使其与自然之水更为神似。这里，水景平面布局的曲线是不可少的。

还有，中国古代园林中的草树花卉，虽多为人工植种护养，按一定审美理想对其进行艺术加工自不可免，然而，这种加工是以不损害其自然风韵为指归的。或者可以说，通过人工，使草树花卉显得"更象自然"，植树种花养草，无论就其空间安排，平面布置以及其与园林其他景物的因借得宜等等，显然是经过精心美学文化构思的，看上去却是不露斧凿之累，规整的几何形的排列是需要避免的。这与西方古代对园林中草树花卉的人工修剪以及常呈几何形图案完全是两种文化"语汇"。

由此，需要讨论的一个建筑文化的美学问题是，中国古代园林，为什么如此热衷于曲线呢？

这又不能不与本文第一节所言的道家情思攸关。

道家极抑人为而特尊自然，自然者，美之源泉，也是美本身。当道家的这种美学观念渗透到园事活动中去时，必然会发生一种"裂变"，即中国古代园林文化本质上是一种人为的东西，却又要以人为象征"无为"，显现"无为"，表现"无为"之"道"，于是，便不得不追求一种"虽由人作，宛自天开"的审美境界，目的在以"人作"象征"天开"，"人作"之园林文化愈是天然浑成（天开）一般，便愈符合"道"之精神，因此，"虽由人作，宛自天开"的审美理想是属于道家的。

　　为了象征"道"，抑或反过来说也一样：由于道家情思深深影响了中国古代园林文化，这一点表现在园事上，便是从园林建筑物，山水道路到草树花卉的造型，均崇尚丰富的曲线，因为，曲线是自然万物的典型外观特征，波特曼曾经这样说过，"大部分建成的环境是矩形的，因为这样建造起来较为经济。但人们对曲线形式感到更有吸引力，因它们更有生活气息、更自然。无论你观看海洋的波涛，起伏的山岳，或天上朵朵云彩，那里都没有生硬的笔直的线条"。"在未经人们改造过的大自然，你看不到直线。"又说，"人们的才智与直线有关，但感情却与大自然的曲线形式相维系。"[57]这位国外著名的建筑理论家，虽则不一定研究过中国的老庄，但其关于曲线自然的细微观察与深刻见解，恰好为中国古代园林文化的曲线之美，揭示了"道"的这一文化底蕴。"道"性至柔，柔则必曲，古代园林文化之"曲"，确是道家"阴柔"、"贵雌"文化哲学的表现。古人云，"方者执而多忤，圆者顺而有情"，[58]"方"者必寓直线，"圆"者必曲，"方圆相胜"才成和谐。方圆关系，亦是曲直关系，曲线为自然之态，直线常人工之为，而儒家尚人工，认为"性无伪则不能自美"，因此，"方圆相胜"，便是曲直互济，儒道互补。梁思成先生在论述中国古代庭园建筑文化时说："如优游闲处之庭园建筑，则常一反对称之隆重，出之以自由随意之变化。布置取高低曲折之趣，间以池沼花木，接近自然，而入诗画之境"。[59]其实这里说的，也是中国古代园林文化的美学特性，这种特性便是

---

57 《波特曼的建筑理论及其事业》第 71 页。

58 《管氏地理指蒙》。

59 《梁思成文集（三）》第 10 页。

道家情思。

这种道家情思，又与中国古代园林的意境密切攸关。

何为意境，这里不作深论。宗白华先生的五种境界说似可作参考。"人与世界接触，因关系的层次不同，可有五种境界：①为满足生理的物质的需要，而有功利境界；②因人群共存互爱的关系，而有伦理境界；③因人群组合互制的关系，而有政治境界；④因穷研物理，追求智慧，而有学术境界；⑤因欲返璞归真，冥合天人，而有宗教境界。功利境界主于利，伦理境界主于爱，政治境界主于权，学术境界主于真，宗教境界主于神。但介乎后二者的中间，以宇宙人生的具体为对象，赏玩它的色相、秩序、节奏、和谐，借以窥见自我的最深心灵的反映；化实景为虚境，创形象以为象征，使人类最高的心灵具体化、肉身化，这就是'艺术境界'。艺术境界主于美。"[60]这种"艺术境界"，因超脱于功利权欲，对宇宙人生只取"赏玩"的态度，重在心灵情意，故也可算为意境，且与主于真的认识境界、主于神的崇拜境界比邻（此题内蕴深邃，这里不论）。

因此，凡意境，关乎情景，虚实、有限无限、动静与和谐诸因素。

中国古代园林文化之意境起于情景交融，情由外景相激而启于内，景因情起而人格化。物我同一，主客相契，这是自然之"道"与人心之"道"的往复交流。"目既往返，心亦吐纳，情往似赠，兴来如答"。[61]不知何者为情，何者为景，自然化作我心，我心亦

---

60 宗白华《美学散步》第 59 页。

61 转引自宗白华《美学散步》第 95 页。

是自然。或在月下漫步园林，万籁寂静，"素月分晖，明河共影，表里俱澄澈。悠悠心兮，妙处难与君说。"[62] 这时，人便超脱功利、伦理、政治意义上的自我，一洗尘俗，使精神与宇宙同在。

"艺术的境界，既使心灵和宇宙净化，又使心灵和宇宙深化，使人在超脱的胸襟里体味到宇宙的深境。"[63] 这种深境是虚实结合。中国古代园林文化的虚实问题，可以理解为园林之平面布置与空间序列问题，"虚中有实者，或山穷水尽处，一折而豁然开朗；或轩阁设厨处，一开而可通别院。实中有虚者，开门于不通之院，映以竹石，如有实无也；设矮栏于墙头，如上有月台，而实虚也。"[64] 虚虚实实，虚实结合。然而，这里的虚实问题，首先是一个宇宙观、人生观问题。老庄之"道"，就是一种有"大美"的虚，它比实更真实，并且是一切实有的本源。因而，对于渗融着道家情思的中国古代园林文化而言，无"虚"则不成意境。这种"虚"即意境之"意"，便是审美主体超脱于功利、伦理与政治羁绊的自由自在的内心。因而宗白华先生又深刻地指出："化景物为情思，这是对艺术中虚实结合的正确定义。以虚为虚，就是完全的虚无（引者注：佛家即如此），以实为实，景物就是死的（引者注：如以功利眼光观察中国古代园林之景物，则景物就是死的），不能动人；唯有以实为虚（引者注：以虚观实），化实为虚，就有无穷的意味，幽远的意境"。[65] 清人笪重光亦指出："实景清而空景现"，"真境逼而神境

62　张于湖《念奴娇·过洞庭湖》。

63　宗白华《美学散步》第 72 页。

64　沈复《浮生六记》。

65　宗白华《美学散步》第 34 页。

生"。"虚实相生，无画处皆成妙境。"[66] 其实园林亦然。

这种"虚"，也就是主体内心之"道"所赋予园林这种客体对象的"气韵"的本根。园林本为死物，何来气韵生动？答曰：道也。五代荆浩曾说，"气者，心随笔运，取象不惑。韵者，隐迹立形，备遗不俗"。[67] 只有超脱于世俗尘海的"道"，才能使人们在建造中国古代园林与观赏它时达到"取象不惑"、"不俗"的人生境界。

这种中国古代园林文化的虚实关系，就是无限有限之关系。虚无限而实有限，也就是意无限而境有限，情无限而景有限，一句话，是以有限之园林空间，表现无限之"道"。其实，一切中国古代艺术，都在以小见大，以有限表现无限，那么，这种艺术观与美学思想是怎样形成的呢？

其源来自老庄的"道"。

庄子曰："齐物，一大小。"道家之齐物论，将物大小、有限无限以及其他一切属性画了等号，所谓"物无非彼，物无非是"，"道通为一"，所谓"天地与我并生，而万物与我为一"、"天地一指也，万物一马也。"庄子认为，万物可等量齐观，不必人为分别大小轻重之别，因而，泰山鸿毛，了无区别，一室之小，宇宙之大，可画等号，人生不必计较物之大小宏微轻重，只要牢牢把握"视之不见、听之不闻、搏之不得"的"道"（老子名之为"夷"、"希"、"微"）即可。

66　笪重光《画荃》。

67　荆浩《笔法记》。

这种哲学思想渗透于中国古代的美学思想中，久之成为古老东方民族一种自觉的审美尺度与内心要求，认为既然比如大小、有限无限相等同，那么，以小见大，以小喻大，以有限表现无限，就是理所当然的了，并且是不须论证的一条规律，这种观念意绪长期积淀在民族文化灵魂之中，为全民族所认可，对封建士大夫影响尤深。

因而，李格非记司马光之《独乐园》："园卑小，不可与它园班。其曰：'读书堂'者，数十椽屋；'浇花亭'者，益小；'弄水'、'种竹'轩者，尤小。曰：'见山台'者，高不逾寻丈"。[68]宋代冯多福记岳珂之研山园并由此道，"己大而物小，泰山之重，可使轻于鸿毛，齐万物于一指，则晤言一室之内，仰观宇宙之大，其致一也。"[69]半亩小园，咫尺山水，在观感体悟中，无异于整个人生宇宙。郑板桥说，"十笏茅斋，一方天井，修竹数竿，石笋数尺，其地无多，其费亦无多也。而风中雨中有声，日中月中有影，诗中酒中有情，闲中闷中有伴，非唯我爱竹石，即竹石亦爱我也。彼千金万金造园亭或游宦四方，终其身不得归享。而吾辈欲游名山大川，又一时不得即往，何如一室小景，有情有味，历久弥新乎！对此画构此境，何难敛之则退藏于密，亦复放之可弥六合也。"[70]这里郑板桥所言之画理，实与园理相通，它们都涉及到齐物划一的道家之"道"。

最后，中国古代园林文化之意境，妙在动静结合。

---

68 李格非《洛阳名园记》。

69 冯多福《研山园记》。

70 《郑板桥集·竹石》。

中国古代园林文化的品格主于静，这与道家之"虚静"观不无关系。

比如以园林水趣为例，西方古代以"动"水为美。不用说，"动"水活泼欢快，激情难抑，催人亢奋。比如喷泉的水趣，在于利用水流特性，创造向上喷发瞬尔跌落的动势，水珠晶莹滚动，淅淅有声，在阳光下闪闪烁烁，足以令观赏者心旷神怡。相传公元前一千多年，希腊"园庭"中就有喷泉这玩意儿，盲诗人荷马在史诗中大加赞扬。罗马园林中的喷泉，以其柔中有刚的形象，成了那个雄强时代的精彩点缀。14世纪，大名鼎鼎的西班牙红堡园，有一个十字架形的大喷泉，在对神的崇拜中兼对"动"水之钟爱之情自不待言。文艺复兴时期，西方尤尚人体美，园林水趣之流风所至，便是人体雕像喷泉竞放异彩。意大利佛罗伦萨有一处水趣，可谓名扬天下，泉流清洌，不断从一女雕像的"秀发"上溅落于水池，模拟出浴少女的娇憨之态，鲜明地反映出那时西方园林文化的审美理想。17世纪，法国路易十四对园林"动"水之追求也许更为热衷，他主持建造的凡尔赛园水源严重不足，便命令王宫侍从生活用水每人每日不得超过一小盆，也要惨淡经营、力求供水，使宫园大喷泉喷流不止，大有"宁可饮无水，不可园无泉"的劲头。还有的园林水趣，更是心裁独出，它借重科学技术，利用水流冲力，使一种由"动"水引起的美妙音响成为园林文化情趣的主调，"水风琴"、"水扶梯"之类一时竟为时髦。一群铜制小鸟七嘴八舌的啼啭，使园林意境充满喧腾的春的气息，忽然传来"石狮"沉闷可怕的吼声与"猫头鹰"凄厉的怪叫，于是整座园林立即鸦雀无声，顷刻之后，又是"小鸟"的啁啾聒噪。

这些西方园林文化的意境，妙在水之"动"。"动"是旺盛生命力的表现。以"动"水之象求审美主体情趣的"凝伫"与宣泄，一般说来，这契合西方人热情奔放、好动处露的精神气质，因此"动"态水趣多见于西方园林文化。

中国古代园林文化中，亦偶有"动"态水趣。李格非《洛阳名园记》称"董氏东园"一处水趣："水四面喷泻池中"，"朝夕如飞瀑"，"洛人盛醉者，走登其堂，辄醒"，故被称为"醒酒池"。

然而，总的说来，"静"水是中国古代园林文化水趣的基本形式，其主要审美特征，在于以"静"水传达流溢的情感，历代名园中以"含碧"、"凝玉"、"镜潭"等命名的水景比比皆是。

这种园林水趣水面有限，亭榭台舫之类，往往依水就建，安谧宁静。"静"水初观似乎不如"动"水招人，且如果处理不当或不作任何处理，一任散漫芜杂之自然形态，确有单调之感，甚或弄得"死水一潭"。但艺术上成功的"静"水给人的美感享受是独特而沉厚的。或碧波平静如镜，令人敛神沉思，返照自身。"镜潭者"，"既皎而澄，可以烛须眉"；[71] 或水藻繁茂，藕荷亭亭，"水荇酬醲，渚草艳漾"，[72] 聊作出污泥而不染之遐思；或于晨曦夕月、蓝天云浮之时，平静之水面倒影清丽，光影变幻，"临池有堂，回栏曲槛，望之如浮，嫣然有致"，[73] 其美无以名状；或清风徐至，波光涟涟，温柔娴静，"波纹细皱，香浪微袅"[74]，一泓都是笑意；或水尤清澈，

---

71 王世贞《安氏西林记》。

72 邹迪光《愚公谷乘》。

73 邹迪光《愚公谷乘》。

74 邹迪光《愚公谷乘》。

游鱼历历，"皆若空游无所依。日光下澈，影布石上，怡然不动。俶尔远逝，往来翕忽，似与游者相乐"。[75] 又"细浪文漪，涵青漾碧，游鳞翔羽，自相映带"。[76]

总之，"静"水质朴淡泊，含蓄深沉，令人凝神观照，意境深邃。中国古代园林水趣，其相在"静"，其意在"动"，是"静"景之中"道"的流溢，惟有景物之"静"，才催成意的流动与飞扬。道家确主"虚静"，但不是佛家的"死寂"。"虚静"者，表面"静"而内里"动"也，因为据道家之说，作为"虚"的"道"，其实是万物活跃、自由、无限的生命本体。

这一点，如果与同是呈现"静"态之美的日本古代的所谓"枯山水"相比较，可以看得更清楚些。

"枯山水"，作为日本古代园林文化之一颗明珠，闪耀于十四五世纪的室町时代。比如，京都龙安寺一处"枯山水"石庭，占地300平方米，矩形平面，设于禅室方丈前，可观可悟而不可游不可居，这是与中国古代园林空间不同的。这种仅供观赏的园林"水"趣之作构思奇特，白砂铺地，以人工弄出砂纹，象征浩瀚的水波，并于"滔滔汪洋"之中置石群者五，十五块石料依每群"三、二、三、二、五"节奏依势堆设，模拟海域中五群可望不可及的岛屿，看似毫不经意其实用心良苦，其石缝象瀑涧，实则满园无有滴水，可谓"枯"矣。这"枯"，就是"枯山水"的基本审美特征，渗融着被大和民族灵魂消化改造了的浓郁的佛家禅宗情思。禅宗及其教

---

75 柳宗元《小石潭记》。

76 何焯《题禅上书屋》。

义很早就从中国传至日本，其"静虑"、"沉思"这精神底蕴，有力地影响日本传统的美学观，连园林"水"景也运用象征手法，成为通过"静虑"，顿悟宇宙人生"真谛"的一种手段。然"枯山水"既然是一种园林文化，它就不同于纯粹禅宗教理的演绎，它创造的不仅仅是万念俱寂、内省幽玄的禅境，也有某种顽强的世俗审美意识在潜行。不过，佛之所谓的"死寂"是其基本主题，大海浩淼，孤岛冷寂，宇宙秩序均衡寥廓，观此"枯山水"，只觉五内那种人生有限与宇宙无垠的哲学沉思冲突骤起，一种枯寂迷茫之感充塞心胸。

这种"静"水文化，不同于中国古代园林文化的"静"水。前者在于"枯"，虽然其间对世俗生活隐隐有某种眷恋之真情在，却充满了悲愁的人生喟叹，引导众生去向往彼岸的佛国，这佛国就在心中，"我心即佛"，只要其心得到解脱，就是成佛。后者虽"静"而却润却活，很有一点人间气，而不是绝对的虚无。"道"虽为"虚静"，却是在"虚静"中见"流行"，在"流行"中见"虚静"。比起儒家"有为"哲学来，道家哲学可以说是一种出世哲学，但比起佛家哲学，它又只能说是"半出世"式的。

道家重生、贵生，主张养生，要求享受人间的雨露阳光，认为以身徇物是违反自然本性的，以身徇物就是以隋侯之珠弹千仞之雀，既不值得，也白费精力，要求适当地去满足人的欲望，而非一味地清心寡欲，以超功利态度对待人生，这便是庄生所谓"自适其适"，中国古代园林文化就是这样一种满足"自适"的文化。

第六章　佛性意味

　　先秦时期，中国原无成熟意义上的宗教文化，当然也就谈不上宗教建筑文化。古代东方大地，对宗教文化而言，似乎确是一块"贫瘠"的土地。

　　自然，哪里有苦难的世俗人生，哪里就可能有一切宗教滋生、传布与掌握民众心灵的社会土壤、渠道与"气候"。东汉汉安元年（公元142年），由张道陵倡导于今四川崇庆的道教，终于出现在历史文化舞台上。道教土生土长，它渊源于上古巫术、尊老子为教祖，以《道德经》《正一经》与《太平洞极经》为主要经典，后经汉末张角、张鲁的发展，东晋葛洪的理论阐发，南北朝时嵩山道士寇谦之与庐山道士陆修静的改革而臻于完成。道教对中国古代思想文化之影响自不可小视，与道教文化思想相关的诸多道教祠观亦曾隐现于大江南北、幽谷深山，它在中国古代建筑文化长卷中留下了绚丽的色彩。

　　可以说，在中国古代建筑文化中，包括道教祠观在内的宗教建筑文化，亦曾灿烂于史页、磅礴于后世。

　　不过，"我国古代宗教虽以释、道并著，然道教在历史上素以式微不振见称，其与我国文化发生密切关系者，当推佛教为最。"[1]

1　《刘敦桢文集（一）》第一页。

　　凡论中国古代宗教建筑文化，不能不注意佛教建筑，而大凡佛教建筑文化，无论在文化规模与美学特性上，又以中国古塔文化为最典型。并且，与佛教文化密切相关者，尚有所谓"须弥座"这种特殊建筑"语汇"在中土建筑文化中的发展运用，它们都是外来的佛教文化与中国传统文化相互撞击与融合的产物，是佛性意味与中华民族审美理想的"交响和鸣"。

　　本文就此试加论述。

第一节　佛性意味与中国化

　　中国古代建筑文化史上，本来并无塔这种特殊建筑文化，这正如中国古代思想文化史上本来并无佛教文化一样。作为中国古代佛教建筑文化之典型的塔，是由印度传入中土的。

　　一般认为，印度佛教文化于东汉初年始传中国。西汉张骞（？—公元前 114 年）出使西域而形成的"丝绸之路"，为印度佛教文化东渐准备了条件。东汉永平十年（公元 67 年），所谓明帝感梦求法，可证"西方有佛"在中土已有传闻，可能这是张骞出使西域带回的文化信息。但究竟什么是佛与佛教，当时自然无一人真正了然。明帝曾派中郎将蔡愔、秦景、博士王遵等 18 人往西域求佛，于是，便有天竺名僧迦叶摩腾、竺法兰东来传教。当时，他们以白马驮带经卷佛像来到洛阳，这是印度佛教文化首次正式进入中土。天竺高僧来华后，明帝待为上宾，让他们住在品位较高、专门接待贵宾的鸿胪寺里，并御准在洛阳西雍门外，建造佛寺，名白马寺，在寺区内建塔。刘敦桢先生说："我国之塔，当以汉明帝永平十八年（公元 75 年）所建之洛阳白马寺塔为最先"。[2] 据说，当初白马寺塔据寺之中心位置，四周建有殿房。有的学者认为，当初建白马寺查有实据，是否在寺区建塔则不可定论。我们认为，根据印度佛教建筑塔寺并重的传统作风来看，佛教初传中土之时，一般多模仿而少创新，因而在建寺同时建塔是情理中事。而稍后，三国时笮融在徐州建造浮屠祠，且以楼阁式木塔为中心建筑，则是可以肯定的。

这是中国古代建筑文化史上最早的古塔文化。

这种古塔文化，其源自在印度。

黑格尔曾经说过，"在印度，用崇拜生殖器的形式去崇拜生殖力的风气产生了一些具有这种形状和意义的建筑物，一些像塔一样的上细下粗的石坊。在起源时这些建筑物有独立的目的，本身就是崇拜的对象，后来才在里面开辟房间，安置神像，希腊的可随身携带的交通神的小神龛还保存着这种风尚。但是在印度开始是非中空的生殖器形石坊，后来才分出外壳和核心，变成了塔。"[3] 这是说，印度塔最早起源于崇拜生殖力的观念，塔是生殖力旺盛的象征。

黑格尔这里所说的古印度的塔与古印度佛塔的关系究竟如何，即两者的历史渊源关系到底怎样，这有待考定。不过，后者不同于前者是一目了然的。所谓古印度佛塔，其实就是"窣堵坡"，相传最早为掩埋释迦佛骨的一种坟墓建筑形式。佛经说，释迦牟尼"圆寂"之后，其僧徒将其遗体焚化，取其骨烬，分葬于八处建塔供

2 《刘敦桢文集（一）》第 4 页。

3 黑格尔《美学》第 3 卷上册第 40 页。

奉。此骨烬，就是所谓"舍利"或"舍利子"，后世高僧的骨烬，亦称为"舍利"（为梵文译音），均具有禅定涅槃、修成正果的佛性意味。

随着古印度佛教文化的发展，建塔之风曾经大炽。公元前273年至公元前232年的阿育王时代，印度佛教隆盛，被定为国教，于是据说在其统领的小邦国中，建寺塔八万四千处。这"八万四千"，想必并非实指，其言极多罢了。

此时之古印度"窣堵坡"，是埋葬佛"舍利"的半圆形坟墓，后又发展为兼藏圣佛遗物，凡欲表彰佛法之处，多所建造，以供崇拜礼佛。常任侠先生据《印度的文明》一书所说，"窣堵坡"是"一个坟起的半圆堆，用砖石造成，梵名安达（Anda），其义为卵，其下建有基坛（Mēdhi），顶上有诃密迦（Harmika），义为平台，在塔周围一定距离处建有石质的栏楯（Vēdika），在栏楯的四方，常饰有四座陀兰那（Torana），义为牌楼，这就构成所谓陀兰那艺术。"[4] 在现印度马尔瓦省保波尔附近的山奇"窣堵坡"，被称为"山奇大塔"的，就是一个"陀兰那"艺术作品。

这就是说，原为埋掩佛"舍利"的"窣堵坡"，后来就发展为一种特殊的佛教建筑文化，这种文化的基本因素为艺术。雷奈·格罗塞称："山奇的艺术仍然为特有的印度型式。它的一般灵感乃是印度的，并且完全属于佛教的，其大部分花或兽的主题也是如此——自美妙的莲花卷涡纹，以至天鹅、孔雀和象，在这里都做了主要的装饰题材。此外，在山奇也和在巴尔胡特相同，佛陀本身是

---

4 常任侠《印度与东南亚美术发展史》第12页。

用某些象征物来代替，这一习惯手法也是印度式、而且是佛教式的。于是，一只小象就暗示着，或更可说，代表着'托胎'；摩耶夫人坐在莲花上，周围有小象向她喷水，代表'降诞'；有时只用一朵莲花即代表这一变相；一匹空马，象征'出家'；魔或魔女在一株树和一个空座位之前，这表示魔军的侵扰和诱惑（'降魔'）；只有一株树和一空座，象征'成道'（证菩提）；法轮是'说法'；伞盖和宝座一般即用以代表佛；云路表示自空中返回迦毗罗卫城（'返家'）；塔（窣堵坡）代表'涅槃'。同样，三股叉代表'三宝'：即佛、法、僧（僧伽）。"[5]

以上引文，似乎显得长些，但对本文论题的深入探讨是有必要的。从文化角度看，古印度山奇"窣堵坡"具有以下特征：一、佛性意味浓郁，宗教情绪十分高涨；二、为要弘扬佛法，必须采用最有力的宣传工具——艺术，比如，"山奇大塔"四周，建有石质栏楣，栏楣四方，饰以四座牌楼，即所谓陀兰那，亦即天门。为表彰佛之功德无量，陀兰那之上饰满石雕石作作品，其中多取材于佛陀本生故事，塑造以慈悲为怀、大彻大悟的佛陀形象，这说明，古印度的这种"窣堵坡"，具有崇拜与审美双重意义；三、典型的古印度艺术风味，这风味就是专注于象征。印度犍陀罗艺术时代以前，不像希腊雕刻艺术那样直接雕刻神像。在当时印度人的文化观念中，佛陀是如此光辉灼眼、神圣伟大，信徒在佛面前只配低眉沉思静虑，根本不必、不能亦不敢仰视佛的形相，要想一瞻佛容，这本身就为崇佛所不许。而且，按照古印度原始佛教观念，释迦既已涅

5　雷奈·格罗塞《印度的文明》第42—43页。

槃，进入了超乎生死的永恒境界，假使有人敢于描绘、雕塑佛像，岂非是对这种圆满安乐的涅槃境界的破坏。"人们宁可在佛教雕刻艺术中对佛的尊容保持一个模糊的幻相，而越模糊似乎越真实，愈虚愈实，若即若离，以便激发对佛的崇高神圣永远不可企及的无限迷狂"。[6] 因此，直接在艺术中描绘、雕塑佛像是印度文化希腊化以后的事。

古印度的这种"窣堵坡"文化，确是中国古塔文化的源头。或者说，中国古塔文化，是中华传统文化思想及其建筑与印度佛教文化及其建筑相互激荡的产物。两者相比，中国古塔文化具有如下特点：其一，在形象外观上，中国古塔很大程度上改变了古印度"窣堵坡"的形制，是中国化了的佛塔；其二，宗教情绪淡化而佛性意味仍在；其三，佛教崇拜与艺术审美相互纠结，显示出宗教文化艺术的不协和性。

下文分而论列。

第一，就中国古塔的形象外观而言，它确是中国化的，而不是古印度"窣堵坡"的因袭之作。

首先，作为一种坟墓建筑形式，其功用虽仍在藏纳"舍利"之类，但其形制已与中国传统建筑样式相结合。中国古塔样式繁多，大致有楼阁式、密檐式、亭阁式、覆钵式、金刚宝座式、花式、过街式、门式、多顶式、阙式、圆筒式、钟式、球式、高台式以及经幢式等等。比如，杨衒之《洛阳伽蓝记》所记的北魏永宁寺塔为楼阁式，它的倩影虽现已不存，然而，在敦煌石窟、云冈石窟、龙门

6　参见拙作《建筑美学》第212页，云南人民出版社，1987年版。

石窟，尚可见到这种早期楼阁式塔的图绘或雕刻踪迹。唐以后的楼阁式塔，如西安玄奘塔、大雁塔、苏州虎丘塔、杭州六和塔、上海松江方塔、泉州开元寺塔、福州崇妙坚牢塔、河北定县料敌塔等等，其数量之多，不胜枚举。又如，由楼阁式塔发展而来的密檐式塔、著名的应县木塔、北京天宁寺塔等均为显例；再如，据《洛阳伽蓝记》，"明帝崩，起祇洹于陵上。自此以后，百姓冢上或作浮屠焉"。罗哲文先生认为，这里所说的"冢上的浮屠"，就是体型较小、建造方便，其历史几与楼阁式塔一般悠久的亭阁式塔。又如山东历城四门塔，长清灵岩寺慧崇塔，山西五台佛光寺祖师塔以及安邑泛舟禅师塔等都是亭阁式塔。至于其他样式的塔，自然还有许多，此不赘。

这些楼阁式、密檐式、亭阁式以及过街式、门式、阙式、高台式等等塔型，其建造灵感均来自中国古代建筑文化中的楼、阁、亭、阙、台以及城关建筑、大屋顶的反宇飞檐式之类。这种中华传统建筑样式之被运用于塔，乃是历史生活对古印度"窣堵坡"这种外来建筑文化的取舍、消化与改造，反映出中华民族强烈的民族文化意识与接受异族文化的能力。除了覆钵式塔之外，一般中国古塔的建筑形制，大都是印度"窣堵坡"与中国传统建筑样式相结合的产物，或者可以说，是中国化了的"窣堵坡"。

其次，就中国古塔的层檐而言，一般为奇数制，以单檐、三檐、五檐、七檐、九檐、十一檐甚至十五檐、十七檐者为常见。比如，山东历城四门塔为一檐式，房山静琬法师墓塔为三檐式，九顶塔中央一座为五檐式，苏州云岩寺塔为七檐式，杭州灵隐寺塔为九檐式、西泠印社石塔为十一檐式以及北京天宁寺塔、八里庄慈寺塔、通县燃灯塔等为十三檐式等等，其灵感自与印度佛典"数"之观念不无联系，却首先是属于中国的。比如，当关于"间"的建筑观念在殷代萌生之时，"一座建筑的间数，除了少数例外，一般采用奇数。"[7] 中国古代宫殿、坛庙等建筑常以尚奇为民族、阶级与历史嗜好。宫殿面阔最多为十一间，明以前为九间；北京天坛圜丘各部构造所用材料为九与九之倍数；天子之庙为"三昭三穆"加大祖而为七，诸侯者五，卿大夫者三，士者一，凡此都是人们所熟知的。中国古塔的尚奇层檐制，显然从这里得到了借鉴。

又次，从中国古塔的平面而言，唐五代以前多为正方形，宋元以后亦时采正方形。比如，南北朝熙平元年为灵太后胡氏所立的洛阳永宁寺塔为正方形，龙门石窟之石刻塔平面为正方形，绘于敦煌莫高窟一幅属北周时期壁画上的三重塔，也是正方形。又如，年代比较晚近的正定开元寺塔、五台佛光寺解脱禅师塔、上海松江兴圣教寺塔、南京三藏塔、常熟崇教兴福寺方塔、普陀山普济寺多宝塔、山东历城四门塔、小龙虎塔、长清灵岩寺慧崇禅师塔、河南登封法王寺塔、法王寺唐墓塔、洛阳齐云塔、临汾风穴寺七祖塔、广州光孝寺西铁塔、四川新都宝光寺塔、正觉寺塔、宜宾旧州白塔、乐山灵宝塔、昆明西寺塔、大理崇圣寺千寻塔、蛇骨塔、陕西大雁塔、小雁塔、玄奘塔、香积寺善导塔、香积寺小塔、甘肃永昌圣容寺塔以及少林寺塔林中的诸多塔例，其平面一概都取正方形。[8] 这种塔的平面布置，虽与中国最初将古印度"窣堵坡"误译为"方坟"有关，本质上却是"以方为贵"的中国古代传统文化观念的有

---

7 《中国古代建筑史》第 9 页。
8 按：以上正方形平面之塔例，引自罗哲文《中国古塔》一书。

力反映。"天圆地方"是中国古代对宇宙天地的朴素认识。大地覆载万物，人在大地上生存繁衍，时感安全，久之便养成了中华民族所谓大地"四平八稳"的民族心理机制。因此，这一点表现在建造观念中，便是中国古代建筑之"间"，其平面均采方形，很少例外（当然，这在建造技术上也易把握，此暂不论）。尤其在唐以前的中国古代陵寝制度中，"以方为贵"的思想十分强烈。

且不说早在战国时期，秦惠王的公陵、秦武王的永陵，其陵体平面作方形，《水经注·淄水》称旧齐之"四王冢"，也是"方基圆坟"，燕国的王室陵墓，又是方形的；且不说据考古发现，秦始皇陵墓的平面安排作方形，其四周围以两道墙垣（即所谓"内城"与"外城"），呈长方"回"字形，其方形墓穴，就安排在"回"字陵域之中。汉代陵寝墓区平面，也基本为正方形。武帝、文帝、景帝、光武帝、明帝及昭帝等陵墓莫不如此，连诸多陪葬墓亦时作正方形，只有汉高祖与吕后之陵墓平面为长方形，整个陵体呈四角锥台式。这说明，在前汉初期，尚有正方形与长方形交替出现的情况，这一点与汉以前倒是一致的，发展到后来，就趋向于正方形了。不管长方形、正方形，均"以方为贵"。前汉历代帝王，即位不久，就为自己营造"寿陵"，每年耗资最高达国家全年税收之三分之一。据说，汉代帝王陵园，一般占地七顷，其中墓堆占地一顷，"陵墓高十二丈，深十三丈，墓室高一丈七尺，有四个墓道都能通过六匹马驾的大车。四门埋设暗剑、伏弩等机关，以防备盗墓。墓穴方约一百步"。[9] 又，"帝王陵墓用土筑成，略呈方形，顶

---

9 罗哲文、罗扬《中国历代帝王陵寝》第 57—58 页。

部平整，汉代人称帝王陵为'方上'。[10] 而汉代"五陵原"中最著名之武帝茂陵，其"方"可称典范。茂陵规模巨大，四周围以城垣，城垣呈正方形，每边长四百米。园内墓冢，上小下大，四角平顶锥状，形似"覆斗"。"汉诸陵皆高十二丈，方一百二十步，惟茂陵高十四丈，方一百四十步"。[11] 可见其既大又"方"也。同时，这崇"方"之风在唐代流渐，其势未减。唐代皇家陵墓，大多修于山腰而不显形踪，凡于平地起陵，均以其平面为正方形为基本特色。唐代不是没有圆锥形的王室坟茔，然大凡地位高显者，都以正方形为平面构图。不少为皇族嫡系的陪陵，也具有这一文化特征。唐中宗之子懿德太子墓与高宗、武后之孙女永泰公主墓，均采取正方形平面，陵体为四角双层台阶式；高宗、武后之次子章怀太子墓，亦是正方形平面，陵体为四角单层台阶式。唐太宗昭陵之陪陵，比如长乐公主与城阳公主墓，亦为正方形覆斗式。而且，直到北宋，这种以方为尊的建造观念无有多大改变。

以上所述，雄辩地证明，所谓"以方为贵"的陵墓建筑文化观念是深入民族人心的，陵墓平面作方形，象征帝王及王权对大地的主宰以及表达与大地同在、与大地融为一体的建筑文化意愿。中国古塔的平面正方形构思，与此不无关系，在中国古人的文化观念中，古塔虽为礼佛对象，但它首先也是一种坟墓，而且品位高贵，于是，其平面多作方形就是理所当然的了。

再次，就寺塔的地理位置关系而言，在古印度是寺塔并重的。

10　罗哲文、罗扬《中国历代帝王陵寝》第57—58页。

11　《关中胜迹图志》。

当印度寺塔文化最初入传中国时，这种两者"并重"观念，使寺塔合建于一处，即塔建造于寺之中心位置，比如，所谓最早之白马寺塔、三国时笮融之徐州浮屠祠塔均取这种建造态势。然而，随历史文化之发展，寺塔位置也在悄悄发生变化。即始而塔据寺区之中心，继而塔建于寺之前后或左右，终而塔脱离于寺，有时建寺而不建塔，建塔而不建寺，甚至另立塔院，就是说寺塔分立，各具其独立的建筑文化性格。

这种历史的变迁，反映了以儒家入世哲学与伦理学思想对印度寺塔文化的冲击、渗透与改革。

儒家重现实、重人伦、重理性，崇尚"大壮"之美，尤其将建筑之屹立于天地间，抗风雨，避寒暑，看成人力对自然的胜利，这便是屹立于天地间的人的"大壮"形象，因而，在后儒阐发《周易》古经的所谓"十翼"[12]中，将建筑文化之起源归于《周易》之"大壮"卦。在儒家看来，大就是大，小就是小，不像道家那样"以柔克刚"、"以小见大"、"小大齐一"。"子曰：'大哉尧之为君也！巍巍乎！唯天为大，唯尧则之。荡荡乎！民无能名焉。巍巍乎！其有成功也。焕焕乎！其有文章'"。[13]儒家追求阳刚之美，一切都要放开手脚、坦荡博大、讲究排场与气魄，道德"文章"，一概如此。于是表现在建筑文化观上，便有后世中国古代都城、宫殿、坛庙与陵寝建筑屡演不衰的尚大之风，所谓"朱阁岩岩，嵯峨嶵嶵"，"应门八袭，璇台九重"，"延目广望，骋观终日"而不达，

12　按：《周易》传部又称"十翼"，相传为孔子所作，实为"后儒"所为，当较可信。

13　《论语·泰伯》。

于是有万里长城与唐长安这种举世闻名的浩大工程，这些，都与儒家尚大、尚阳刚之美的文化观相合拍。

明白了这一点，就不难理解建筑文化史上寺塔地理位置何以会如此变化了。在中国古人眼中，寺塔合建的印度风格，在地理环境上难免显得拥挤、局促与小家子气，并且若使塔建于寺院附近，就寺塔之整体环境而言，往往破坏儒家所热衷的"中轴线"的确立与对称秩序的认可。在此情况下，为了使佛寺更充分体现那种平缓、对称和阔大以及进深递进的中国风格，作为佛之标帜且高耸的塔，假如再要挤在寺区内或依于寺之左近，无论就寺塔各自的崇拜或审美意义而言，都没有必要，因而被"请"到寺外，相互独立，这实在是佛教向儒学的妥协，佛教崇拜观念之削弱与带着儒学烙印的审美意识的觉醒。当然，直至晚近，实际上在中国大地上，仍时有塔建于寺域之内的建筑文化现象，这是印度佛教文化改造儒学文化的缘故，这是另一个问题，另当别论。

第二，与古印度"窣堵坡"相比较，一定程度上可以说，中国古塔的佛教情绪有所淡化而佛性意味犹在，这是古代中印两种民族文化思想相斗争、相调和的一种必然现象。

在印度本土佛教大盛之时，可以说是"佛塔遍于域中，竟是佛家天下"。旁的不说，印度佛教史上的几次结集以及给后世留下如此浩如烟海的佛典释籍来看，可见其民族狂热的佛教情绪甚嚣尘上；"窣堵坡"用于藏纳佛"舍利"，多少善男信女拜倒于此而遁入空门；"山奇大塔"东南西北四个天门上堆满的石刻浮雕佛性流溢、无以复加；相传释迦当年悟道与涅槃之地，犹如伊斯兰教的麦加圣地而毫不逊色，这在印度文化史上闹闹哄哄达千年以上，其间佛教思想成了整个民族的灵魂。

在古代中国，佛教自东汉初年入传，虽至魏晋南北朝达一高潮，发展到隋唐而形成高峰，其间宗派林立、信众繁多，有时连"孤家寡人"也遁入空门，去当和尚，但总的来看，佛教并未长期控制中国人的整个灵魂，由于儒道思想对佛教文化的抗击，历史上灭佛之事也每每发生。自唐代禅宗一出，中华民族之佛教情绪便逐渐淡化。

相应之下，"招提栉比，宝塔骈罗"，[14]中华大地上曾矗立过多少佛塔，自难以确计。不过，中国古塔之文化美学性格不同于印度"窣堵坡"的是，印度"窣堵坡"专供于藏掩佛"舍利"与礼佛之需，而中国古塔却屡兼其他用途。

当塔初立于中华大地之时，人们对其必当诚惶诚恐，虔诚之心自不待言，后来却有了变化，一些实质上不全是用于礼佛的塔接踵而来。

一曰求其实用。如河北定县料敌塔，建于当时宋辽交界之定州，此塔实为瞭望塔，"料敌"者，瞭敌之谓也。又如，杭州六和塔，海盐资圣寺塔以及泉州海湾姑嫂塔等，均有指示迷津、引渡导航之实际功用，所谓"点燃八百灯龛火，指引千帆夜竞航"。诸多古塔逢夜高擎灯亮，有航标之功。

二曰供人眺览登临。祖国山川大好，只是有时苦于无法俯瞰、以饱眼福，于是，塔这种屹立于原野的高耸型建筑物，成了人们凭眺自然美景的制高点，"重峦千仞塔，危登九层台。石阙恒逆上，

14　杨衒之《洛阳伽蓝记·序》。

山梁作斗回。"[15] 此之谓也。同时，凭眺必须登临，有些古塔可供登临，登临者，大好河山尽收眼底。唐代墨客骚人以登塔放目骋怀为风雅之举，举子及第，皇家赐登，作诗刻石留存，为人生一大荣耀，所谓"雁塔题名"，实在可以说是入世的儒家思想对佛家苦空文化的"恶意"攀附。有些中国古塔既可供登临，不管登临者有没有意识到这一点，实际上显示了人的力量比佛还要崇高伟大，人高于佛，而一个崇佛虔诚的人，是不愿也不敢将象征佛的塔踩在脚下的，这种情况在印度佛教文化史上决不可能出现。

三曰具有独立的审美价值。中国古塔的建造初衷，一般为信徒崇拜所需。但一旦古塔屹立于大地，其挺拔、优美、雄浑、静持或飞动之形象却是美的，它们成了具有独立审美价值的风景名胜而邀人青眼，同时也是自然美的人工点缀。几乎所有的中国古塔都是美的，这是因为，当虔诚的人们面对佛时，总是愿意将最美的艺术献给他的缘故。"殚土木之功，尽造型之巧"，"四角碍白日，七层摩苍穹"，或"绣柱金铺，骇人心目。至于高风永夜，宝铎和鸣，铿锵之声，闻及十余里。"[16] 确是美不可言。

还有些中国古塔，实际上不是佛塔，而是道塔。比如，在西安周至县这一著名道教圣地，有周至楼观台刘合岙道士衣钵塔。在敦煌有王道士墓塔，这王道士其名不小，就是那个发现藏经洞，将大量珍贵经卷文书贱价卖于外人、过大于功的道教中人，居然死后也被人建塔供奉，实在与佛教所谓"功德无量"牛头不对马嘴。而北

15　庾信《和从驾登云居寺塔》。

16　杨衒之《洛阳伽蓝记》。

京之白云观恬淡守一真人塔，塔身雕刻以道教主要象征八卦图，此与佛教教义当相去甚远。但它们无疑都是中国化的产物。

所有这一切，都雄辩地说明中国古塔的佛教情绪的淡化，一定程度上可以说，中国古塔的形象意义是清醒的、世俗的、审美的，"唱"着一首明丽、委婉的人性的"歌"。

可是，如果像有的学者那样认为，"中国的佛塔是'人'的建筑"，"它凝聚着'人'的情调"，"它有浓烈的人情味"，因而断言它"没有发（放）射出'神'的毫光"，[17] 则又失之偏颇了。

佛教情绪的淡化不等于"没有发（放）射出'神'的毫光"，应当说，中国古塔的佛性意味犹在。

其一，从建造观念来看，建塔原为弘扬佛法、颂赞佛之崇高，此外别无其他根本目的。

这种塔之建造观念，促使人们在当时科学技术条件以及材料条件、经济条件允许的情况下，将中国古塔建造得尽可能高大。所谓崇高，欲崇必高，首先应当体现为空间巨大的"量"，同时又要体现为时间持久的"力"即坚固性。这里再以洛阳永宁寺塔为例，《洛阳伽蓝记》说它"九层浮屠一所，架木为之，举高九十丈；有刹复高十丈；合去地一千尺"。其所言，虽然不无夸张，因为，倘以古制 1 尺约等于今制 0.23 米折算，永宁寺塔高可 230 米，这在古代当不可能。但是，此塔其势巍巍是可以断定的。中国古塔之高耸，与比较平缓的古代其他建筑相比，这一点是十分突出的。如，建于明万历年间的北京慈寿寺塔高 50 余米，建于金代的通县燃灯

---

17 《美学》第 4 期第 307 页。

塔高53米，正定开元寺塔48米，景县舍利塔63.85米，太原永祚寺双塔54.7米，应县木塔67.31米，常熟崇教兴福寺方塔60余米，开封祐国寺铁塔54.66米，广州六榕寺花塔57米，大雁塔64米，而料敌塔84米，为现存中国古塔之冠。这里所举，难免挂一漏万，然仍可看出，它们一个个都是庞然大物，可谓"塔势如涌出，孤高耸天宫。登临出世界，磴道盘虚空。突兀压神州，峥嵘如鬼工"[18]也。

有些中国古塔，并不十分高，但从建造观念看，显然不是不想建造得尽可能高大些，而是由于经济、材料、技术以及其他一些观念的制约，实际上不能建得高大的缘故。

尽管如此，倘若实际上达不到所向往的高度，就以象征手法表示崇高无限。中国古塔均有冠表全塔的塔刹，其形圆、尖不等，其意专于崇高。在梵文中，"刹"有"田土"之意，象征佛国，直指苍穹，为佛性高扬之顶点。这种塔刹源自古印度"窣堵坡"之塔刹，但已经中国化了。原来意义上的"窣堵坡"之"刹"，只置小小一刹杆与三重圆伞，形式相当简朴。而中国古塔据佛经教义，在塔刹上贯套圆环，佛家称为"相轮"，取圆寂、涅槃之意。佛家说，相轮，塔上之九轮也。相者，表相。表相高出，谓之相。人仰视之，故云相。轮者，转法轮之意也。相轮之意，具有圆融、高显、说道、瞻仰等复杂的佛性内容。大凡相轮，九轮即可，而中国古塔中之相轮，常有超出九轮的。如永宁寺塔多至三十轮。一般喇嘛塔则采用"十三"相轮制，而比如建于唐广明元年（880年）、后于明洪武二十二年（1389年）重建的钟祥文风塔，亦竟有二十一轮

18　岑参《与高适薛据同登慈恩寺浮图》。

之多。这是古代中国人的"创造发明"，所谓"十三轮"，佛家称为"十三天"，那么"二十一轮"、"三十轮"，岂非就是"二十一天"、"三十天"了？按中国古代空间观念，所谓"九天"，已指天之极高处。而这里竟是"十三天"、"二十一天"乃至"三十天"，真不知其高何比？可见在信徒心目中，佛之崇高伟大是无比的。

同时，为求充满佛性意味的中国古塔坚固永存，使其崇高佛性久留于圜宇，人们改最初易遭火焚与腐损的木塔为砖石塔、铁塔、铜塔以及其他坚固材料之塔，但也难以割舍眷恋土木的民族感情，于是将有些非土木材料之塔建造得像是土木结构的。同时发展了精湛的造塔技术，现存中国最古的木构建筑应县木塔，它也是世界古代木构建筑之最高者，虽经多次地震，仍屹立于神州 900 余年而岿然不动，可谓造技独特、鬼斧神工。这种造塔材料、技术的运用与发展，其实都是为弘扬佛法服务的。

其二，从中国古塔之建筑平面看，正四边形（正方形）、正六边形、正八边形、正十二边形以及圆形之塔十分多见。

这是什么缘故？

应当说，中国古塔对其平面的选择不是随心所欲的。如前所述，正四边形平面确与中国古代"以方为贵"的传统思想攸关，但也恰好契合了佛教教义。佛教教义有所谓"苦、集、灭、道"的四圣谛说，又有佛陀所谓"圣诞、成佛、说法、涅槃"的四相说，故正四边形之平面意义，除了表示"以方为贵"以外，尚具"四圣谛"、"四相"的佛性意味。同理，平面正六边形，具有所谓"六道轮回"、"六根清净"等佛性意味；正八边形暗示佛教之"八正道"、"八不中道"以及"八相"等等说教；正十二边形又有"十二因缘"

之涵义；而圆形平面又显然含蕴"圆寂"、"圆遍"、"圆满无缺"的意思。

其三，从中国古塔之立面布置看，有些古塔之宗教主题十分触目强烈，比如济南长清灵岩寺辟支塔，为唐代始建，北宋重建。辟支是继释迦佛圆寂之后自己悟道的佛，全称"辟支迦佛陀"，此塔便为崇拜此佛而建，楼阁式，砖石合构，八角九层，高54米。石砌塔基上，雕有狞怖的阴曹地府图，巨大的塔刹则高耸云天，以示脱离苦海，为善惩恶，向佛国飞升。又如江苏南京栖霞寺塔，平面为正八边形，基座作须弥座，八个角柱与束腰处雕镂满眼，基座刻"释迦八像图"，为白象投胎，树下圣诞，九龙洒水；出游四方；苦修苦行；河中沐浴，村女授乳，树下禅坐；降伏魔军；证道说法；大般涅槃；荼毗焚化。[19] 又如，安徽蒙城万佛塔，亦为北宋遗构，砖塔。雕像8000余尊，其佛性意味逼人而来。又如河北蓟县观音寺白塔，其四斜面浮起如碑，每面有一十字偈文。东南："诸法因缘生，我说是因缘。"西南："因缘尽故灭，我作如是说。"西北："诸法从缘起，如来说其因。"东北："彼法因缘尽，是大沙门说。"其意在于宣扬世间一切皆由因缘所起。这是佛教的"缘起"论。

其四，这种佛性意味，其实在那些具瞭望、导航，供登临眺览的中国古塔，也是多少蕴涵着的。比如河北定县料敌塔，虽其实用功能在于登高瞭望敌情，但也有"料敌如神"，欲取胜必企求佛助的崇拜之精神意义在。那些供导航之塔，永夜灯燃，在佛教信徒看来，犹如一盏在茫茫黑夜中由此岸普渡彼岸的指路明灯，这"明

19　参见刘策《中国古塔》。

灯"就是佛徒心目中的佛。可登临供眺览自然美景之塔，比如唐代雁塔，所以将此登临题名美事首先给予及第举子，意在将崇拜佛法与科运相联系。而中国古代另有一种塔称文峰塔或文风塔，意在借佛性佑助以达科运，隆盛高中。明清士子热衷功名，故造塔形似倒立之笔，以抒在佛与功名面前热切与怯懦的胸怀，这种类型的塔，可以说是具有独特中国风味与文化意蕴、出世之佛与入世之儒之间的一场奇怪而有趣的"对话"。

第三，在形象意义上，中国古塔具有佛教崇拜与艺术审美的双重因素，并且这两者因素显示出既排斥又相缠的文化态势。

一方面，中国古塔一般是佛的象征，是人献给它所崇拜的佛与佛国的一道文化"供礼"。因为信徒意在追求虚妄的佛国境界，梦想成佛，才建造无数塔寺以图崇拜。可以说，中国古塔的基本文化属性是宗教崇拜性。

崇拜是什么？从客观角度即被崇拜之对象看，虽然释迦牟尼古印度历史上确有其人，释迦所创立的印度原始佛学最初并非一味专注于宗教崇拜，"佛的一切说教都没有带着任何宗教的权威，也没有任何关于上帝或他世的话。"[20] 但是，早在印度佛教入传中国之前以及入传中土之后，释迦牟尼佛已被彻底改造为一个佛教崇拜偶像。在苦难世俗中挣扎的凡夫俗子，由于主体无力改变世俗的痛苦与黑暗，心理上便迫切需要救星以及由救星所引导的佛国，这救星与佛国，便是被彻底神化了的释迦以及所谓佛土乐园，其实凡此两者，不过子虚乌有，是信徒心造的幻影。佛与佛国表面看，总

20　贾瓦哈拉尔·尼赫鲁《印度的发现》第 150 页。

对着信徒露出"和悦的微笑",它们都是"美"的与"善"的,而实际上,被渲染得尽善尽美的佛与佛国境界,不过是人欲横流、到处充满丑恶的世俗生活的一个必然的消极的补充,因此,作为偶像崇拜的佛与佛国境界,本质上是与人们真正追求真、善、美世俗现实的社会实践相对立的,佛就是那种"人们把自己的经验世界变成了一种只是在思想中想象的本质,这种本质作为某种异物与人们对立着。"[21] 佛是无情世界的一种感情"符号",具有严厉性与至上性。由于中国古塔一般是佛与佛国之象征,因而,这种对立于人的严厉性与至上性,就是其建筑形象的基本文化属性。

从主观角度即塔的崇拜之主体看,信徒所以甘愿拜倒于佛的脚下,是以主体精神的自我迷失为心理条件的。由于古代人在社会实践生活中尚无力能动地改造世界,无法在客观对象上实现自身、观照自身,必然可能从主体自身有限的经验知识出发,虚幻地发展一种幼稚、扭曲的比拟想象,以创造佛(神)的形象,这是人创造佛的过程,也就是人崇拜佛的过程。造佛就是将客观对象(这里可指原初的释迦牟尼即创造印度原始佛学的净饭王之子乔达摩·悉达多)虚幻化、夸大化与永恒化。结果,人变得十分渺小,他只能匍匐于佛的脚下,人的主体性丧失了,世界即佛,佛即世界,在佛面前根本不允许也不可能有信徒的独立的人格,于是,崇拜是"那些还没有获得自己或是再度丧失了自己的人的自我意识和自我感觉"。就是说,在心理机制上,崇拜是人的自我意识和自我感觉的异化,是将人的感觉、意识、思维、感情与意志等等统统交给佛去安排,

---

21 《马克思恩格斯全集》第 3 卷第 354 页。

崇拜的典型心理特征只能是精神的迷狂。

因此，如果说，艺术审美总是令人愉悦的，那么，不管佛与佛国境界怎样给信徒带来多少"欢乐"，人们对佛塔的崇拜，其实是佛"改造"人与世俗生活所激起的一种痛苦的历史回声，崇拜具有深沉的历史悲剧性。在此意义上可以说，中国古塔一般又是这种历史悲剧的见证。难怪据《洛阳伽蓝记》记述，当历史上永宁寺塔因遭雷火所焚时，大火"三月不灭，有火入地寻柱，周年犹有烟气"而会出现"悲哀之声，振动京邑"的情景了。

另一方面，虽然中国古塔的基本文化属性在于崇拜，但为要达到这一佛教崇拜目的，让尽可能多的信徒于顶礼迷狂之中来一次精神饕餮，根本之一点在于必须将佛与佛国境界塑造得尽可能的"崇高"与"优美"，于是，与佛教崇拜、佛国境界本不相容的、此岸的世俗艺术来到了佛殿与佛塔之上，担负起令人辛酸的、悲哀的历史角色，成为本已否定声色犬马的佛与佛国的"奴婢"与工具。这种屈辱的历史地位使艺术在中国古塔的佛国氛围中曲曲折折地生长。佛教对艺术审美的历史文化态度是矛盾的，根据教义，必须断然摒弃一切世俗现实的真、善、美，其中尤其是艺术，而为要大张寂灭无为的佛教教义，却极需要弘扬佛说的宣传工具即艺术，并且佛教愈隆盛，愈需以艺术为手段，愈刺激佛教艺术的发展，这种不协和的二律背反在中国古塔形象意义中得到了充分的显示。

要之，当信徒崇拜中国古塔时，他惊羡于古塔辉煌而灿烂的艺术，以为这是佛的恩赐与创造，因此，尽管古塔之美实际上是工匠的劳绩，世俗的存在，却不相信这是人的杰作，信徒心目中古塔的"美"，是佛与佛国境界的"美"；相反，当人们面对中国古塔，取审美态度时，是不存什么崇拜意念的，他超越了人生崇拜阶段而进入了审美境界。因此，宝塔高耸，其势如涌，虔诚的佛徒体验到佛的"伟大"，从佛教神秘氛围中历史地走出来的现代人，却感受到了人的力量和美的享受。

第二节　佛性意味与传统偏爱

与中国古代佛教建筑文化密切相关者，便是所谓须弥座文化。

须弥座，对于不少读者来说，也许比较陌生吧。在中国古代建筑中，作为重要建筑物的台基形式之一的，便是这须弥座，它的文化意蕴，是意味深长的。

比如，坐落于北京北海公园琼华岛之巅的白塔，清顺治八年（1651 年）开始兴建。建成后，曾于康熙十八年（1679 年）与雍正九年（1731 年）因地震而两度被损，因而两次重修，然而，作为喇嘛塔的基本形制不变。其台基仍作须弥座，砌以砖石，为折角式。须弥座之上，是巨额覆钵式塔身。塔身上，上擎"十三天"。"十三天"之上，饰以铜质伞盖，悬挂着 14 个铜钟，塔刹高耸。全塔高约 36 米，其整个造型，坚固稳重雄浑。

又如，北京西黄寺清净化域塔，为纪念清代西藏班禅六世来京因病"圆寂"而建，石结构，塔内掩埋着班禅六世的衣冠。此塔取古印度佛陀迦耶式，主塔居中，四角各建一座塔式经幢。中央主塔的基座呈八角形，上托塔身与金顶。其基座，又是一个须弥座。这须弥座的佛性与艺术审美意味十分浓郁，上饰云纹、莲纹、卷草纹等各种纹样，其八面各有一幅佛教史迹故事画，塔的折角处，还雕有力定千钧的力士像，是清代佛教建筑的一件不可多得的作品。

须弥座出现在中国古代佛教建筑上，这一点儿也不令人奇怪。值得注意的是，就是某些与佛教无涉的中国古代建筑，也每每以须弥座为其底座的。这里，且再就北京地区的建筑，略举数例，以飨读者。

比如天安门，原名承天门，为明清两代皇城正门。其高近34米，九楹重楼式，城门设五阙，中央一门尤巨。整个城楼，飞宇重檐，画栋雕梁，黄瓦朱墙，金碧流丹，坐落在占地2000平方米的汉白玉须弥座之上，十分雄伟而壮丽。

又如太庙，为明清两代的皇家祖庙。按古代"左祖右社"制建于天安门东侧。建筑平面为长方形，南北向，正门朝南，四周围墙三重，其主题建筑是三层大殿。殿宇黄琉璃瓦，为重檐庑殿顶，配以红色墙面，显得庄重静穆又热烈雄放。其底座，又是汉白玉堆砌的一个须弥座。

再如北京皇史宬（表章库），为我国至今保存最完整的皇家档案库，它是集实用性、科学性与艺术性于一身的重要文物建筑。这里储藏着大量的重要文物。作为一个象征，在这座建筑物的正殿内，筑有高大的石质须弥座，它的文化美学性格显得鲜明而强烈。

还有，大名鼎鼎的九龙壁基座，也采用了绿色琉璃须弥座。座上的壁画，是象征王权与天子重威的九龙浮雕。其龙之形象，在云雾之中叱咤腾飞，显现出一种勃勃的、动感强烈的刚阳之美。

有趣的是，即使连建国后在天安门广场南端修建的人民英雄纪念碑，虽说它不是什么古代建筑，却也恰当地运用了须弥座这种古代建筑的特殊文化"语汇"。这座名闻遐迩的纪念碑，高38米，

1958 年 4 月落成。碑座为大小两层重叠的须弥座。下层大须弥座四面，镶嵌以大块汉白玉浮雕，分八部分展现中国革命的光辉历史与英雄业绩；上层小须弥座四周，镌刻以众多的花卉形象，表示后人对前驱的缅怀与敬意。双层须弥座承托着高大的碑身，碑身正面为毛泽东手书"人民英雄永垂不朽"；背面为周恩来书写的碑文，使整座纪念碑形象，显得十分崇高伟大，坚如磐石。这种须弥座的运用，贴切地表现了这一建筑的文化主题，它无疑是追求民族风格的新时代建筑，适度地借鉴古代建筑某些基本"语汇"的一个显例。

从以上所述可以说明，古代中国，或者甚至在当代中国的建筑民族文化心理上，对须弥座，有一种传统的偏爱。

那么，人们也许会问，究竟什么是须弥座呢？在古往今来的中国人的这种建筑文化的美学追求中，对于须弥座，为何如此热衷呢？

看来，应当从关于须弥座的文化来历谈起。

须弥座，考其源头，原是古印度佛教所幻想出来的一种佛座，别名须弥坛，其形体，佛经中说它像须弥山中的细坛座。

而所谓须弥山，佛经所想象的神山也。梵文写作 Sumeru。

据佛家所言，须弥山是处于"世界"中心的山。佛经上说："须弥山，天帝释所住金刚山也。秦言妙高，处大海之中。"[22] 丁福保氏称："凡器世界之最下为风轮，其上为水轮，其上为金轮即地轮，其上有九山八海，即持双、持轴、担木、善见、马耳、象鼻、

---

22 《注维摩经（一）》。

持边、须弥之八山八海与铁围山也。其中心之山，即为须弥山。"[23]
又说"入水八万由旬（引者注："由旬"，天竺里数名称。帝王一日
行军之里程称"由旬"，一说四十里，一说三十里），出水八万由
旬，其顶上为帝释天所居，其半腹为四天王所居，其周围有七香海
七金山，其第七金山有咸海，其外围曰铁围山，故云九山八海。"[24]
这，就是佛经所想象的佛国本相与世界面貌，实际是客观存在的宇
宙空间的歪曲反映。

显然，这里佛经所说的须弥山，具有以下"特性"，是尤其值
得注意的。

其一，须弥山处于所谓"九山八海"那个"世界"的"中心"。

其二，坚固不坏。须弥山，既然是"天帝释所住金刚山"，而
"金刚山"的"特性"，当然是"其性坚利，百炼不销"的。"故佛
经中常以金刚喻坚利之意"。[25]那么，须弥山的"特性"，当然也其
固难摧了。

其三，此山"入水"很深，"出水"很高，可谓"妙高"无比，
并且处在"大海之中"。

而所谓须弥座，不就是须弥山上的佛座嘛？既然须弥座与须
弥山是密不可分的，那么，根据佛经所言，所谓须弥山的三大"特
性"，其实须弥座也是具备的。

正是佛教教义中关于须弥座的这些"特性"，在一定的文化历
史契机中，被古代中国人所看中了。

23　按：丁福保《佛学大辞典》须弥条。

24　按：丁福保《佛学大辞典》须弥条。

25　丁福保《佛学大辞典》。

本书前文早有论述，古代中国的民族意识中，有一种非常强烈的空间意识，这就是关于"中"的意识。古人的地理知识当然是颇为有限的，他们将自己居住的那一小块地方称为"中原"、"中国"、"中州"，而将华夏以外的居住之地称为夷族之地，相信自己处在世界之"中"，而且认为，在"中国"四周围绕着大海，故"中国"又被称为"海内"。地处"中原"的河南嵩山、洛阳、告成，这里自古就是华夏族生息繁衍之地。故嵩山被称为"中岳"，洛阳有"中国"之别称之说，关于这一点，只要读读何尊铭文即可明了。《逸周书·作雒解》还将洛阳称为"土中"与"中州"，至于告成，相传被周公定为"土中"，立土圭测景，至今犹存观星台。

可见，这一"中原"古地，自古就被认为是处于"天下之中"的。

随着社会思想之发展，这种关于"中"的自然空间意识，慢慢地渗入于民族的社会文化心理之中，具备了一种新的社会意义。当社会诞生阶级与国家的时候，这种关于"中"的崇高地位，自然只能为统治阶级及其代表者帝王所独占了。"普天之下，莫非王土"，帝王，是处于"王土"之"中"的。

那么，靠什么来象征属于"天下之中"的这种带有阶级统治思想烙印的民族意识呢？主要是靠建筑。

"古之王者，择天下之中而立国，择国之中而立宫，择宫之中而立庙。"[26] 这里所言的"国"，取其本义，即"都城"的意思。后世所谓"国家"，是"国"（都城）的引申义。"国"之两义，是密切相连的。不仅阶级产生，同时就是国家的产生，而且都城的起

---

26 《吕氏春秋·慎势篇》。

源，同时也是政治意义上国家的建立。历史上，阶级、国家与都城，是同时起源的，关于这一点，早已为都城起源史的有关考古资料所证明。而《吕氏春秋》所说的"宫"、"庙"与"国"一样，指的都是建筑。

这就是说，当古代帝王在进行都城与宫室、宗庙之类的建筑时，一种传统而强烈的关于"中"的民族与阶级意识，总是顽固而令人愉悦地支配着他们的头脑，只要有必要，有可能，就要通过一定的建筑手段，将它显现出来，变为建筑现实。确立建筑的"中轴线"是这样的一种显现，在一些重要建筑上设计与建造须弥座，是又一个生动的"显现"。

正如前述，须弥座，本为佛教所幻想虚构的须弥山的佛座，这与古代中国尚"中"之民族意识，本来是互不相关的。但是，当一般认为佛教在东汉初年由印度传入中土之时，人们对印度佛教的精确教义，必然是不甚了然的，只是取我之所需、为我所用罢了。关于这一点，只要看看牟子《理惑论》将佛附会成"三皇'神'、五帝'圣'"、"道德之元祖，神明之宗绪"也就可以明了。因此，印度佛教入传之初，教义中那些表面上与古代中国某些民族意识相似、相通、相符的内容，必然容易首先被吸收下来，改造成汉民族所乐意接受的东西。印度佛经中所说的须弥座，究竟是什么样子的，当然是谁也没有见过的，但是，须弥座的那种居世界之"中"的"特性"，恰与"中国"在"天下之中"的传统民族文化心理一拍即合。于是被华夏民族接受下来，同时扬弃了其神秘的宗教色彩，使须弥座，一般地成为中国古代高品位建筑的一种清醒而现实的建筑文化的美学"语汇"。

同时，古代中国人的建筑文化美学观念，是将对都城、宫殿与坛庙的建造，看作是"立万世之基业"一般的。实际上，人们本也相信，任何建筑物，是不可能"立"于"万世"的。但是，那种与国家（王权）联系在一起的、祈求建筑"永垂不朽"的心理要求，却必须得到满足。而佛教所谓的须弥座，不是正好具有"金刚"般"坚固不坏"的"特性"嘛？而且，它是那样的"妙高"、"处大海之中"，这些"特性"，恰恰又是与古代中国的这一建筑文化美学观念相吻合。人们不仅希望，通过创造一定的建筑形象，表达一种"中国"居世界之"中"的民族意识与有点盲目自豪的民族感情，而且统治阶级，还企求"海内"那一统的江山、一统的国家、一统的宗庙、社稷万世不衰。

本来是子虚乌有的须弥座，古代中国人把它视为至宝，并依自己的文化观，创造出建筑中实有的须弥座。这是文化史上一件多么有趣的事情。

而且，中国古代建筑一般以易遭腐损的土木为材料，建筑的不易持久屹立于世这一点，使古人大伤脑筋，于是在心理上，对"坚固不坏"的须弥座的热切追求就显得迫切。中国古代建筑的空间序列，重在横向发展，本不以高峻见长，这又反而刺激诸多重要建筑偏爱于建造须弥座，在观念上，这是对须弥座"妙高"之"特性"的钟爱，似乎又是对中国古代建筑一般偏于平缓这一不足的"弥补"。

中国古代建筑关于对须弥座的传统偏爱，说明了中印古代文化思想的融合。

而天安门广场"人民英雄纪念碑"对须弥座的采用，是对这种特殊建筑文化"语汇"的批判性继承。

第七章　象征性格

在初步探讨中国古代建筑文化的空间意识、起源、本质特征以及哲学基础等诸多问题之后，本文试对这种文化的形象意义以及表现这种形象意义的手法加以进一步论述。

中国古代建筑文化的形象意义及其表现往往在于象征。象征，构成了这种古老东方文化美学性格的一个重要侧面。

第一节　"建筑意"

建筑文化，是一种带有实用性功能的物质与精神文化现象。由于其供居住以及其他一切适于在建筑环境中进行的生活活动这种实用性功能是基本的，构成建筑物的物质材料和技术因素具有不同于其他文化现象的外部特征，就是说，建筑文化的物质因素具有十分触目的特点，因而，人们在试图回答建筑文化是否同时也是一种精神现象时，有时便有点困惑起来，以为这个问题的提出本身，似乎有点荒唐。

其实，一切人类创造的文化，都不可避免地具有精神因素，凡是文化，都是人类的体力与智力（包括感觉、思维、想象、情感、意志等心理因素）对象化的产物，建筑文化自然不能例外。建筑文化，是一种一般地与大地紧密联系在一起的物质存在（这里，所以说"一般"，是因为必将出现的太空建筑文化等自然不是与大地联系在一起的），其精神因素就积淀在这种物质存在的形式之中。西方古代将建筑喻为"凝固的音乐"、"抽象的雕塑"、"石头的史书"等等建筑美学观点，就基于对建筑文化这一精神特质的理解与领悟。黑格尔说，建筑，"我们也可以把它们比作书页，虽然局限在一定的空间里，却像钟声一样能唤起心灵深处的幽情和遐想。"[1] 仅仅由于古代西方有时对建筑文化的这一精神因素看得太重，以致压抑了建筑之实用性功能的正常发挥，使有些政治性与宗教性建筑以及洛可可与巴洛克建筑文化的精神因素十分强烈。西方现代主义建筑文化的兴起，意味着时风为之一变，于是，强调建筑文化的实用性成了新时代的呼声和美学追求。问题是，当现代派建筑文化的代表人物勒·柯布西埃打出"住房，居住的机器"这一建筑文化美学旗号时，这对于古典学院派建筑文化的美学观而言，确实惊世骇俗，可是，不要说建筑，就连冷冰冰的机器本身，其实也蕴涵一定的精神因素的。机器的制造并非只是体力劳动的成果，其中花费的脑力劳动具有举足轻重的意义。人的感觉，意识以及哲学观、科学观与美学观等等都对机器制造发生影响。而且，机器的现实存在，并非只是除了实用、毫无其他社会意义的，它同时也是使人受到文化熏陶的对象、审美的对象。同时，人对一切客观事物的需求，除了求其实用，还愿意从客体得到精神的慰藉。精神与人、与人的一

1　黑格尔《美学》第 3 卷上册第 44 页。

切劳动产品的存在同在。建筑文化，同时作为一种精神现象，是毋庸置疑的。关于这一点，人们看到，即使在1923年发表的柯布西埃的《走向新建筑》一书中，虽然极力主张建筑文化的实用性，被后人称为功能主义建筑文化观，也没有并且不可能抹煞西方现代建筑的精神意义。至于就这位大建筑家后期所设计建造的朗香教堂来看，其精神意义的深邃与复杂堪称西方建筑文化史上的一个典范。

中国古代建筑文化的精神因素自是不言而喻的。

这种精神因素，梁思成、林徽因先生称之为"建筑意"。

那么，什么叫"建筑意"呢？

梁、林两位先生说，建筑文化美的存在，"在建筑审美者的眼里，都能引起特异的感觉，在'诗意'和'画意'之外，还使他感到一种'建筑意'的愉快。""顽石会不会点头，我们不敢有所争辩，那问题怕要牵涉到物理学家，但经过大匠之手艺，年代之磋磨，有一些石头的确是会蕴含生气的。天然的材料经人的聪明建造，再受时间的洗礼，成美术与历史地理之和，使它不能不引起赏鉴者一种特殊的性灵的融合，神志的感触，这话或者可以算是说得通。"又说，"无论哪一个巍峨的古城楼，或一角倾颓的殿基的灵魂里，无形中都在诉说，乃至于歌唱，时间上漫不可信的变迁；由温雅的儿女佳话，到流血成渠的杀戮。他们所说的'意'的确是'诗'与'画'的。但是建筑师要郑重的声明，那里面还有超出这'诗'、'画'以外的'意'存在。眼睛在接触人的智力和生活所产生的一个结构，在光影可人中，和谐的轮廓，披着风露所赐予的层层生动的色彩；潜意识里更有'眼看他起高楼，眼看他楼塌了'凭吊与兴衰的感慨；偶然更发现一片，只要一片，极精致的雕纹，一位不知名匠师的手笔，请问那时代感，即不叫他做'建筑意'，我们也得要临时给他制造个同样狂妄的名词，是不?"[2]

这里，所谓"建筑意"，主要是从文化审美角度加以规范的。一、包含建筑文化的"诗意"与"画意"，又远远不限于"诗意"与"画意"，它是一种包括哲学沉思、科学物理、伦理规范与美学追求等精神因素在内的文化意蕴。人们一般认为，建筑文化是技术与艺术的结合，是艺术化了的技术，又是以技术为基础的艺术，这种看法并不算错。但是，仅仅从技术与艺术角度去看建筑是不够的，作为技术，建筑首先与艺术有不可分割的内在联系，却远远超出"诗"、"画"的范围。科学技术与材料因素是建筑文化的基本成分，没有它们，所谓哲理、诗意、伦理与美都无所依附。然而，具有一定的科学技术与材料因素，又不一定具有深邃的"建筑意"。这一点，正如某座建筑虽有一定的"诗画"性格，但因这种性格首先有损于其应有的实用性功能而显得其文化美学性格不够健全一样。"建筑意"的充分具备不仅仅取决于科学技术与艺术两大因素，建筑文化意蕴还来自哲学、科学、伦理学、美学、历史学、民族学等多种文化的综合。

二、从客体角度看，这种"建筑意"是"天然材料"经过"大匠"的"聪明建造"所蕴涵于建筑文化的一种精神现象。并非所有建筑物都具有同样的"建筑意"，只有经过大匠手艺的建造，将一系列文化信息与素质蕴涵于一系列建筑"语汇"之中的建筑才具有葱郁的"建筑意"，此即梁、林两先生所谓的"蕴含生气"。

2　梁思成、林徽因《平郊建筑杂录》，《中国营造学社汇刊》第3卷第4期。

三、从主体角度看，这种"建筑意"能在审美主体心灵上"引起特异的感觉"，这种"感觉"便是精神的"愉快"以及主要由"凭吊"遗构、目接"兴衰"所激起的文化"感慨"，换言之，"建筑意"能给人以精神性的文化熏陶与濡染，此之谓"性灵的融会，神志的感触"。

四、有些建筑文化的"建筑意"，由于"时间"的"变迁"、"受时间的洗礼"而发生一定程度的历史的转换。一座城市、宫殿、陵墓，建造之初，其"建筑意"可在表现王权的尊威与煊赫之类。数千年后成为建筑文化的古迹名胜，原初的"建筑意"相对削弱了，被历史"磨损"了，相对的则产生了民族文化历史悠久从而激起民族自豪感等意义。中国万里长城建造之初，其"意"主要在防御异族的军事骚扰，现在则成了中华民族雄浑形象与灿烂的古代文明的象征。这种"建筑意"，原先蕴含于长城这种建筑文化中，只是尚未成熟，历史的变迁使它发育成熟，并且越来越富于活跃。这是"建筑意"的动态性。

五、这里所谓"建筑意"，比如"大匠之手艺，年代之磋磨"，使"石头""蕴含生气"，说在"巍峨的古城楼"，"倾颓的殿基的灵魂"里，似有"温雅的儿女佳话"或"流血成渠的杀戮"等，实际上指的都是中国古代建筑文化的象征。

象征问题，本文的中心议题。

建筑文化的象征，指通过一定建筑文化现象，暗示出一定的"建筑意"，即一定的抽象观念情绪。

一切民族的古代建筑文化，其精神意义往往在于象征。新石器晚期，西欧、北欧、北非以及亚洲的印度等地出现过所谓"巨石建筑"文化。广阔原野上，人们艰苦卓绝，奇迹般地搬动块块巨石，使之矗立成行，延绵可达数千英尺，为的是筑出一个意想中的安全空间，象征具有灵性的巨石对有害神灵的拦截与推拒。关于巴比伦塔的象征也出现得相当早。这种塔文化出现于古代幼发拉底河的广阔平原上，人们在选定的地点和基础上，将大量石块堆砌在一起，其高"上至云霄"，庞大的塔是"集体的作品"，象征"较早的家长制下的统一的解体以及一种新的较广泛的统一的实现"[3]。据《旧约》称，巴比伦塔由于修筑经世累年，筑得很高，塔内分层构造，以至于各层"语汇"不一，隔层就不能理解建筑"语汇"的意义，但又显示了集体的力量，而古希腊著名历史学家希罗多德曾经在其《历史》巨卷中记载过一座伯鲁斯塔，其高为八层。第八层上建一座大庙，庙内设有坐垫，前面摆列一张"金桌"，供神夜来"居住"。而一至七层为实心构造，在结构力学上，采用实心构造是必要的，而下面七层与最上一层建筑文化"语汇"的区别，意在下面七层象征七大行星，神呢，居于七大行星之上，是宇宙天体的主宰。

由此可见，建筑文化的象征，必关乎两大因素，"第一是意义，其次是这意义的表现。意义就是一种观念或对象，不管它的内容是什么，表现（注：着重号原有）是一种感性存在或一种形象。"[4]象征"意义"是建筑文化的第一要素。人们总是有一定的抽象观念情绪需要表达出来；又因为比如崇高或委琐、静穆或流溢、庄严或活泼、安详与欢快、压抑或亢奋等等观念与情绪、氛围与气质带有抽

---

3 黑格尔《美学》第 3 卷上册第 37 页。

4 黑格尔《美学》第 2 卷第 10 页。

象性质；同时，就建筑而言，它又是由一定物质材料按一定科学与美学规律所构成的物质存在，一般不可能如再现性艺术那样去按照生活的本来样子具体而细微地再现客观社会生活，无论在时间的跨度与空间的广度上都不宜向人具体描绘某个悲惨的生活故事或是人与人之间具体特定的现实关系。那么怎么办呢？鉴于以上三个因素的结合与撞击，以暗示一定的"建筑意"为目的建筑文化的象征就是不可避免的了。

这诚如黑格尔所言，建筑"要向旁人揭示出一个普遍的意义，除掉要表现这种较高的意义之外别无目的，所以它毕竟是一种暗示一个有普遍意义的重要思想的象征（符号），一种独立自足的象征；尽管对于精神来说，它还只是一种无声的语言。所以这种建筑的产品是应该单凭它们本身就足以启发思考和唤起普遍观念的"。[5] 这里所谓"普遍"，指事物的普遍性、共性，也就是抽象性。

中国古代建筑文化精神意义的象征，是整个民族文化象征意识在建筑文化领域中的表现。

中华民族的文化象征意识起源颇早。比如所谓汉字的造字方法"六书"中，其中之一的"象形"造字法，以描摹实物形状为其基本特征，当然谈不上象征；但在"象形"基础上进一步抽象化的"指事"造字法，就是以象征性符号表示一定普遍意义的造字法。如古代"上"字，写作"⸜"，"下"，写作"⸝"，其符号纯粹象征性的。又如，在"木"字上加"一"表示"末"，所谓"木上曰末"；在"木"字下加"一"表示"本"，所谓"木下曰本"，这里

5　黑格尔《美学》第 3 卷上册第 34 页。

的"—"就是一个纯粹的象征性符号。

在被经学家定为"群经之首"的《周易》中，炎黄子孙的文化象征意识发挥得十分充分。《周易》的六十四卦卦象都是象征性的，构成一切卦象的阳爻与阴爻是两个基本的象征性符号。阳爻写作—，象征阳、男、刚、动、强、奇数等意义；阴爻写作--，象征阴、女、柔、静、弱、偶数等意义。六十四卦的每一卦象由阴、阳两爻符号的六爻排列组合而成，整个卦象系列呈现出一种严密的数学之"美"，象征人事的吉凶以及宇宙人生阴阳刚柔动静等一切变化流渐的性质与作用。《周易》是一个中国古代文化意识中的象征"大国"，可以说，中国古代文化的象征意识肇自《周易》，据黄宗羲《易学象数论》，《周易》的取象共有七种方式，即所谓"八卦之象"、"六画之象"、"象形之象"、"爻位之象"、"反对之象"、"方位之象"与"互体之象"。

这个问题内容十分庞繁，相当复杂，对于本文的中心论题而言，全数举出七种方式的象征自然无此必要，下文，仅以所谓"八卦之象"的例证，大约可使读者由此悟其大概。

何谓"八卦"？所谓乾、坤、震、巽、坎、离、艮、兑也。据由战国时人整理与介绍《易》象的《说卦》称，"乾，健也。坤，顺也。震，动也。巽，入也。坎，陷也。离，丽也。艮，止也。兑，说也"。"乾为天、为圜、为君、为父、为玉、为金"。"坤为地、为母、为布、为釜、为吝啬、为均、为子母牛、为大舆、为文、为众、为柄、其于地也为黑。""震为雷、为龙、为玄黄、为旉、为大涂、为长子、为决躁。""巽为木、为风、为长女、为绳直、为工、为日、为长、为高、为进退、为不果、为臭。""坎为水、为沟渎、为隐伏、为矫輮、为弓轮、其于人也、为加忧、为心病、为耳痛。""离为火、为日、为电、为中女、为甲胄、为戈兵。""艮为山、为径路、为小石、为门阙、为果蓏、为阍寺、为指、为狗、为鼠、为黔喙之属、其于木也、为坚多节。""兑为泽、为少女、为巫、为口舌、为毁折、为附决。"[6]

这里，不少象征意义是解《易》儒生的附会，然其强烈的文化象征意识则是十分鲜明的。从《说卦》这些行文看，八卦之象征，似乎象征的大多是具体事物，比如"乾为天、为圜、为君、为父、为玉、为金"等等，实际上象征的是这些具体事物的抽象性质，如乾，象征天意、天帝、君权与父威的"崇高"和"伟大"等等。

因而，历代易学家几乎都认为《周易》在于象征的观点，不是没有道理的。"《易》者象也，象也者像也。"[7]"《易》卦者，写万物之形象，故《易》者象，象也者像也，谓卦为万物象者，法象万物，犹若乾卦之象法于天也。"[8] 王弼（226—249 年）则将《易》之象征性符号与所象之"意"相联系，"夫象者，出意者也。言者，明象者也。尽意莫若象，尽象莫若言。言出于象，故可循言以观象；象生于意，故可循象以观意。意以象尽，象以言著。故言者所以明象，得象而忘言；象者所以存意，得意而忘象。"[9]

这里，当我们在理论上力求揭示中国古代建筑文化的象征性格或美学特征这一问题时，王弼的"得意而忘象"的思想是值得注意的。

---

6 《易传·说卦》。

7 《易传·系辞》。

8 孔颖达《周易正义》。

9 王弼《周易略例·明象篇》。

首先，王弼的这一美学思想来自庄子，庄周说："筌者所以在鱼，得鱼而忘筌。蹄者所以在兔，得兔而忘蹄。言者所以在意，得意而忘言。"[10] 王弼的"得意而忘象"说与庄生的"得意而忘言"一脉相承，实质在于以庄解《易》，导致了对庄学的发挥与易学的阐明。在方法论上，《易传》有三个基本概念、范畴，即"意"、"象"与"言"。"意"，即由卦象所象征的"卦意"；"象"，即"卦意"的象征；"言"，即用文字语言说明"卦象"及"卦意"的"卦言"。这三者的关系是，由于人们头脑中迫于有具有抽象性质的"意"必须表达交流，这一点，恰恰推动人们创造一种象征性符号系统去暗示这种"意"，此之谓"尽意莫若象"，这种象征性符号即卦象对"意"的表达是最好不过的了，卦象的发明是由卦意所决定的，具有必然性，此之谓"象生于意"；既然"象生于意，意象相契，故可寻象以观意"，这是反观意象关系必然得出的结论；而作为用语言文字阐释"卦象"及相应"卦意"的"言"，是对意象的说明，故称为"象以言著"。

在《易传》作者看来，在整个文化象征意识系统中，"卦意"是根本的、主要的，是象征所表达的目的；卦象作为象征性符号，是用来存"意"、达意的一种媒介与手段；"卦言"只是卦象、卦意的具体阐述、文字注解，是次要的辅助性手段，因为这种阐发的思想内容即"意"早已寄寓在卦象之中了。由此可见，"卦言"最具体，居于最浅一个层次；"卦象"次之；"卦意"最抽象，处于最深层次。人们的最终目的，在于从"卦言"到"卦象"，通过"卦

---

10 《庄子·外物》。

象"，最终达到对"卦意"的解悟，于是，所谓"言者所以明象，得象而忘言；象者所以存意，得意而忘象"，就是可能、应该也是必要的了。

其次，"得意而忘象"，是一个具有美学象征意蕴的深刻命题。这里所谓的"意"，就其客体意义而言，就是庄子所说的"道"与玄学家所说的"无"，都是指事物的本体、本质、本源。它派生并"规范"世间一切事物、存在于事事物物之中，其属性自然是无限的，人对它的认识与领悟因而也是无限的。这种具有无限之属性的事物本体在人主观心灵上的反映就是"意"。因而，"意"也具有无限性。而这里所谓"象"，指被本体所决定的各种事物的物象，它是有限的。在各类艺术中，人们对有限物象的描绘是为了表现事物无限的本体，凡是艺术，总是以有限表现无限，这就是中国古代艺术"意象"说的哲学与美学底蕴。

既然人们刻意追寻的是"意"这种宇宙与人生的最高的无限境界，那么，当人们必须以有限之物象去表现这种无限时，就应当不拘泥、不执着于物象的有限。审美观照的真谛，必通过对被描绘的物象的观照，使审美主体的心灵达到对有限的超越，这便是所谓"得意而忘象"的意思。显然，这里所谓"忘"，并不是"忘却"，而是指突破物象的现实局限而跨越到无限境界。

在《周易》中，用以表现无限之"意"的有限物象便是卦象，六十四卦象共三百八十四爻。虽然自成系统，结构既严密又庞大，毕竟还是有限的，但其所表现的宇宙、历史与人生之"意"是深沉而无限的，这里有宗教的迷狂、哲理的沉思、道德的向善与美的追求。这种无限与有限之间的艺术方式的"解决"便是《周易》的象征。象征的美学性格在于它是以无限对有限物象的超越。为求超越，必须象征；一旦象征，便呈无限之"意"。

《周易》大壮卦是与中国古代建筑文化中，美学象征意识直接相关的一个卦象，据《系辞传》，"上古穴居而野处，后世圣人，易之以宫室，上栋下宇，以待风雨，盖取诸大壮。"我们在第二章《起源观念》中已经谈到，这是说地面房屋的起源，给宇宙与人生带来了一种"大壮"之美，这是人在居住问题上开始战胜盲目自然力的美，其崇高与壮丽的无限幽远的韵味非言辞所能形容，而且在这种建筑文化之美的观念中，还不可避免地渗融着古人开始战胜自然而又膜拜自然的审美与崇拜的双重历史意识，因此，这"大壮"之美，被具有浓厚崇拜天帝意识的古人，看成是"圣人"承天而为的结果，或者说，是天帝假"圣人"而为的产物。这种无限而复杂的建筑文化之"意"，是通过卦象的象征得以表现的。"大壮"卦象为☳，依易学家言，下方四个阳爻相叠，象征房屋柱墙的雄伟，上方两个阴爻相叠，象征屋顶茅草的荫蔽；或云，内卦☰象征台基的坚固，外卦☳象征台基之上门户窗牖的屹立。又，内卦☰其性为乾，乾者，健，坚固之意；外卦☳为震雷之性。坚固之房屋屹立于雷雨交加之天穹与大地之际，真可谓"大壮"之美了，这是人为的杰作，还是自然的恩赐？故古人说："彖曰：大壮，大者壮也。刚以动，故壮。"[11] "象曰：雷在天上，大壮。"[12]

《周易》之"大过"卦也是与中国古代建筑文化的美学象征意

---

11 《易传·彖辞》。

12 《易传·象辞》。

识直接有关的一个卦象。其卦象为䷛。组成这一卦象的阴阳六画之中阳爻为四，阴爻为二，阳盛于阴，刚柔失调，此之所谓"大过"，有超过常式与过度之意，"大过"卦辞称："大过，栋桡。"这里，栋，梁柱；桡，此处可释为弯曲。整个卦象象征中间坚实，两端软弱的梁栋不能承受屋顶重载以致房屋倒塌的危险，因而，象曰："大过，大者过也。栋桡，本末弱也。"[13] "大过"卦九三爻辞："栋桡，凶。"这是说，房屋之栋梁，必刚直以负重载。然而，倘若其中段过于刚直而无柔韧，导致栋梁各部分之间的刚柔失去谐调，而且，由于其中段的强壮使两端愈现其细弱，首先，这在建筑科学上失去常度而使建筑呈现险象，在建筑文化的美学思想上，也有因刚柔相"过"而呈现建筑丑的象征意义。

又，《周易》之离卦，卦象为䷝，亦是象征性的。离卦卦象由内卦☲、外卦☲构成，内外卦都是"离"，易学家称之为"离下离上"。即中间一个阴爻，附着于两个阳爻组成离卦☲形象，阴阳相"离"（本质不同）又相附，这便是"丽"，"离"者，"丽"也。"离"，有"明"之意。从卦象☲看，离卦亦象征火，火之内部空虚，外表光明，正相当于中间阴虚，外方阳实的卦形。而"明"，其古意指月光照临窗棂为明。这种建筑形象之美是离卦的象征意义。从卦象看，内部空虚，象征建筑之内部空间性，也象征中国古代建筑门窗既隔又通的审美意蕴。门窗关闭使建筑之内外部空间相"隔"；门窗开启又使其内外部空间相"通"。窗棂的建筑美学底蕴在于"隔"与"不隔"（"通"）之间。同时，古汉字"明"，还道出

---

13 《易传·象辞》。

了中国古代建筑与自然的有机的心理联系。门窗的开设，不仅为通风、采光，满足生理上对于"明"的需求，而且尤其是窗棂的开设，更大程度上寄寓着心理上的"建筑意"。重在将自然意趣引向室内，更以窗为审美凭借与框架，眺览窗外的自然美景，通过窗，达到人工美与自然美在审美情感上的往复交流。"一琴几上闲，数竹窗外碧。帘户寂无人，春风自吹入。"这首明人小诗。非常贴切地说出了窗的审美品性。

第三，尽管中国古代建筑文化的象征意识非常注重"得意而忘象"，但这一点并非意味着，随便什么有限的物象，都可以随心所欲地拿来就能用的。无限的象征意义与有限的象征性物象之间存在着对应与相契的关系。比如，《周易》的整个卦象系统，作为象征性"符号"与"语言"，是与所象征的抽象意义相谐的。阳爻▬或阴爻▬▬象征动静、刚柔之类，一般具有时代与民族的稳定性与惰性而不会颠倒使用。因此，对于中国古代建筑文化而言，建筑文化"符号"的使用以及"符号"所象征的"意义"，一般是社会普遍可"接受"与"译码"的。随着历史生活的发展，中国古代建筑文化的象征意识也曾经不断发展，"建筑意"新质的诞生或旧质的消亡，要求有新的象征性"符号"同它相对应，从而达到黑格尔所谓两者在新的历史水平上的"抽象的协调"。关于中国古代建筑文化的象征性"符号"，让我们在第二节中继续加以论述。

第二节　象征性符号

中国古代建筑文化的象征性"符号"、或者说其象征性方式，主要有以下四种。

其一，数的象征。

建筑文化必关系到数理科学，数的艺术审美化就是中国古代建筑文化的数的象征，它是蕴含于一定建筑文化现象的数的关系，对一定"建筑意"的一种暗示。

中国古代有一类建筑称明堂，为帝王宣明政教之地，凡朝会、庆功、祭祀等大典，均在明堂举行，其后宫室形制渐备，另在近郊东南建明堂，以存古制。《三辅黄图》说，"周明堂，明堂所以正四时，出教化，天子布政之宫也。黄帝曰合宫，尧曰衢室，舜曰总库，夏后曰世室，殷人曰阳馆，周人曰明堂"。[14] 除了其实用性功能之外，明堂还有象征性意义。所谓"明堂九室，一室有四户八牖，凡三十六户，七十二牖"[15] 者，其意常在数的象征。"称九室者，取象阳数也。八牖者，阴数也，取象八风。三十六户牖，取六甲之爻，六六三十六也"。[16] 所谓"八风"，指"八方之风"。即所谓"东北、东、东南、南、西南、西、西北、北"的"八方之风"。依次指"炎风"、"滔风"、"熏风"、"巨风"、"凄风"、"飂风"、"厉风"、"寒风"[17] 或"炎风"、"条风"、"景风"、"巨风"、"凉风"、"飂风"、"丽风"、"寒风"[18] 之类。所谓"六甲"，以天干地支相配计算时日，其中所谓"甲子"、"甲戌"、"甲申"、"甲午"、"甲辰"、"甲寅"称"六甲"。前指空间、后指时间，明堂的数的象征意义即在

---

14 《三辅黄图》(陈植校注本）第 112 页。

15 《大戴礼》。

16 《周礼·考工记》。

17 《吕氏春秋·有始》。

18 《淮南鸿烈·地训》。

于此。而明堂"四闼者，象四时四方也，五室者，象五行也"。[19]
不待多言，其象征之思维模式同于以上"八风"、"六甲"之象。关
于这一点，《汉书》或《白虎通》的说法亦可参阅："元始四年，安
汉公奏立明堂辟雍"。应劭注："明堂所以正四时，出教化。明堂
上圜下方，八窗四达，布政之宫，在国之阳。上八窗法八风，四
达法四时，九重法九州，十二重法十二月，三十六户法三十六旬，
七十二牖法七十二候。"[20] 又，"八窗象八风，四闼法四时，九室法
九州，十二重法十二月，三十六户法三十六旬，七十二牖法七十二
风"。[21] 大同小异。

在著名明清建筑北京天坛上，数的象征显得更为丰富。

易学家有关于"太极"的宇宙观念，所谓"太极生两仪，两仪
生四象"将"太极"说成是天体万物的"本根"。作为太极之象征，
天坛之圜丘中央砌一圆形石板，称为"太极石"。此石四周围砌 9
块扇形石板，构成第一重；第二重砌 18 块；第三重砌 27 块，直到
第九重为 81 块，于是，组成以下的递进的数的系列：1×9；2×9；
3×9；4×9；5×9；6×9；7×9；8×9；9×9。除一块处于坛之中央
的"太极石"，凡"四十五个九块"，共 405 块石板组成。目的是在
不断重复强调"九"数的意义。中国古代有"九重天"之说，依次
为"日天"、"月天"、"金星天"、"木星天"、"水星天"、"火星天"、
"土星天"、"二十八宿天"以及"宗动天"，因此，建筑构造"九"
数的重复出现，意在象征圜宇之"九重"。但这是圜丘比较浅层次

19　《周礼·考工记》。

20　《汉书·平帝纪》应劭注。

21　《白虎通义》。

的象征意义，人们只要看看每当祭天之时，只有坛中央的"太极石"上才能供奉昊天上帝的神牌，象征天帝居于九天之上而统辖天下这一点，便不难发现，这里明为象征昊天上帝，实质歌颂封建王权。因为，只有人间帝王才是天帝的代表，只有帝王在人间出现，才能产生关于天帝的观念，因此，祭天时那昊天上帝的神牌在"太极石"上的供奉，实质在象征人间帝王至尊以及对民众的统治。这一点，也可从圜丘第一层共九重的"四十五个九块"见出，四十五者，九乘五也，内含"九五之义"。九五，据《周易·乾卦》，为最美妙、最吉利的帝王之卦位，中正之位，至尊之位，中国古代称帝王为"九五至尊"，其文化思想之源盖出于此。

又，圜丘四周石栏上的石板数也不是随意设置的，同样具有数的象征意味。其三层坛台四周栏板依次为（2×9）×4＝72；（3×9）×4＝108；（5×9）×4＝180；亦即"八个九块"、"十二个九块"、"二十个九块"，共40个9块，凡360块，象征历法"周天"，象征昼夜运行360度或一周年约360天之意。当然，这里所象征的，也不是单纯的自然时空意识，同样蕴涵着王权思想。

又，天坛之祈年殿，据《奇门遁甲》，其形象亦专注于象征。为暗示天宇、天数、阳数以及君王之权威，祈年殿其高为九丈九尺；殿顶周长三十丈，表示一月约三十天；殿内金龙藻井下设楹柱四根，以示一年四季春秋代序、冬夏交替；中间一层设十二根立柱，象征一年十二个月；外层也设十二根立柱，附会子丑寅卯、辰巳午未、申酉戌亥的一天十二时辰，里外立柱凡二十四根，是一年二十四节气的暗示；加上藻井下另外四根楹柱，代表所谓二十八星宿；另外，殿顶四周有短柱三十六根，是谓三十六天罡星；于是，在祈年殿内墙墙东门外的所谓"七十二连房"，又有七十二地煞之意。[22]

我们在第六章《佛性意味》中已经谈到，这种数的象征，还表现在中国古塔建筑文化中。以多见的平面为正四边形或正八边形的中国古塔为例，它们在于象征佛教的所谓"四相八相"，即释迦牟尼生涯中的种种变相。"诞生、成道、说法、涅槃曰四相；再加上降兜率、托胎、出家、降魔谓之八相。或以住胎、婴孩、爱欲、乐苦行、降魔、成道、转法轮、入灭曰八相，名异而义同。"[23] 又曰，它们象征佛法的四圣谛与八正道。四圣谛，苦集灭道之四谛，为圣者所见之谛理；八正道，佛教修行之道也。"一、正见，见苦集灭道四谛之理而明之也，以无漏之慧为体，是八正道之主体也。二、正思维，既见四谛之理，尚思惟而使真智增长也，以无漏之心所为体。三、正语，以真智修口业不作一切非理之语也，以无漏之戒为体。四、正业，以真智除身之一切邪业住于清净之身业也，以无漏之戒为体。五、正命，清净身口意之三业，顺于正法而活命，离五种之邪活法也，以无漏之戒为体。六、正精进，发用真智而强修涅槃之道也，以无漏之勤为体。七、正念，以真智忆念正道而无邪念也，以无漏之念为体。八、正定，以真智入于无漏清净之禅定也，以无漏之定为体"。[24] 平面为正六边形的中国古塔，象征所谓"天、人、阿修罗、地狱、饿鬼、畜生"的"六道轮回"教义；正十二边形者，暗示所谓三世轮回教理的"十二因缘"说也，佛教有过去世、现在世与未来世之说，三者彼此连续流转，因缘而起，无明、

22　参见陈炎、魏开肇、李学文《北京名园趣谈》。

23　史岩《东洋美术史》上卷第 42 页。

24　丁福保《佛学大辞典》第 63—64 页。

行、识、名色、六入、触、受、爱、取、有、生与老死为十二因缘。其中，无明与行是过去因，感现在果；识、名色、六入、触、受为现在果；爱、取、有为现在因，遍未来果；生、老死为未来果。又如在中国古塔塔刹上，相轮时作"十三天"，意在象征佛法崇高神圣。这种象征意识的文化机制，是与中国古代的都城、宫殿、宗庙与陵墓以构造上数的差别象征等级观念是一样的。

其二，形的象征。

这是以一定的建筑形体造型、模拟宇宙或社会生活中其他事物形状以暗示一定文化美学观念情绪的一种象征。

"天圆地方"观，是中国古代典型的宇宙观，由于认为天是圆的、地是方的，因此，象征永恒天道的明清北京天坛之圜丘与祈年殿平面布局都作圆形，圜丘之"太极石"与祈年殿内墁嵌于中央的一块"中心石"也是圆形的。明永乐十八年（1420 年）明成祖朱棣创建天坛时，行天地合祭制，故当时名天地坛。明嘉靖九年（1530年），始改天地分祭制，在北京北郊另建地坛（方泽，平面为方形），南郊原在的天地坛只用以祭天，改名为天坛。然而，天圆地方之观念仍可从天坛之某些平面布置中见出，比如圜丘、祈年两坛两重围墙仍按旧制，取南方北圆形。此之所谓"帝王之义，莫大于承天；承天之序，莫重于郊祀。祭天于南就阳位祠地于北就阴位。圜丘象天，方泽象地圆方因体，南北从位，燔燎升气，瘗埋就类。牲欲茧栗，味尚清玄，器成匏勺，贵诚因质。天地神所统，故类乎上帝，禋于六宗，望秩山川，班于群神，皇天后土随王所在而事佑焉"。[25]

---

25 《汉书·平帝纪》。

正如古之明堂"以茅盖屋，上圆下方"²⁶、"上圆象天，下方法地"²⁷一样，"其宫室也，体象天地，经纬阴阳，据坤灵之正位，仿太紫之圆方"。²⁸

社稷坛的建造观念，亦在于形的象征。中国自古以农立国，土地是其根本，崇祀土地与农业神为立国与人生一件大事，故建社稷坛以了此心愿。所谓"人非土不立，非谷不食。土地广博不可遍敬也，五谷众多，不可一一祭也，故封土、立社、示有上尊。稷五谷之长，故封稷而祭之也"。²⁹明清北京社稷坛筑为三层方台，方是其平面特色，以示"地方"之意。

在大地方位上，中国古代有"东西南北中"之说，这一点也常常从建筑文化中得到暗示。儒家"以南为阳，左为上"，所谓"左，阳道；右，阴道"也，于是，南阳、北阴、东阳、西阴。天坛其性为阳，地位在上，故天坛建于原北京城区的南郊偏东的左方；地坛其性属阴，地位在下，故地坛另建于原北京城区的北郊。在都城制度上，中国古代行"左祖右社"制，象征祖宗血脉的宗庙建于宫城之左前方，实属理所当然，不言而喻。只是按"左上右下"说，将社稷坛建于宫城之右前方，似乎由此可以得出在古人看来社稷不如祖宗重要的结论。其实不然，中国古代的建筑空间意识以西南为"奥"，"奥"是尊位，故比如北京社稷坛建于紫禁城之右前方（即城之西南方）也是顺理成章的。一"以左为上"，一"以奥为尊"，

---

26 《大戴礼》。

27 《周礼·考工记》。

28 班固《两都赋》。

29 《白虎通义》。

可谓旗鼓相当，互臻其美善。

与此攸关的，便是根深蒂固的关于"中"的意识。一般除了园林建筑，中国古代的都城、宫殿、坛庙、民居以及陵寝等都注重"中"的象征性精神意义。关于非常多见的中轴线平面布局，在第一章《空间意识》中已作论述，此不重复。这里，需要补充的是，在有的陵寝制度中，以"中"字形来象征"中"的观念情绪。雍城地区的18个西安秦公大墓，按考古发掘，其平面都作"中"字形，其中一号秦公大墓面积5334平方米，总体积比以往发掘的最大墓葬河南安阳商代王陵大10倍以上，比湖南马王堆一号汉墓大20倍，这样巨大的"中"字形平面安排自然是有意为之的，象征王侯据中以视天下的尊严与权威。同时，中国古代建筑文化所以那般热衷于中轴线或"中"字形的象征，还意味着对传统的"中和"这种文化观与美学观的执着表现与追求。儒家认为，"中和"是最高的审美境界与文化表现，天人合一的境界便是典型的"中和"境界，"喜怒哀乐之未发谓之中，发而皆中节谓之和……致中和，天地位焉，万物育焉"。[30] 并且，"中和"也是道德的最高准绳，此之所谓"中和者，听（引者注：理政）之绳也"。[31] "中和"亦即中庸，"中庸之为德也，其至矣乎！"[32]

以字形为平面的建筑亦曾在清圆明园中出现。圆明园有"万方安和"殿，其平面为卍字形，"'万方安和'在'杏花春馆'西北，

---

30 《礼记·中庸》。

31 《荀子·王制》。

32 《论语·雍也》。

建宇池中，形如卍字"。³³ 意在象征太平盛世。

以这种种平面造型象征一定的道德观念的古代建筑文化现象也并非绝无仅有。比如，清代赵昱在《春草园小记》中记述一三角亭："宋人俞退翁有《题三角亭》诗云：'春无四面花，夜欠一檐雨。'向属石门袁南垞书此一联。乾隆庚申夏，山阴金大小郊假馆园中，换书'缺隅亭'额，取《韩诗外传》'衣成则缺衽，宫成则必缺隅'之意，雅与三角亭名吻合云"。³⁴ 筑亭意为三角、缺隅，意在推崇谦德，以骄盈为戒，因为在筑亭者看来，世间万物本来就不是圆满完美的，此之所谓"屋成则必加拙，示不成者，天道然也"。³⁵

有些古代建筑，以扇形筑亭，象征清风快意；以船形筑舫，象征轻舟荡漾；以笔形造塔，象征科运发扬；以莲荷之形作佛寺佛座或塔之须弥座，象征佛国净界。秦始皇于园事中首作堆土筑山之举，象征"蓬莱"之类的神仙非非之想，于长安大事营造，引渭水、作长池来灌王都，象征天河人寰，天泽浩荡。又，故宫有文渊阁，仿宁波天一阁而建，象征《易经》所谓"天以一生水，而地以六成之"之意。圆明园地处北地，这一典型的皇家林苑，却依江南西湖、兰亭、庐山名胜格局建造诸种景观，以示"移天缩地在君怀"的皇家气派，将西湖、兰亭、庐山诸景的自然尺度"缩"小，"移"入圆明园，象征君小天下、君抚天下。

宗庙为祭祀祖宗之所，供奉在宗庙之中的是祖宗的牌位，在古人心目中却虽死犹生，因而，宗庙之形制，亦取宫殿之前朝后寝

33　吴长元《宸垣识略》。

34　赵昱《春草园小记》，《中国历代名园记选注》。

35　《韩诗外传》。

制，其意在于象生。宗庙之制，古者以为人君之居，前有"朝"，后有"寝"，终则前制"庙"以象朝，后制"寝"以象寝。"庙"以藏主，列昭穆，"寝"有衣冠，几杖、象生（日常生活）之具，总谓之宫。

与宗庙一样，陵寝也有"事死如事生"的象征意义，其基本手法，便是以一定的建筑手段，模拟墓主生前形状。明十三陵中的长陵，其空间序列与明北京故宫有异质同构性，棱恩殿的建筑文化美学品位与故宫之太和殿相仿。其建筑空间秩序，一如墓主生前。神道漫长，两旁石马、石麒麟、文臣、武将之类肃然侍立，犹如朝拜参政议事。比如明太祖朱元璋的孝陵，神道两侧排列石象生 12 对，为马、象、麒麟、骆驼、獬豸、狮子各两对，又有 4 对翁仲恭立于神道两侧，象征明太祖生前的听命于朝廷的臣属，大有"石马嘶风翁仲立，犹疑子夜点朝班"的劲头。

其三，音的象征。

这是以一定建筑物所发出的音响或谐音手段所构成的象征。

有些中国古塔以一定的音响象征其"梵音到耳"的佛法意义。比如，历史上著名的洛阳永宁寺塔"角角皆悬金铎，合上下有一百二十铎"。"至于高风永夜，宝铎和鸣，铿锵之声，闻及十余里"。[36] 由这种音响所造成的声波意境，在佛教徒听来，犹如天主教徒闻教堂钟声，可谓惊心动魄。

在北京天坛之圜丘坛第三层太极石上轻轻呼唤，会迅速从四面八方传来回声。这种音响现象本有科学道理在，但在这里声学却

---

36 杨衒之《洛阳伽蓝记》。

成了神学与儒学的奴婢。封建帝王说，这是"昊天上帝"向凡人实质是人间帝王向臣属发出的"训谕"，象征神权与王权的声威。回音壁的象征意义与此同理。圜丘之北的皇穹宇，为专事收藏神牌之处，由于其四周象征天穹的围墙为圆形，此墙具有传声的性质。当对封建王权诚惶诚恐的人站立于殿前石陛正中甬道的第三块石板时，倘若对殿门说话，有可能听到多重回音，象征天帝对尘世凡夫俗子的"对话"，或者说是"有求必应"与"谆谆教诲"，此之所谓"人间私语天闻若雷"也，在天帝与皇帝面前，一般人的心曲无法隐瞒，天帝与皇帝"洞察一切"，由此要求对帝王的忠诚。

在中国古代建筑文化中常见的另一种音的象征是谐音。

"宗，尊也；庙，貌也，所以仿佛先人尊貌也"。[37] 这便是宗庙的谐音象征意义。在高门深院或陵寝神道中常出现狮子的雕塑形象，这不仅因为狮子形象威武，也是"狮""事"谐音的缘故。因而，府邸大门两侧设两头蹲狮形象，象征"事事如意"；将"狮"、"瓶"结连的剪纸图案贴在窗上，象征"事事平安"；倘此剪纸图案"狮子"与"铜钱"相配，象征"财事茂盛"；"狮"佩彩带，象征"好事不断"，粘贴以狮子滚绣球的剪纸作品，象征"好事在后"，如果粘贴以幼狮形象，则又象征"子嗣兴旺"。

有些中国古代建筑以鱼的造型为装饰，"鱼"谐"裕"，象征着企望生活的丰裕有余；"鹿"谐"禄"，故建筑物上装饰以鹿之形象，象征俸禄源源不断，这种象征自然散发着铜臭，是封建社会当官意识强化的表现；蝙蝠与祝福之意相去甚远，却由于"蝠"、

---

37 《三辅黄图》（陈直校注）。

"福"音谐而使建筑物上的蝙蝠形象成了祝福的象征；又，"善"、"扇"同音，因此，扇形的建筑造型或装饰形象象征善的愿望。

为了这谐音的象征，曾使中国古人于建造营事中煞费苦心、惨淡经营。据史载，比如明十三陵陵址的选定几费周折。其址初选在口外的屠家营，由于明朝皇帝朱姓，"朱"、"猪"音同，"猪"进"屠家"，岂不是"朱"进"屠家"，万万不可；又选在昌平之"狼儿峪"村前与羊山脚下，"猪"（朱）遇着"狼"，大凶；又选在京西"燕家台"，不料"燕家"、"晏驾"（皇帝死去称为晏驾）音谐，也很不吉利，[38] 尽管"万岁"终于也得死，选陵址就是其不得不死的明证，却如此忌讳说到死，其心理机制犹如阿Q忌讳"亮"、"光"与"灯"那样。

其四，色的象征。

这是以一定的建筑色彩为"符号"的一种象征。比如，说到明清北京皇家建筑，其基本、典型的色调为黄红两色，大凡品位较高的建筑，均以黄瓦红墙为基本特征。如，明清两代皇城正门天安门，城门五阙、重楼九楹，以汉白玉砌为须弥座，上建丹朱色墩台，上建重檐城楼，覆盖以黄色琉璃瓦，与朱墙相映照；太庙前殿面阔十一间，重檐庑殿顶，亦是黄琉璃瓦顶配以红墙；太和殿为现存中国古代最大的木构殿宇，面阔十一间、进深五间，汉白玉基座，殿内沥粉金漆木柱与精致的蟠龙藻井装饰，又是红墙黄瓦，显得富丽而雄浑；中和殿为黄琉璃瓦四角攒尖顶，正中设鎏金宝顶；保和殿也是黄琉璃筒瓦四角攒尖顶。说到午门，又是重檐庑殿顶的

38　按：参见罗哲文、罗扬《中国历代帝王陵寝》第 160 页。

主楼，其余四楼为重檐攒尖顶，其上覆盖以金色琉璃瓦，而明十三陵中的诸多陵寝建筑，比如长陵之棱恩殿，也是殿面阔九间、进深五间、重檐庑殿顶，黄瓦红墙交相辉映，色彩谐和悦人，凡此一切，都在象征华贵、庄严、兴旺的皇家气象以及封建统治者内心的甜酣。明清之际，黄色为"富贵之色"，为皇家所专用。这是因为，按五行说，黄色居中；也与传统文化观念所谓汉族为黄帝子孙不无关系。

　　按阴阳五行说，五行、五方与五色是相对应的，北京社稷坛的象征性色彩意义即在于此。社稷坛为三层方台，每层四周白石栏杆，上层每面长16米、中层16.8米、下层17.8米。上层台面铺以五色土，象征广阔之国土大地，中为黄色、东为青色、南为红色、西为白色、北为黑色，以五色象征五行与天下五方观念，并与春夏秋冬四季之交替流变之时间观念相联系。按古代传统，黄帝居天下之中，其色属黄，黄帝有四张脸，各自面对着东南西北四个方位，故天下五方均在他"老人家"的统辖之下，其余四方统治者都是由黄帝支配的。东方者太皞，其色属青，故称青帝，由木神辅佐，手持圆规，以掌春时；南方者炎帝，其色属红，由火神助之，手握秤杆，以司夏天；西方者少昊，其色属白，故称白帝，由金神相帮，手拿曲尺，以管秋季；北方者颛顼，其色属黑，故称黑帝，由水神相佐，手提秤锤，以治冬日；黄帝高居中央，土神是其助手，手拿一根绳子，雄视四方。

　　与此相联系，中国古代都城有所谓四门制关于色彩的象征观念，即东方苍龙（青）、南方朱雀（红）、西方白虎（白）与北方玄武（黑），都城东门其名苍龙、南方其名朱雀、西门其名白虎、北门其名玄武，其"建筑意"源自五行、五方与五色的对应文化观念。

天坛祈年殿的色彩象征在历史上有所变化，作为皇家建筑兼祭祀性建筑，当以黄、红二色为基调，同时照顾到祭祀性的象征意义，因而，当祈年殿于明嘉靖二十四年（1545年）改建之时，名大享殿，是一镏金宝顶三层檐攒尖式屋顶的圆形建筑，上檐覆盖以蓝色琉璃瓦，中层黄色、下层绿色，这样处理是不无道理的。然而，到清乾隆十七年（1752年），将祈年殿之三层檐均改为蓝色瓦，在其色彩的象征意义与"符号"系统上，就显得更单一、更明确了。祈年之主题在于企求农事之丰收，强调青绿色，在于突出植物生命之象征与丰年之象征这一主题。

同样的情况，还可从天坛西天门以南、祈年殿西南方的斋宫这一建筑的色彩象征上见出。斋宫是皇帝祭天时的斋戒住所，作为帝王寝宫，应以黄色琉璃瓦覆顶为是。而斋宫之顶却铺以蓝色琉璃瓦，并且不是通常的坐北朝南，而是坐西向东。这是因为，帝王虽为人间之君，其权至高无上，但作为"天子"，却要装得像是"昊天上帝"的"孝子"，为了表示祭天的虔诚，在斋宫的色彩象征上也得表现出"奉天承运"的天命思想与"谦德"。

至于其他建筑比如中国古塔的色彩象征，其丰富性亦一言难尽，这里略举数例，以飨读者。一般而言，大江南北所常见的白塔，诸如北海白塔、妙应寺白塔、蓟县观音寺白塔、辽阳白塔、扬州莲性寺白塔等等的象征意义是显然的。其塔通体洁白，意在暗示佛性洁净无瑕。佛教有所谓"白心"说，言"清净之苦心"也。"白者，表淳净之菩提心也"。白塔所在即为"白处"，"白处"者，

"以此尊常在白莲华中"[39]。白莲花，象征佛性之白花，故建塔以象法莲性，崇拜佛性。当然，中国古塔，一般是中国化了的佛塔，其建造观念中往往渗入封建士大夫的精神意绪，在崇扬佛性的白塔形象中，也可能寄托着"出淤泥而不染"、"亭亭净植"的文人雅士的所谓高尚情思，这，犹如晋慧远法师在庐山虎溪东林寺，集慧永、慧持、道士等名僧以及刘遗民、宗炳、雷次宗等深受佛学影响的名儒建白莲社，其社名白莲华的象征意义一样。

有些琉璃塔色彩斑斓，其象征之意亦与佛法攸关。"塔之砖瓦，其汹药共分五色：一为钴与硅酸锰制成之深紫，二为硅酸铜制成之嫣绿，三为锑制成之御黄，四为铜与脱酸剂制成之鲜红，五为铜与硝酸制成之艳蓝"。"必具五色者，以佛家谓佛国有五色宝珠，故法其数也"。[40]宝珠，佛教名物，即摩尼珠，又称如意珠。如意者，"心性宝性、无有染污"[41]之意，"净如宝珠，以求佛道"。[42]佛教声称，"如意珠能除四百四十病"。[43]看来实在"美满无比"了。

有些中国古塔饰以绿、红、白、黑四色，比如建于清乾隆二十至二十四年（1755—1759年）的承德普宁寺的四座塔门，[44]位于此寺乌策大殿四隅，其象征意义显然掺入了中国古代传统的四方观念，此即东方属青（绿）、南方属红、西方属白、北方属黑，只是有点"羞羞答答"，没有将属黄的中央一方所谓黄帝为始祖的文化

39　丁福保《佛学大辞典》。

40　《中国美术》第53页。

41　《宝悉地成佛陀罗尼经》。

42　《法华经》。

43　《大智度论》五十九。

44　按：塔门为中国古塔样式之一。参见《梁思成文集（三）》之《中国建筑史》。

观念用塔的色彩暗示出来，实在有趣。

关于中国古代建筑色彩的象征"符号"，其多样丰富性当远不止以上所论述之四种，比如以"无"象征"有"便是一例。我们知道，一般的墓碑，是陵墓的标饰，其碑文不外乎对墓主歌功颂德，然唐代武则天墓前，却竖了一块无字碑，象征功德昭著，为一切语言所无法形容表达，或听凭后人评说。这种象征手法，亦可谓"不著一字，尽得风流"也。因此，可以说前述四种象征"符号"，亦不过挂一漏万。一般认为，中国古代建筑文化中的文化象征现象，在象征性色彩"符号"与象征性意义之间的对应关系是大致稳定的。比如，红色，象征豪华、热烈、辉煌，其建筑形象给人以温暖、兴奋、动感强烈的心理感觉；黄色，象征明朗、华贵、欢愉，其建筑形象可给人以高尚、辉煌的心理感受；橙红，象征富丽，其感令人亢奋，或者烦躁；绿色，象征生命，有凉快、平静之意；蓝色，象征沉静、幽深、退缩，给人以优雅、平静或者忧郁、冷淡甚至悲哀的感觉；紫色，象征神秘、丰富，而灰色象征平和、质朴，白色象征纯洁等等都可能在建筑形象中给人以不同的审美感受。

要之，中国古代建筑文化的象征性格，是这一文化活跃的艺术生命与美学品质，它加强了这一古老民族文化的思想表现力。作为社会人生的空间展现，这种文化现象的美学意蕴，是值得令人沉思的。

第八章　装饰风韵

装饰，一般为建筑所常需。中国古代建筑装饰，具有独特的时代风貌与民族文化意蕴，也是中华民族传统文化心理的反映。作为中国古代建筑文化的一个优美"旋律"，其重要意义当不可小视。它的历史变迁、哲学基础与文化观念都是值得加以探讨的。

第一节　历史的评说

中国古代建筑装饰始于何时？

可以说自建筑文化起源不久就开始了。

自从东方大地出现最古老的建筑，这就意味着，人将盲目自然力推拒在门外，人获得了一个安全的居住空间。然而，当人一旦创造了能躲避风雨的建筑，同时也将自然的美拒之门外。由初步营事活动以及其他社会生活实践活动所培养的人对自然初步的审美需求，却必须及时得到实现与满足。于是，人便尝试着对其所居住的内部空间加以美化修饰，其灵感来自对自然美的追求。

比如，鹅卵石或平静湖面之类自然物的光滑，唤醒了人对光滑这种形式美的钟爱，于是，人便愿意将穴居的穴壁或穴底弄得平整、光滑些。据建筑考古发现，郑州早商建筑遗址中，发现有窦窖二百余个，大半为小型半居穴，又分早晚两期，早期半居穴"门"多南向，偏于穴之一隅。靠近后部穴邦地面上，多见火燃残迹。值得注意的是，有些半居穴"按筑短墙，四壁平正"，[1] 显然经过修饰。又如，中国原始木构建筑，其柱木、椽木、屋盖木质材料，最早是裸露在外的，所谓"茅茨不翦"、"茅茨土阶"。这从实用角度看，自然易火易蚀、不安全，审美上也颇不悦目。为求防火防蚀与悦目，仰韶文化的半穴居内部多采用涂泥之法，居住面时作"墐涂"，即是将粘土掺以黍穰，烧烤成棕色陶质地面的一种建筑装饰之法，它使地面变得坚实、细密、产生了光滑感。而仰韶文化与龙山文化之际的洛阳王湾遗址，则在室内以石灰质做成坚硬、光滑、悦目的居住面。当时，红彩、黑彩、褐彩与白衣彩陶的发展，将鱼纹、鸟纹、人面纹以及各种几何纹样"召唤"到制陶技术与艺术上来，这给中国古代建筑装饰的发展带来了积极影响。

当然，此时的中国古代建筑装饰，不过处于启蒙期，是很不成熟的。

先秦时期的建筑装饰，扩大了它的文化"视野"。殷代辉煌的青铜文化，常以饕餮纹、龙纹、凤纹、云纹、波纹、蝉纹、绳纹以及方形、三角形、圆形等各种几何纹为题材，给人们创造了一个狞怖而美的艺术世界。如果说，技术上制陶业的发展，促成西周建筑文化舞台上诸如板瓦、筒瓦、脊瓦与圆柱形瓦钉等瓦器的出现，那么到了东周，艺术上殷周青铜器丰富灿烂的装饰主题，便成了瓦当

1 　郭宝钧《中国青铜器时代》第 131 页。

装饰艺术的文化思想源泉。瓦当，是中国古代所特有的建筑文化，从一般瓦器发展到瓦当，这是技术向艺术的"进军"，或者说，是艺术对技术的渗透，是建筑文化的技术与艺术在中国古代农业文明基础上的融合，也是以土木为基本材料的中国古代建筑利用土的可塑性所创造的一种文化。

从河南洛阳等地出土的东周瓦当看，主要是图案瓦当。其上常塑有饕餮、龙凤等纹样，表现的文化主题与殷商、西周青铜文化一脉相承。

比如，关于饕餮纹瓦当，饕餮者，古人所谓恶兽之名，钟鼎彝器多琢其形以为饰。"周鼎著饕餮，有首无身，食人未咽，害及其身，以言极更也"。[2] "贪财为饕，贪食为餮"。[3] 又，"饕餮，谓三苗也"。[4] "三苗，国名。缙云氏之后，为诸侯，号饕餮"。[5] 这里，所谓"缙云氏"，据《史记·五帝纪》，远古传说，黄帝设置春、夏、秋、冬、中官，用云作名字，其中夏官称缙云氏。又，据古代五行、五方说，东方大皞，属木、主春、称青帝；南方炎帝，属火、主夏、称赤帝；西方少皞，属金，主秋，称白帝；北方颛顼，属水，主冬，称黑帝，而属土德的黄帝居中。由此可见，"缙云氏"是指被黄帝所击败的炎帝一族。近人王献唐氏说："最初期之饕餮花纹，只限于黄帝一族遗器，炎族殆无有也。"[6] 此说不无根据，正与远古传说吻合。因此，所谓饕餮，实际上指的是被贬的炎帝一

---

2 《吕氏春秋·先识》。

3 《左传·文公十八年》注。

4 《尚书正义》。

5 《尚书·舜典》孔安国传。

6 王献唐《炎黄氏族文化考》。

族。传说中的炎族被贬为面目狰狞的饕餮，实在是华夏氏族历史兼并中的一件十分残酷的事情。从"后世钟鼎彝器，时范饕餮花纹，谓之诫贪"[7]这一点看，先秦瓦当时以饕餮为纹样，其文化意蕴在"诫"所谓炎族之"贪"，表现出扬"黄"、抑"炎"的传统历史观与狭隘的古代氏族文化意识残余。

又如，关于龙凤纹瓦当，龙凤者，远古氏族幻想中之图腾也。中国远古神话中说，所谓"女娲"、"伏羲"，均具龙蛇之象，"女娲，古神女而帝者，人面蛇身，一日中七十变"。[8]"燧人之世……生伏羲……人首蛇身"。[9]《山海经》中其他诸神，也常为"人面蛇身"，这是远古蛇图腾文化的真实反映。随着历史文化的发展，作为图腾的蛇之形象，渐渐演变为龙。龙之形象，是以蛇身为基干，"接受了兽类的四脚、马的毛、鬣的尾、鹿的脚、狗的爪、鱼的鳞和须"[10]所想象而成的。《竹书纪年》所谓长龙氏、潜龙氏、降龙氏、居龙氏、上龙氏、水龙氏、青龙氏、赤龙氏、白龙氏、黑龙氏等记载，是诸多远古氏族以龙为图腾的文化反映。龙，后来成了中华民族的象征。至于凤"神鸟也。天，老曰，凤之象也：鸿前麐后，蛇颈鱼尾，龙文龟背，燕颔鸡喙，五色备举"[11]，也是一个"拼凑起来的脚色"。"天命玄鸟，降而生商"。这玄鸟，据郭沫若氏称，其实就是"凤凰"，亦是远古氏族的图腾对象。

由此可见，先秦瓦当龙凤纹样的文化意义，主要在于图腾崇

7　王献唐《炎黄氏族文化考》。

8　《山海经·大荒西经》郭璞传。

9　《帝王世纪》。

10　闻一多《伏羲考》。

11　《说文解字》。

拜，远古造房建屋远非易事，倾圮、毁损之事时而发生，屡屡失败的惨痛教训，需要获得心理上的力量、支柱与勇气，于是，发展到先秦的瓦当纹样，其意常在对人们意想中的"祖宗"（即图腾）的膜拜祷祈，以求其佑助。

历史发展到秦汉，中国古代建筑的装饰文化又展现了新的风貌，它是对先秦建筑装饰文化的积极扬弃。

其一，先秦所谓"卑宫室，尚俭朴"的传统建筑文化观念有所动摇，始皇统一中国，开建筑文化之一代雄风，兴起了以建造宫殿、陵寝为主的建筑热潮。为夸饰王权，建筑尺度往往十分巨大。"秦每破诸侯，写仿其宫室，作之咸阳北阪上，殿屋复道，周阁相属"，[12] 以示六国一统于秦。"乃营作朝宫渭商上林苑中。先作前殿阿房，东西五百步，南北五十丈，上可以坐万人，下可以建五丈旗。周驰为阁道，自殿直抵南山，表南山之巅以为阙，为复道自阿房渡渭属之咸阳"。[13] 咸阳范围究有多大？从公元前206年，项羽引兵西屠咸阳，烧秦宫室、火三月不灭[14] 这一点可以想见。汉承秦制，所立建筑之雄风未减。比如肖何治未央宫，以"天子以四海为家，非令壮丽无以重威，且无后世有以加也"[15] 为建造指导思想，其宫殿规模不仅空前，而且企望绝后。

这种建筑文化意识，极大地刺激建筑装饰文化的蓬勃高扬。这里，且不用说秦代始皇陵寝豪侈过度，"穿治郦山。及并天下，徒

---

12 《史记·秦始皇本纪》。
13 《史记·秦始皇本纪》。
14 《史记·项羽本纪》。
15 《汉书·高帝纪》。

送诣七十余万人。穿三泉，下铜而致椁。宫观、百官，奇器珍怪，从藏满之"，[16] "今采金石，治铜锢其内，漆涂其外。被以珠玉，饰以翡翠"，[17] 而汉之未央宫的装饰之美，也一点不逊色。"以木兰为棼橑，文杏为梁柱；金铺玉户，华榱璧珰；雕楹玉碣，重轩镂槛；青琐丹墀，左碱右平，黄金为壁带，间以和氏珍玉"，[18] 又"重轩三阶，闺房周通，门达洞开，列钟虡于中庭，立金人于端闱"。[19] 又，未央宫后宫之一的椒房殿，"以椒和泥涂壁，取其温而芬芳也"，[20] "中庭彤朱而殿上髹漆。切皆铜沓，冒黄金涂。白云阶，壁带往往，为黄金釭，函蓝田璧，明珠翠羽饰之"。[21] 殚极土木，如此华饰，说明古代强有力的帝王思想对建筑装饰文化的初步浸润，大富大贵，权倾天下，成了这种装饰的基本主题。

其二，与以上所说相联系的，便是屋顶、斗栱与立柱建筑装饰意义的出现。中国大屋顶式样基本有四阿（庑殿）、九脊（歇山）、悬山、硬山与攒尖等多种，汉代均已备成，并且赋予了不同等级的政治伦理意义，四阿式为最显贵，攒尖式为最次。同时，不少屋顶出现了脊饰，比如，武梁祠石刻屋顶屋脊上的鸟形装饰，四川成都画象砖阙屋脊上的凤凰造型等，可以看作先秦瓦当鸟图腾文化的一发展。

东汉末年，斗栱已臻成熟。它在建筑力学上首先是承重构件，

16　《史记·秦始皇本纪》。

17　《史记·项羽本纪》。

18　《三辅黄图》。

19　《两都赋》。

20　《三辅黄图》。

21　《汉书·外戚传》。

有分力之效，又在审美上具有装饰意义。人们现在可从崖墓、石刻、石室、石阙以及明器上见到汉代斗栱的倩影。四川渠县石阙的一斗二升斗栱、山东平邑石阙的一斗三升斗栱、河北望都明器的重叠出挑斗栱以及四川渠县无名石阙的曲栱等等，都兼有装饰性的文化意义。其意义与瓦当艺术有相通之处。斗栱，是艺术化了的技术，技术化了的艺术。发展到后代，成为一种错综复杂的"错综"之美，并被赋予了各自不同的伦理意义，什么品级的建筑，配用什么样的斗栱，都有明确规定。这种建筑文化现象，是中国古代物理服从伦理的又一明证。

同时，立柱本为支撑，功能出较单一，至汉代，各种经过美饰的立柱竞放异彩。山东安丘汉墓的圆柱，四川彭山崖墓的方柱、四川柿子湾汉墓的束竹柱以及山东沂南石墓的八角柱等等，往往通体修饰，[22] 单从实际用途而言，无此必要，可见，修饰为的是竞美。

其三，瓦当艺术装饰较之先秦更见发展。除继续以饕餮、龙凤之类为装饰母题外，以文字为纹饰的瓦当艺术崛起。前者发展到汉代，形相之狞厉性已渐减弱，而生出一种浑朴的美来。但是，虽然崇拜之意味渐渐淡化，却并未也不可能彻底消失泯灭，因为这种文化之"根"深扎在远古图腾的沃土之中，它是崇拜心理基础上发展起来的审美之华，也是远古图腾文化的一种历史遗韵。后者的字纹，常以文字标明瓦当所附丽的建筑物名称为基本特征。比如，秦羽阳宫的字纹瓦当遗存，有"羽阳千岁"、"羽阳万岁"字样；又如，汉武帝养病时所居宫室之瓦当遗物，上有"鼎胡宫延寿"等字

22　参见刘敦桢《中国古代建筑史》第73页。

纹。这些瓦当文字，往往带有祈告、祝福的文化意义，其文字书写风格浑朴有力，颇具汉风。

其四，梁思成先生说，"建筑雕饰可分为三大类，雕刻、绘画及镶嵌。四川石阙斗栱间之人兽，阙身之四神，枋角之角神，及墓门上各种鱼兽人物之浮雕，属于第一类。绘画装饰，史籍所载甚多，石室内壁之'画像'，殆即以雕刻代表绘画者，其图案与色彩，则于出土漆器上可略得其印象。至于第三类则如古籍所谓'饰以黄金钉，函蓝田璧，明珠翠羽'之类，以金玉珍异为饰者也"。[23]这里所说的绘画，值得注意。中国古代建筑壁画始于殷商，以后西周与春秋战国的重要建筑上多绘壁画，当然，这些都是根据文字记载，比如，《礼记》："棁画侏儒。"《周官》："以獤鬼神祇。"《礼记》"楹：天子丹，诸侯黝，大夫苍，士黈"等等，其实物尚有待考古发现。而在陕西咸阳市东窑店秦都三号宫殿遗址发掘中，发现了未被当年楚霸王项羽烧毁的秦代壁画遗存，其形象造型近大远小、线条自由灵活，生动传神，富于动感。这与汉代那种具有飞动之美风格的建筑壁画在文化意识上有相通之处。比如，由汉景帝子鲁恭王所建的灵光殿，故址在山东曲阜县东，汉王延寿写《鲁灵光殿赋》称，"初，恭王始都下国，好治宫室，遂因鲁僖基兆而建焉。遭汉中微，盗贼奔突，自西京未央建章之殿，皆见隳坏，而灵光岿然独存"。[24]灵光殿的内部装饰，"不但有碧绿的莲蓬和水草等装饰，尤其有许多飞动的动物形象：有飞腾的龙，有愤怒的奔兽，有红颜色

23 《梁思成文集》第 3 卷第 39 页。
24 《文选·鲁灵光殿赋序》。

的鸟雀，有张着翅膀的凤凰，有转来转去的蛇，有伸着颈子的白鹿，有伏在那里的小兔子，有抓着椽在互相追逐的猿猴，还有一个黑颜色的熊，背着一个东西，蹲在那里，吐着舌头。不但有动物，还有人：一群胡人，带着愁苦的样子，眼神憔悴，面对面跪在屋架的某一个危险的地方。上面则有神仙、玉女、'忽瞟眇以响象，若鬼神之仿佛'。"[25] 可谓"图画天地，品类群生，杂物奇怪，山神海灵，写载其状，托之丹青，千变万化，事各胶形，随色象类，曲得其情"。[26] 这里所描绘的，是一个飞动的动物世界，其动态之美趣，反映秦汉之际社会生活的飞跃发展，也是社会文化情绪节奏加快的表现。

总之，秦汉之际的中国古代建筑装饰文化，带有博大、疏朗、明丽的特色。这种文化特色，用汉代建筑装饰的一种所谓"冏"形图案可作比喻，这种"冏"形图案，由圆冏和方冏两种基本图形组成，它是太阳光的象征，所谓"见日之光，天下大明"也。是的，秦汉之际的建筑装饰文化，可以说是整个中国古代建筑文化的"明朗的早晨"。

到了魏晋南北朝，佛教的传入，与中国本土传统文化相荡激，给中国古代建筑装饰注入了新鲜血液。莲花、飞天、火焰等佛教名物以及卷草、狮子、金翅鸟等纹样，打开了东方中土建筑关于装饰文化的眼界，题材扩大了、语汇丰富了，异样的装饰"音调"、特殊的文化心理内容，在惊讶的东方面前激起了心灵的波澜。虽然佛教文化与中国传统文化曾经发生过剧烈纷争，在这种历史与民族文

25　宗白华《美学散步》第 53—54 页。

26　王延寿《鲁灵光殿赋》。

化的争斗中，两者相互得到了改造与滋养。

比如莲花，早在周代，不少青铜器与陶器上，就常有关于莲花形象的装饰性图案，说明那时人们已在对莲花加以审美。佛教的入传，作为佛的象征，使莲花成了魏晋南北朝最常见的佛教建筑的装饰题材，在柱础、柱身、柱头每以莲瓣作装饰，石窟的顶部，屡以莲花藻井为美观，佛塔的须弥座，亦时以仰莲之形为造型，至于在以佛陀本生、佛教史迹、描绘西方净界为题材的石窟壁画中，莲花形象就更为夺目，所有这一切，说明莲花装饰的文化意义既在于崇拜，又在于审美，既是人心对佛国热烈焦灼的精神皈依，又是灵魂对世俗冷静喜悦的留恋难舍，是崇拜与审美既酸涩又甜蜜的"二重奏"。

中国古代佛教建筑装饰中，关于飞天的形象不乏鲜见。飞天者，佛教所谓散花天女也。其飞行虚空，以天花散诸菩萨，悉皆坠落，此所谓"天花乱坠"。然而，当天花散在佛大弟子身上时，却着身而不再坠落，此所谓凡思未尽、沾花有意也。因此，佛教之飞天是静修、虚妄、出尽尘俗的象征，但魏晋以降建筑装饰的飞天形象，却被描绘得线条十分流畅，形相优美娇好甚或富于肉感，一副凡胎之相。实在可以说，经过中国传统文化观念改造过的飞天形象，也是孽根未除、着花不坠的一个有趣角色，它反映了主要由重现实、重理性的儒家思想所熏陶的中华民族对佛的膜拜，不免总是有点"三心二意"的。

魏晋南北朝建筑装饰中火焰纹的出现也因佛教入传而起。在云冈或龙门石窟建筑中，一些壁画或佛座背后均绘以火焰纹。其文化意义在于象征佛的禅定入灭。火焰者，光明之源。佛教有所谓火一切处，火天、火光定、火光三昧、火宅、火坑、火焚地狱以及火聚佛顶等等说法，认为佛菩萨行道时，皆以如是之慧火，焚烧一切之心垢，而燃正法之光明。难怪佛陀及佛徒每以焚化遗体而成舍利（即骨烬）、如此钟情于火了。然而，作为建筑装饰形象的火焰纹，却并非佛教教义的简单演绎，在众多不信佛教的人们面前，其佛性意味常常被忽略了，而可能激起人们对世俗生活中"火"的联想，因其热烈、光明的生动形象而每每给人以美感。

除此以外，随着佛教文化东来，希腊、波斯等装饰文化也有进入中土的。梁思成先生说："佛教传入中国，在建筑上最显著而久远之影响，不在建筑本身之基本结构，而在雕饰。"[27] 又说："云冈石刻中装饰花纹种类奇多，什九为外国传入之母题，其中希腊、波斯纹样，经犍陀罗输入者尤多，尤以回折之卷草、根本为西方花样。不见于中国周汉各纹饰中。中国后世最通用之卷草，西番草、西番莲等等，均导源于希腊 Acanthus 叶者也。"[28] 所言极是。以南北朝时云冈第六石窟壁画之卷草纹、南京梁萧景墓碑与西善桥南朝墓砖所刻之卷草纹为例，其线条造型的流畅、娟丽与模式化具有丰富的美感与装饰性。当然，这种装饰文化的入传中土，也有一个消化过程，始则粗犷、略具稚气，终而显得雄浑而俏丽，刚劲与柔和相兼。如早期云冈石窟之卷草纹饰线条粗壮而不够流畅，而后期河北响堂山石窟之卷草纹饰线条就显得十分秀丽、含蓄而富于艺术性了。

---

27 《梁思成文集（三）》第 58 页。
28 《梁思成文集（三）》第 58 页。

　　同时，在麦积山、龙门古阳洞以及云冈石窟的石刻艺术或壁画装饰中，亦常有狮子雄健的身影与金翅鸟翩翩的舞姿，这些波斯、希腊纹样带着异族艺术风情而邀人青眼，说明凡是真正的美与艺术，具有超越民族与时代的心理同构性。中国古代的文化意识中，由于狮子形象丰富的象征意义而对这种古兽艺术一往情深，作为建筑装饰的狮子形象名目繁多，垂脊狮、檐角狮、挂落狮、窗框狮、栏干狮、门楣狮以及牌楼狮、华表狮、望柱狮、影壁狮、桥柱狮、陵墓狮等等千姿百态，其造型浑健和谐，动感强烈，似在旷野或建筑物高处腾跃、嘶吼，富于艺术魅力，充分显现出中华民族善于吸收外来文化之精华的审美热忱。

　　这一时期还输入了希腊的古典柱式，比如云冈有以两卷耳为文化特征的佛龛柱，这无疑是希腊爱奥尼柱式的东移。爱奥尼柱式作为建筑的立柱形式，因为是女性人体美的抽象象征而具有装饰意义。体型修长，以柱础、柱体不刻纵直槽纹，柱头以涡卷为鲜明特征，好似女子额发，软软地披在额头，整个立柱形象，象征女性人体的娇美柔和。当然，由于魏晋南北朝时代一般尚不具备容纳与传布这种希腊建筑文化的文化气候与土壤，这种柱式仅在中土偶一为之、昙花一现，不久便销声匿迹。直到近代鸦片战争割地赔款，在通商口岸上海等地的西洋建筑上，才又与象征男性人体美的陶立克柱式一起重放异彩。

　　不过话又得说回来，魏晋时代，之所以毕竟有象征人体美的希腊爱奥尼柱式在石窟中偶然出现，又是与当时的文化风尚尤其是时代审美意识不无一点关系的。此时经学一度衰微、玄学大盛；同时战乱迭起、民不聊生，封建士大夫的内心苦闷与日俱增，这促成了变积极入世的人生态度为消极遁世，哲学上崇尚以"无"为本的玄学；行为上蔑视权贵、笑傲王侯、寄情山水、放浪形骸，这促成了对自然美的追求，表现在艺术创作中便是向往自然美的山水诗文的兴起与园林的建造，同时，还有对人体这种特殊自然美隐隐的发现，此所谓人物品藻、魏晋风度也。这一点，《世说新语》一书记载甚多："时人目王右军，飘如游云，矫若惊龙"。"海西时，诸公每朝，朝堂犹暗。唯会稽王来，轩轩如朝霞举"。"时人目夏侯太初，朗朗如日月之入怀"。"嵇康身长七尺八寸，风姿特秀。"见者叹曰："萧萧肃肃，爽朗清举"。或云："肃肃如松下风，高而徐引"。山公曰："嵇叔夜之为人也，岩岩若孤松之独立"。[29] 这里所记，指人物的仪表、服饰、气质、风度等等，自然也包括人体美在内。因此，正由于这种时代文化情绪，才使得当时希腊爱奥尼柱式在中土建筑文化中占有一席之地。

隋唐五代尤其唐代的建筑装饰，以其成熟的文化特征与此时的整个建筑文化发展取同一态势。唐代的建筑文化风格雄浑而不呆板、丰富而不繁琐，兼收并蓄，蔚为大观。尤其盛唐艺术，基调高亢、情绪乐观、气魄雄伟、风度潇洒。李白的啸吟浩歌，张旭的笔走龙蛇以及杜诗韩文颜体吴画，一般地代表了盛唐特色。苏轼认为，"故诗至于杜子美，文至于韩退之，书至于颜鲁公，画至于吴道子，而古今之变天下之能事矣。"[30] 此说虽不免有点绝对，却也指明了唐代艺术处于顶峰的成熟特征。

---

29 《世说新语·容止》。

30 《东坡题跋》。

　　建筑装饰亦然。比如，唐代建筑斗栱形制多祥，据梁思成先生说，有所谓一斗、把头绞项作（一斗三升）、双杪单栱、人字形及心柱补间铺作、双杪双下昂及四杪偷心等多种型式。佛光寺大殿的斗栱结构合理、技术高超，颇富美感，说明技术上的长进带来艺术上的丰采。并且，诸多宫殿、府邸、民居、陵寝建筑上的不同斗栱样式，被赋予了不同的伦理象征意义，这是封建等级文化观念的写照。

　　随着佛教的隆盛空前，作为"佛花"的莲花装饰向四处"漫溢"，诸多佛教建筑，比如唐代敦煌石窟的藻井、西安大雁塔的门楣柱础以及五台山佛光寺大殿的柱础等，均为莲花造型，而且在一些非佛教建筑上也时见莲花纹饰，甚至在一些宫殿遗址上，也发现有莲花形柱础，此之所谓莲花象征佛性、佛性融渗于世俗情绪，实际上如果佛性即人性，便无所谓佛性了。这一点恰好说明，正如禅宗，唐代佛教走向世俗，既为中国佛教之巅，亦是其衰微的开始。

　　壁画在唐代建筑装饰中尤为灿烂。吴道子、张孝师、卢棱迦、尹琳等都是画壁高手。比如关于吴道子，张彦远《历代名画记》所记甚多，常为地狱变。如洛阳荐福寺"净土院门外两边，吴画神鬼。南边神头上龙为妙。西廊菩提院，吴画维摩诘本行变"。"西南院佛殿内东壁及廊下行僧，并吴画"、"东廊从南第三院小殿柱间吴画禅"。慈恩寺"南北两间及两门，吴画，并自题"。龙兴观"大门内吴画神"、"殿内东壁，吴画明真经变"。资圣寺"南北面吴画高僧"。兴唐寺，"三门楼下，吴画神"、"殿轩廊东面南壁，吴画"、"院内次北廊向东，塔院内西壁，吴画金刚变"、"次南廊，吴画金刚经变及郗后等"、"小殿内，吴画神，菩萨、帝释，西壁西方变，亦吴画"。菩提寺，"佛殿内东西壁，吴画神鬼"、"壁内东、西、北壁，并吴画"。景公寺，"东廊南间东门南壁画行僧，转目视人，中门之东，吴画地狱"、"西门内西壁，吴画帝释并题次，南廊吴画"。[31] 还有安国寺，咸宜观，千福寺，温国寺等等，仅出自吴道子之手的壁画已几乎不胜枚举，而且张彦远这里所记的，仅是会昌五年灭佛毁折后的遗存，由此可见唐代壁画之盛况。而敦煌石窟之唐代壁画，其数量当更为可观。

同时，建筑装饰纹样不同于唐以前者，是多种纹饰在同一图案的融合。比如，西安杨执一墓墓门额楣的卷章凤纹，是外来之卷草与中土传统之凤纹的和谐统一，杨执一夫人墓的狮鹿卷草纹，也是中西合璧，天衣无缝，其美可羡；而慧坚禅师碑侧的海石榴凤纹饰，线条之流畅活泼、布局之疏密有致、造型之娟丽精湛，可谓杰作。这里所表现出来的中外文化的交融，显示出中国古代最强盛的唐代那神"吞吐日月"般的文化气概。至于作为纹饰的飞天形象，具有体态丰腴、性格开朗明丽，面容娇好的世俗相，犹如吴道子笔下的地狱变相，虽然狞怖之相未除，却也一般地显出人气，线条粗犷、飘逸流畅。

到了宋代，唐风为之一变。建筑装饰正如整个时代的文化思想与艺术风格渐渐趋向于"女性"化、精致化一样，阴柔之美代替了阳刚之美。比如在建筑彩绘作品中，柔和的曲线、细细的笔触、小小的花纹、轻轻的点染，似乎一切都应当"小心翼翼"的样子，关于这一点，只要去欣赏一下《营造法式》中留给后人的彩画纹样即

---

31   张彦远《历代名画记·记两京外州寺观画壁》。

可明了。宋代绘画趋向风格细腻、糯化、工笔化，尤其院体，讲究所谓"孔雀升高必举左"之类的细节的真实，这一点反映到建筑装饰上，便是花鸟题材的大量采用，文笔秀逸，悦人倦眼，慢绘慎写，精雕细刻。建筑的多种构件与饰件尽量避免生硬的直线与简单的弧线，普遍使用卷杀之法。瓦饰之"吻"以凤喙形为多见，即使以兽头为瓦饰，由于"笔触"的追求细腻，也少了几分张牙舞爪的"野性"。又比如陵墓前之石狮，其腾跃、嘶吼之态少了，显得颇为安静与"文雅"。

这并不等于说，宋代的建筑装饰没有飞速的进步，实际上，由于宋代《营造法式》一书的颁行，这种建筑科学理论与建筑伦理的影响，使建筑装饰与结构在一定程度上达到了统一。《营造法式》对石作、砖作、小木作、彩画作等加以详细的条文与图样规定，使这一历史时代的建筑装饰的艺术加工比唐代更加注意周到，比如对梁、柱、斗栱、门、窗以及室内家具、建筑装修的加工，在认真考虑其结构的科学合理性之时，也注意力求使它更艺术化。

总之，由于宋代国力较为衰弱，内忧外扰，朝野不得安宁，内心的焦躁不安需要平衡，于是，建筑装饰的艺术形象趋于静态，与汉唐盛世尚雄放的风格不同，建筑装饰趋于小型化、纤细化，但不乏明丽、灿烂的特点，并且，由于《营造法式》的规范，作为其消极影响，便是使建筑装饰渐渐走向模式化，活脱脱的生命之气减弱了，出现了一点匠气。宋代的建筑装饰风格，一定程度上反映了中华民族此时心理情绪上的"收缩"与"内向"。

元、明、清尤其清代处于整个中国封建社会的后期、末期，建筑装饰的发展历史也于此作一终结。元蒙入主中原、欧亚横跨，一时多少英伟。于是大兴营事，装饰之美，实难尽述。比如元大都，鳞次栉比，巍巍一城，可谓奇观。其"壮丽富瞻，世人布置之良，诚无逾于此者。顶上之瓦，皆红黄绿蓝及其他诸色，上涂以釉，光泽灿烂，犹如水晶，致使远处亦见此宫光辉，应知其顶坚固可以久存不坏"。[32]

明初营事颇尚简朴。朱元璋兵起民间，定天下而首都金陵，建六宫"皆朴素不为雕饰"，[33]"时有言瑞州文石可甃地者，太祖曰：'敦崇俭朴，犹恐习于奢华，尔乃导予奢丽乎？'"[34] 当然，这种简朴是相对而言的。至明成祖迁都北平，大事营造，穷奢极华，为笔墨所无法形容，直至清代，其势未减。

总的说来，这一历史时期的建筑装饰渐趋"老化"。官式建筑斗栱的比例缩小，出檐深度减弱，立柱愈发细长，梁、枋显得沉重，屋顶柔和的曲线轮廓也渐渐消失了，整个建筑形象在稳重、严谨之中显得拘谨与沉重。这种建筑的标准化与定型化严重地影响了建筑装饰的美学性格，无论须弥座、门窗、栏杆、屋瓦上的装饰花纹都在走向繁琐、拘谨甚至僵直，失去了活泼清丽的风韵。比如瓦饰之制，宋代称为鸱尾者，即清之鸱吻，以其外形略如鸱尾而得名，又名蚩尾，古人认为蚩尾乃水精，能避火灾，故以为建筑之装饰。这种"驱火"的装饰构件造型，原有生趣之尾形，至清代却变为方形之上卷起圆形之硬拙形态，虽然这是几何概念与观念对建筑装饰的渗透，反映出对理性之美的追求。不过，由于其形笨拙，妨

---

32 《马可波罗行记》。
33 《明太祖实录》。
34 《明史·舆服志》。

碍了人们对自然天趣的丰富联想与人情味的宣泄而缺少美感。

因此，正如梁思成先生所说："明清雕刻装饰，除用于屋顶瓦饰者外，多用于阶基，须弥座，勾栏，石牌坊，华表，碑碣，石狮，亦为施用雕刻之处。太和殿石陛及勾栏、踏道、御路，皆雕作龙凤狮子云水等纹。殿阶基须弥座上下作莲瓣，束腰则饰以飘带纹。雕刻之功，虽极精美，然均极端程式化，艺术造诣，不足与唐、宋雕刻相提并论也。"[35] 其实，这一历史时期的其他型类的建筑装饰，似亦应作如是观。

第二节 "错采"与"白贲"

建筑装饰，具有两重性。就其装饰本身而言，有形式与内容的关系问题，线条、块面、色彩、结构、形体等形式因素总是为一定的内容所决定的，并且反映一定的社会生活内容；就建筑装饰与建筑物的关系而言，又有形式与内容的关系问题，壁画、彩绘、楹联、雕刻品等等附丽于建筑或安排在建筑环境中，它们具有装饰建筑的意义。如果说，建筑物本身是整个建筑文化的内容的话，那么，建筑装饰就是这种文化的形式因素，正如中国古代，这种建筑文化的形式与内容的关系，可以看成是文与质的关系一样。

本文论述的主要是第二种情况。

这就涉及到"文"与中国古代建筑装饰的一般文化特性。

关于"文"的观念与概念，《周易》下过一个定义，简单而颇

---

35 《梁思成文集》第 3 卷第 266 页。

具美学深意，即所谓"物相杂，故曰文"。[36] 世间万物，性相各各不同，是一种"杂"的存在，丰富复杂，不可穷尽，这便是客观万事万物的"文"。"物一无文"，[37] 因"杂"而成"文"也。"文"是普遍存在的，不用说，自然本在的江河、大地、日月、星辰等一切自然现象，具"文"之特性；人工造就的一切物质文明与精神文明现象，亦具有"文"的特性。"浓云震雷、奇木怪石，皆文也"。[38] "布帛菽粟，文也；珠玉锦绣，亦文也"。[39] 前者是自然之"文"，称"天文"，后者为人工之"文"，称"人文"。

凡"文"，其性在"相杂"。然而其"杂"，并非杂乱无章，而是有条不紊的。在《周易》看来，无论自然界、抑或人类社会之"文"，莫不如此，这便是"文"与"文"之间在"对立"、"对待"关系中的和谐统一；并且，在"天文"与"人文"之间，也是和谐统一的，此之所谓"天人合一"。《周易》卦象就显示了这一美学特质，试看其六十四卦，据说涵盖"天文"、"人文"之一切差异流变，虽至杂无比、其动无限，却显得整齐划一、井井有序，"参伍以变，错综其数，通其变，遂成天地之文"、"言天下之至颐而不可恶也，言天下之至动而不可乱也"。[40]《周易》卦象作为一种"人文"现象，其本身的形式与内容之间是和谐统一的，同时，它又反映出"天文"的形式与内容之间的和谐统一。

这就涉及到文与质的相互关系问题了。儒家认为，文质关系也

---

36 《易传·系辞下》。

37 《国语·郑语》。

38 张怀瑾《文字论》。

39 袁枚《答友人论文第二书》。

40 《易传·系辞上》。

应和谐一致。"子曰：'质胜文则野，文胜质则史'。文质彬彬，然后君子"。[41] 这是说，"君子"的内在道德品藻（质）与外在风度、举止、文饰（文）应当统一，所谓表里与内外一致。倘外表缺乏一定的文饰，这是"质胜文"，人就显得粗野无礼；倘外表过于华饰，这是"文胜质"，人就显得浮华无度，都不是"君子"之风。儒学讲究"绳墨规矩"，"绳墨诚陈矣，则不可欺以曲直；衡诚县矣，则不可欺以轻重；规矩诚设矣，则不可欺以方圆，君子审于礼，则不可欺以诈伪。故绳者直之至，衡者平之至，规矩者方圆之至，礼者人道之极也"。[42] 儒家之"礼"，在儒家看来，也是人内在的生命需求与外在的伦理强制的统一。这种强制性的礼，在我们看来是强制，在儒家看来，恰恰是人内在生命的自觉要求，为生活之须臾不能离开。

汉代扬雄《法言》，站在儒家立场，将人外部的"威仪文辞"释为"文"；将人内在的"德行忠信"称为"质"，反对有"质"无"文"或有"文"无"质"。并且在《太玄经》中，将充满伦理说教的"文"、"质"相副说，提高到宇宙论的哲学高度，认为宇宙本根在于所谓的"太玄"、"太玄"生阴阳，"阴敛其质，阳散其文，文质班班，万物粲然"。[43] 这就将"文"、"质"统一，就成是阴阳本有的调和了。

以上所述，对这里所探讨的中国古代建筑装饰的美学性格有何联系与启发呢？

---

41 《论语·雍也》。

42 《荀子·礼论》。

43 扬雄《太玄经》。

中国古代建筑装饰以"文"、"质"和谐为最高审美理想。大凡古代建筑，要不要装饰，以及装饰些什么、装饰到何等程度，其所掌握的文化尺度，往往在于礼制。就是说，建筑装饰的文化主题、规格、品位等等，常常因伦理规范过多，受到过于严厉的制约。比如，关于龙的装饰图案，一定也只能出现在皇家的都城、宫殿、坛庙、陵寝等建筑上，或者出现在与歌颂王权思想有关的建筑上。明清北京故宫太和殿的盘龙金柱，显示皇家气象；九龙壁的龙象腾跃飞舞，壮伟无比；山东曲阜孔庙大成殿正面十柱雕盘龙，生动传神，殿内为楠木天花错金装龙柱，中央藻井亦以蟠龙含珠纹饰，充分显现出这座古代建筑的特殊的文化属性。又如明清建筑的用色，以黄色为最显贵，其下以赤、绿、青、蓝、黑、灰为次。宫殿的专色是黄、赤，难怪故宫的色彩如此一律，而黑、灰、白是民居的专用色，这与前者的文化对比实在太强烈触目了。至于彩画装饰的题材，自是以龙凤为至尊，锦缎几何纹样次之。为了保持宫殿建筑室内的严厉、肃穆的文化氛围，花卉陈设常被排除在外。彩绘材料中用金的多少，也显示出森严的等级观念，如清代的等级次序为：和玺、金琢墨石碾玉、烟琢墨石碾玉、金线大点金、墨线大点金、墨线小点金、鸦伍墨等。[44]

何以至此？意在"文"、"质"相符。从某种意义上说，建筑装饰是建筑物的"文"；一定建筑物的物质性功能与精神性功能，尤其一定建筑物的主人的身份地位，是一定建筑装饰的"质"，"文"是由"质"所决定的；"质"靠"文"来表现。"文"、"质"相配，

---

44 《中国建筑史》第64页。

灿然有"美"。倘若相反，则如"鸿文无范，恣意往也"。[45]"女恶华丹之乱窈窕也，书恶淫辞之湨法度也"。[46]实不可取。这就难怪中国古代建筑文化史上，一般没有像西方古代巴洛克、洛可可那样的夸饰现象了。

追求"文"、"质"相符境界的中国古代建筑装饰，一般呈现出"错采"或"白贲"两种基本美学风韵。

所谓"错采"，即"铺锦列绣、雕缋满眼"、"错采镂金"之美，绚烂耀目之美，文学史上的楚辞、汉赋、六朝骈文，工艺美术上的楚国的图案以及表现在皇家宫殿、坛庙、陵寝建筑上的华丽的装饰，都可发见其灼人的光辉。这种文化之美的风格情调，在儒家思想影响民族文化心灵之前，已见端倪，但不可否认，主张积极人为的儒家思想一旦严重影响建筑文化，便如火上浇油，成灿烂文章。荀子认为，"不全不粹之不足之为美"，换言之，又全又粹才为美。儒家相信，通过人为，一定能达到这一美的境界。性伪则美。性，即人之本质与本性，本来不美，通过"伪"的途径，性就美了。伪者，人为也，性需经过人为改造，才得入于美的境界。或者可以将这里所说的性理解为客观事物的"质"，按儒家观点，只有对一定建筑的"质"加以文饰，才能创造出符合儒家审美理想的建筑美。于是，无论宫殿、坛庙、陵寝，一般都以奢华为能事，用材最精、造价最费、尺度最大、装修最为讲究。别的暂且不说，明太祖朱元璋建孝陵，至今在南京麒麟门外阳山，遗有三块当年无法搬

45　扬雄《法言》。
46　扬雄《太玄经》。

运的石碑坯料，碑身长 60 米，宽 12.5 米，厚 44 米，体积达 3300立方米，重 8900 吨，碑座和碑顶分别重为 4000 吨和 4800 吨，为何如此尚大？石碑是陵寝建筑的装饰，重"文"、重饰也。又，口说薄葬的唐太宗，却将王羲之的《兰亭序》真迹墨宝作为随葬品；又，汉之霍去病墓虽非皇族之墓，但墓前石刻现存 41 件，有初起马、卧马、卧虎、小卧象、卧牛、卧猪、龟、鱼、蛙、胡人、怪兽食羊、力士抱熊、马踏匈奴等多种多样，就每件石刻作品的艺术风格而言，虽非绚丽过甚，但诸多石刻作为墓前饰物，却是"错采镂金"式的；甚至，有的帝王陵寝以活生生的宫妃美女作为陪葬，这种"错采"装饰，实在太残酷了。

再就中国古塔为例，塔一般为佛教名物，以宣扬般若空观为上，但也不同程度地受到"有为"哲学的濡染。比如，明成祖为报其母硕妃的养育之恩，特起塔名南京金陵大报恩寺琉璃宝塔。其塔外壁以百瓷砖砌成，每块瓷砖中部塑一佛像。每层用砖数相等，但塔的体量自下而上逐层收小，就是说每层砖的尺寸也要缩小。每层塔檐盖瓦和栱门上装饰以大鹏、金翅鸟、龙凤、狮子、大象、童男等形象，第一层的栱门之间嵌砌了白石雕刻的四大天王像，塔刹作相轮九重，其最大圆周 36 尺，共重 3600 斤，须弥座以莲花为纹饰，相轮之刹顶饰以 2000 两重的黄金宝珠，全塔饰以风铃 152 个，塔之顶部与地宫里，还藏有夜明珠、避水珠、避火珠、避风珠与宝石珠各一颗，雄黄 100 斤，茶叶 100 斤，黄金 4000 两，白银 1000两，永乐钱 1000 串，黄缎 2 匹、《地藏经》1 部，塔上置油灯 146盏，其灯芯直径为 1 寸，特选派 100 余童男日夜添油点灯，费油

64斤，号称"长明"。[47] 又，浙江义乌铁塔遍体雕饰，就连角柱亦满布卷草花纹，卷草纹中，铸塑童稚形象，嬉耍顽皮，其纹饰可谓"铺天盖地"，精美绝伦。[48] 又，花塔的文化特征，便是在塔之上半身满铺无数繁复的花饰，形似花束，巨大的莲花、密布的佛龛、佛像、菩萨、天王、力士、神人以及狮、象、龙、鱼等装饰，简直无以复加。[49] 这种"错采"之"美"，其实与寂静无为的佛教教义相去甚远，在艺术上也颇多匠气，留下人为的斧凿之痕。

另一种建筑装饰之美便是《易经》所谓"白贲"，即绚烂之极归于平淡的美。

贲，其卦象为☶☲，由内卦（下卦）"离"与外卦（上卦）"艮"构成，"离"即"火"，"艮"即"山"，贲卦的象征意义为"山下有火"。夜晚山下之火光映照着山上之草木，其美无以尽述。火以山为"体"，山以火为"饰"，故古人云，"贲者，饰也"。[50] "山下有火，文相照也。夫山之为体，层峰峻岭，峭巇参差，直置其形，已如雕饰，复加火照，弥见文章，贲之象也"。[51] 因此，贲，象征灼人的绚烂之美，实际上指的是"错采"之美。

而白贲，是从对贲卦卦象的解释中得来的一个美学范畴，所谓"上九，白贲，无咎"。[52] 依卦象，贲之"上九"已是贲卦的极点，一切文饰，发展到极端绚烂又复归于平淡素朴，因此称为"白

47　参见《中国古塔》。

48　参见《中国古塔》。

49　参见《中国古塔》。

50　《易传·序卦》。

51　李鼎祚《周易集解》。

52　《易传·贲》。

贲"，正如当礼法达于极致，又恢复到素朴一样，因而"无咎"。整个贲卦，易学家将其阐释为礼仪的原则，认为其意在，"为建立与维持秩序，刑罚是不得已的手段；因而，制订文明的礼仪，规范个人的分际，成为不可少的文饰。然而，一切人为的文饰，应当恰如其分，重内涵的实质、实际的效用而不在外表的形式。应当高尚而不流于粗俗。不可被外表的形式迷惑，不可因一时得失动摇，不可因虚荣而铺张，陷入繁琐，失去意义。应当领悟，一切文饰都是空虚的道理，惟有重实质，有内涵的朴实面目，才是文饰的极致"。[53]这是说的作为文饰的礼仪，其实一切文饰其中包括建筑装饰的"原则"莫不如此。

中国古代建筑装饰所追求的最高审美境界，以"文"、"质"相谐为基础的在"错采"之上的"白贲"。"白贲"是一种本色之美，返朴归真的美。"孔子曰，'贲，非正色也，是以叹之'"，"吾闻之，丹漆不文，白玉不雕，宝珠不饰。何也？质有余者，不受饰也"。[54]故"衣锦褧文，恶文太章，贲象穷白，贵乎反本"。[55]这种美学见解，似乎是从贲卦之卦象中分析得来的，"白贲占于贲之上爻，乃知品居极上之文，只是本色"。[56]其实是古人先有了这一美学见解，才拿去给贲之上爻作文字注解。

不过，"绚烂之极，归于平淡"的"白贲"之美，在中国传统文化的美学思想中，其地位确实比"错采"之美高。文学中谢灵运

---

53 孙振声《白话易经》第 196 页。

54 刘向《说苑》。

55 刘勰《文心雕龙》。

56 刘熙载《艺概》。

的山水诗，陶渊明的田园诗以及王维的禅诗，其崇高的文学地位是众所周知的。李白诗境的飘逸自然，如"芙蓉出水"，是一种不见人工斧痕的"白贲"之美。水墨山水画的无穷意境在于"无色中求色"。"水本非色，而色自丰；色中求色，不如无色中求色"。[57] 这文化观念中的美学至理适于水墨山水画，对于江南古代园林而言，也是契合的。倘以古代皇家园林建筑与江南文人园林建筑比较，一般而言，一在"错采"，一在"白贲"。白墙、灰瓦、静水、碧树、翠竹、湖石，是一种平淡质朴的美。明顾大典《谐赏园记》，"大抵吾园台榭池馆，无伟丽之观、雕彩之饰、珍奇之玩，而惟木石为最古。木之大者数围，小者合抱，茏葱蓓峭，邈若林麓。石之高者袅藤萝，卑者蚀苔藓，苍然而泽，不露迭痕"。[58] 苏州网师园其初主要建筑仅围绕水景及西北侧"殿春簃"、"冷泉亭"两处建造，园中建筑风格平朴如江南民居，不尚奢华，很切合"网师"之文化主题，后人给网师园增添了不少建筑，着意文饰，故陈从周先生认为这有点违背"白贲"之本色了，不愧为高见。苏州拙政园占地面积较大，水面占三分之一，使相当部分园景清空寥廓，有悠然疏朗之感，据倪祥保《试论苏州三大名园的立意和置景》一文引《苏州府志》，拙政园"凡前此数人居之者，皆承拙政园之旧，自永宁始，易置立塈，益以崇高雕镂，盖非复《园记》诗赋之云云矣"。（《园记》为文征明作）可见，拙政园初筑景致必不崇高，少雕镂，以象村里。"拙政"之文化主题显得颇为鲜明。本来，封建社会之文人

57　陈从周《园林谈丛》。

58　《中国历代名园记选注》第 110 页。

学子始则热衷朝堂，似乎前程如锦，雕镂满眼，一旦受阻，被迫退归田园，放逐山林，于是筑园自寄情怀，这种人生道路，倒也颇似从"错采"走向"白贲"了。

封建士子，对建筑之装饰（包括内部装修），往往追求书卷气，亦即追求以雅为审美意蕴的文化氛围。清代李渔云："土木之事，最忌奢靡。匪特庶民之家，当从俭朴，即王公大人，亦当以此为尚。盖居室之制，贵精不贵丽，贵新奇大雅，不贵纤巧烂烂。"[59] 这位著名的戏曲家，也是建筑装饰的行家。他说，比如"书房之壁，最宜潇洒。欲其潇洒，切忌油漆。油漆二物，俗物也……门户窗棂之必须油漆，蔽风雨也。厅柱榱楹之必须油漆，防点污也。若夫书室之内，人迹罕至，阴雨弗浸，无此二患而亦蹈此辙，是无刻不在桐腥漆气之中"。又说："石灰垩壁，磨使极光，上着也。其次则用纸糊，纸糊可使屋柱窗楹，共为一色。即壁用灰垩，柱上亦须纸糊，纸色与灰，相去不远耳。壁间书画，自不可少，然粘贴太繁，不留余地，亦是文人俗态。天下万物，以少为贵（注：这简直是西方现代主义建筑所谓"少就是多"这一建筑美学主张的先声了）。步幛非不佳，所贵在偶尔一见……看到繁缛处，有不生厌倦者哉。"[60] 由此可见其对"白贲"之美的领悟。

59　李渔《一家言·居室器玩部》。
60　李渔《一家言·居室器玩部》。

附录
风水文化批判:《宅经》《葬书》的导读与今译

理想的住居环境示意图

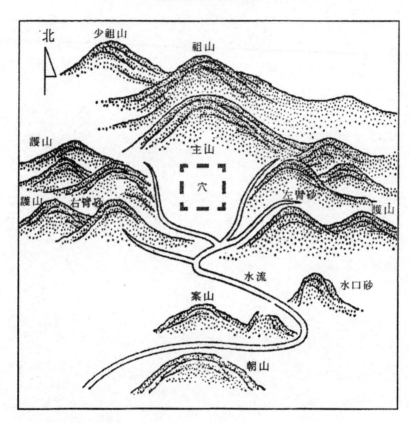

说明：

主山脉由西北一路而来，转折向南，形成主山。

山前方即为穴位，也是盖房子的吉地。

穴位前有水流交会或曲流。

再往前是案山，必须低拱。

再往前是朝山，稍高于案山。

这便是："得水为上，藏风次之"的绝佳风水地。

图片来源：蔡达峰著《历史上的风水术》

目 录

前言　正本清源：理性地解读"风水"

关于风水，学界与民间断言其"科学"者，有之；痛斥其"迷妄"者，亦有之；而更多的，则深感困惑。鉴于此，努力做到正本清源理性地解读风水，做一点力求严谨的学术研究，尤为必要。从而有可能解答一些困惑，平息一些争论，澄清一些问题，获得一些认同。

易理、风水学的人文之原

这一问题，笔者拟从两方面来加以论析。

（一）气的理念，是古代风水学及其风水术的立论之本与人文之原

风水学及其风水术，古代中华所独具的一种命理文化。托名晋代郭璞（276—324）所撰《葬书》云：

> 经曰："气乘风则散，界水则止。"古人聚之使不散，行之使有止，故谓之风水。风水之法，得水为上，藏风次之。[1]

----

1 《葬书·内篇》。

这一风水"定义"，大致揭示古代风水学（术）的文化本蕴，关系到风与水以及风、水之聚散、乘界与行止的命理意义之联系，从"术"角度看，以"得水"为第一，其次是"藏风"，而关键是"气""聚之使不散，行之使有止"；从"学"角度分析，其人文原型是"气"。

《周易》本经有一井卦，卦象为☵，下卦为巽，巽为风；上卦为坎，坎为水。井卦，一个与风水相关的卦象。又有涣卦，卦象☵，上为巽风，下为坎水，亦是一风水结构。涣卦九五爻辞云："王居，无咎。"《易传》发挥爻义云："王居，无咎，正位也。"涣卦九五为阳爻，居上卦中位，为阳爻居于阳位之吉爻，且得中、得正，故筮遇此爻，筮得王者之居恰逢"好风水"。

《易传》明确提出"同声相应，同气相求"这一人文命题，又称"仰以观乎天文，俯以察乎地理，是故知幽明之故"。这里，所谓"同气相求"，是风水学理意义之气，作为风水术本原及其感应；所谓"仰观"、"俯察"云云，本义指风水术意义之"看风水"。

《易传》所言"气"，奠定了古代中华风水学（术）的学理之基。

气，殷墟卜辞写作：☰[2]。其上、下两画像河岸之形，中间一短画，表示此处忽而流涛汹涌、忽而千涸及先民对这一自然现象深感困惑与神秘的心理体验。原始先民智力低下，对河流那种突而汹溢又突而干涸的现象难以理解，迷信有超自然、超人为的神秘感应之力，决定人的生存遭际。

2　董作宾：《殷虚文字甲编》二一〇三，中央研究院历史语言研究所，1948。

这一后代成长为整个中华文化之元范畴的气，自古至今，其字形写法，已经历"三→气→氣→气"这一演替过程。今简体之"气"，实乃古体"气"字之回归。气从始而表示先民所体验的神秘感应力，发展为文化学元范畴与中国哲学、美学的本原、本体范畴之一，给予中华文化、哲学与美学的深巨滋养，非同小可。时见学界研习中国哲学、美学及文学之类，往往囿于哲思或美蕴之域限，未从原始易筮、风水文化看问题，似有探流而舍源之憾。

虽从文本言，殷周之际的《周易》本经（距今约3100年）卦爻辞无"气"字，这不等于在先民的原始易筮中，没有关于神秘之气的领会、认同与敬畏。易筮、算卦之所以"灵验"，不就是先民迷信气之本存及其感应之功的明证吗？

蕴涵于易理的古代风水学（术）的文化理念，无论在形法派还是理气派风水说中，都以气为其人文之原与人文之魂。《宅经》卷上云："是和阴阳者，气也。"《葬书·内篇》："葬者，乘生气也。"[3]都在在说明，气是风水学、风水术的人文之灵魂。而风水"聚气"之说的关键在于，气，"聚之使不散，行之使有止"。大化流行，气韵生动，可谓"好风水"。

《葬书·内篇》有"盖生者，气之聚"之说。学界有人据此以为，风水术所谓"聚气"，首倡于《葬书》。其实，先秦战国《庄子·知北游》早就指出："人之生，气之聚也。聚则为生，散则为死"，"故曰：'通天下一气耳'"。学人研读庄子，习惯性的思路与

---

[3] 《葬书》注云，"生气"者，"故磅礴乎大化，贯通乎品汇，无处无之，而无时不运也"。此乃"一元运行之气"。

理念往往是，既然庄子是道家哲学家，那么其一切言说，便一定是"哲学"而无其他，殊不知庄子此处所言"气"，实由文化学意义之"风水"而提升为哲学。其哲学及其美学的人文基因，起码在某种意义上，是源于原始风水说的。否则，《庄子》的"聚气"说，为什么会与后之《葬书》如此相同呢？而较《庄子》为晚出的《葬书》，说的固然是风水术意义之气，却也特具一定的哲学意蕴。两者是既背反又合一的关系。

《葬书·内篇》关于"盖生者，气之聚"这一风水术命题的反命题是说，"盖死者，气之散"。"气之聚"，生的状态；"气之散"，死的状态。"聚生"而"散死"，这正是《庄子》的气论。《庄子》所谓"通天下一气耳"之本蕴，是说"天下"仅"生"、"死"而已；而"生"、"死"，实际指气之"聚"、"散"，然后，才是一关乎本原、本体的哲学命题。

与此相关，庄子还有人"受命"于"天地"的思想："受命于地，唯松柏独也正，在冬夏青青；受命于天，唯尧舜独也正，在万物之首。"[4] 而命者，人"无所逃于天地之间"[5]。试问是何缘故？因为人之生、死，即"气"之"聚"、"散"，无以逃避，亦无法抗拒。因而，天地之"命"，即"通天下一气耳"的"气"，人对它应有的态度，好比"父母于子，东西南北，唯命是从"。[6] 这里所言"从"，乃适然于时势之义，顺其自然之谓。《庄子》又说："《易》以道阴

---

4 《庄子·德充符》。

5 《庄子·人间世》。

6 《庄子·大宗师》。

阳。"⁷ 就其哲学层面而言，"阴阳"为对偶性范畴，指事物存在、运动之相反相成、互逆互对之两面，即《易传》所谓"一阴一阳之谓道"。从该哲学思想的文化基因来说，阴与阳，本指风水地理与阳光照射的关系，以阳光照射之山的一面为阳，反之则阴，这已具有风水说初始的人文意义。与气论相联系，《庄子》所言"阴阳"，即"死生"、"散聚"。

无论就神秘兮兮的风水术而言，还是在理性葱郁的哲学意义上，其实所谓气，仅在"聚"、"散"之际，它终究是不死的。否则，那还是具有神秘莫测之"感应"或是本原、本体的气吗？诸多古代风水学著述，包括其中最重要的《宅经》、《葬书》，往往都有"无气"或"死气"的提法，对此，未可望文生义，错以为气有"无"、"死"之时。其实古人坚信，气是永恒而不无、不死的。古代风水学（术）意义之气，作为"命"，它首先是具有神秘性的。

这也可从《易传》所言"原始反终，故知死生之说。精气为物，游魂为变"得以旁证。"精气为物"者，气聚为生；"游魂为变"者，气散为死。人之肉身可以衰亡，而气仍"活"着，仅"散"而已。所谓"游魂"者，气之散、肉身亡而气永远不死之谓。

因此，无论所谓"阴宅"、"阳宅"风水术施行之目的，是企图以"得水"、"藏风"方式，让已"散"为"游魂"的所谓"死气"，重新"聚生"于"吉壤"之域，或让"生气"（聚气）永驻人间，以企望"荫庇"于血族后人。这便是前文所引《葬书》"葬者，乘（引者注：随顺、驾驭之义）生气也"和《宅经》卷上所言"宅

---

7 《庄子·天下》。

者"，"阳气抱阴"或"阴气抱阳"的意思。

（二）《周易》八卦方位理念，是古代中华风水学（术）的"理想"模式

《周易》八卦方位，有"先天"、"后天"之分（见图1）。

图 1

先天八卦布局：乾南、坤北、离东、坎西、震东北、巽西南、兑东南、艮西北；后天八卦方位：离南、坎北、震东、兑西、艮东北、坤西南、巽东南、乾西北。这里，读者切不可以为，这两大八卦方位，仅仅体现古人对平面、空间的认知。其实，它们也是时间流程的表达方式，是如封似闭、气韵生动之气的和谐模式。

这两大八卦方位模式，在中国古代都城、乡村、宫殿、寺观、民居与陵墓等一切规划、建筑及环境的风水设计与营造中，都有实际运用。

明清北京紫禁城（现北京故宫），以乾南至坤北为中轴，15华里长，其南门称承天门（现天安门）、北门为厚载门（现地安门）。其平面形制与称谓，无疑源自"先天"的"乾南、坤北"说。《易传》云，"乾为天"、"坤为地"且"地势坤，君子以厚德载物"，故

有"承天"（天安）、"厚载"（地安）之名。明清北京内城四郊设四坛，以供郊祀之需。其南为天坛、北为地坛、东为曰坛、西为月坛，源于"先天"四正卦理念，即乾南、坤北、离东、坎西，依次相应于乾天、坤地、离火（日）与坎水（月）。

比较而言，"后天"比"先天"的风水运用更为广泛。形法派风水术，以西北为龙脉之始、北为主山、东南为水口，有《葬书·外篇》所谓"左为青龙，右为白虎，前为朱雀，后为玄武"，且以案山、朝山为朱雀、以穴前为明堂[8]之说。试问何以如此？

据"后天"布局，西北乾位，《易传》有"乾为父"、"乾为龙"之言，故此为龙脉之始、血族祖脉之原与元气之本。《葬书·内篇》注对此曾大加渲染，称龙脉者，"若水波，若马之驰""若器之贮，若龙若鸾，或腾或盘，禽伏兽蹲，若万乘之尊也"。因而，风水术以"觅龙"为要。龙脉始于西北，是按"后天"而给定的逻辑预设，是对血族祖神之旺盛生殖与生命之气的崇拜与赞美。实际指，始于西北而向北蜿蜒而来之雄伟、葱茏的山的形势。[9]

据"后天"，东南巽与西北乾相应，风水术要求"入山首观水口"，称为"观水"。水口位于东南，自是重要。《易传》云，"巽，入也"，东南为宅之入口。典型的明清北京四合院，四周院墙封闭，仅在宅之东南辟一院门，以供出入，便应在"吉利"的巽位上。大而言之，中华大地西北高而东南低，大江大河，基本自西北（西）

8 明堂，原指古代帝王宣明政教之处，为举行朝会、祭祀、犒赏与选士之所。此为风水术语，指建筑及环境地基之前空地及水域等，古人以为有聚气之功。

9 《葬书·内篇》云："千尺为势，百尺为形。"《葬书·内篇》注："千尺言其远"、"百尺言其近"。从字源看，形字从井从彡，义为阳光照临井田高处而留之影。势字从执从力，指雄性生殖。

流向东南（东），故东南乃"水口"之所在。北京曾为明清古都，其风水地理的所谓"吉利"，不仅其自西北向北绵延之山势磅礴而雄伟，龙脉崇高，而且以天津卫为"水口"。北京背靠的燕山，为主山；前（南）为华北大平原，"明堂"之谓；大平原之东为泰岱（青龙），西有华山（白虎）；前，即南又有嵩山（案山），此合于"后天"坎北、震东、兑西、离南与中位之则。

《易传》称，东"震为龙"，且五方、五行与五色相对应，故东为木为青，"左为青龙"。《易传》又云，"云从龙，风从虎"，龙虎相应，既然"左"（东）为"龙"，则"右"（西）必为"虎"。据考古，距今约六千年的河南濮阳西水坡45号墓出土"龙虎蚌塑"图案。其墓葬制度，于墓主残骸左（东）为龙形塑，右（西）是虎形塑。可见，该风水理念之起源悠古。而据五方、五行与五色对应之说，西为金为白，故"右为白虎"。《易传》又说，南"离为火"，且五色属赤（朱），"雀"（凤）为"四灵"之一，居于南，故"前为朱雀"。朱雀又与玄武对应，北"坎为水"。玄武（蚨龟）属水，五色属黑，故"后为玄武"。

这里有一问题，既然北"坎为水"，玄武属水，为何风水学（术）偏偏以北有主山（靠山）为"吉"呢？因为，按五行相克之理，山之属性为土，"土克水"之故。此正如南"离为火"，不仅此须有案山、朝山，而且应具水系。若无，则须人工挖掘一"汇龙潭"之类。以求所谓"吉利"。此按五行相克之理，"水克火"之故。风水学（术）以气之"和阴阳"为"理想"，北坎水旺，故以土（山）克之；南离火旺，又以水克之。"克"者，和也。

要之，古人笃信明清北京之风水所以"吉利"，乃符契《周易》

八卦方位之故。从"后天"看，正如南宋朱熹云，"冀州好一风水。云中诸山，来龙也。岱岳，青龙也。华山，白虎也。嵩山，案（案山）也。淮南诸山，案外山（朝山）也"[10]。可见，北京被定为明清王朝首都，讲究风水之故。古代风水术，以"觅龙"（寻找龙脉之所在）、"观水"（观照水系位置、流向、大小、清浊、曲直与多寡等）、"察砂"（察看青龙、白虎山的位置、形势）、"点穴"（确立所谓阳宅、阴宅的地理之位，与龙、砂、水等的关系）与"正向"（勘定建筑物"吉利"之朝向），为古代风水术之五要，崇信与遵循所谓龙真、水抱、砂秀、穴的与向正之风水"吉壤"与朴素环境学、生态学的原则。

巫性："畏天"还是"知命"

古代中华风水文化，无疑浸透了命理思想。风水学著述诸多言说，首先都是对神性之"天"及居住环境的崇拜、敬畏、歌颂、感激或无奈、焦虑与恐惧。

《宅经》的人文主题，可从其卷上首句"夫宅者，乃阳阴之枢纽"见出。这里所言"阴阳"，指宅居的所谓阴气、阳气。此具阴阳相和或阴阳失调两大存有方式、形态。无论自然界还是人为环境，从"命"角度看，古人以为都是先定的；无论阴、阳之气相和或失调，均为"天意"。《论语·颜渊》有云："死生有命，富贵在

---

10 《朱文公文集·地理》。引者注：冀州，位于今河北中南部、华北大平野之腹地，属河北衡水地区，北距现北京 300 公里，在古代风水学中，北京、冀州属同一风水地理范围。

天。"董仲舒说："人受命于天也。"[11] 命者，令也，"天令之谓命"。[12] 天之令无可违逆，这便是命。

因而，天人关系既原本相合又原本相分，既合一又悖背。否则，古人为什么会那般虔诚地崇拜天命、或是恶毒地发出对天的诅咒？这里所言天，应当说是神性之天。否则，所谓天，就不能等同于天命。

中华古代的风水文化，充满了对天命意义上的阴阳相合（吉）与阴阳失调（凶）之气的崇信。仅就所谓风水之凶煞而言，让今人尤感其生存的艰难与环境的恶劣。

《宅经》卷上云："再入阴入阳，是名无气。三度重入阴阳，谓之无魂。四入谓无魄。魂魄既无，即家破逃散，子孙绝后也。"意思是，居舍再三再四地阴气过盛而犯阳，阳气过盛而犯阴，阴阳失调，人便无气无魂无魄，家败人亡，断子绝孙。如此耸人听闻、近乎恫吓的迷妄之言，是古代风水文化之典型的崇信天命的思想体现之一。

《宅经》卷上又说，"墓宅俱凶，子孙移乡绝种"，"失地失宫，绝嗣无踪。行求衣食，客死蒿蓬"。《宅经》卷下亦称，"凡修筑垣墙，建造宅宇，土气所冲之方，人家即有灾殃"。而五行之中还有所谓金、木、水、火之气，亦可各有"所冲之方"，可见"灾殃"之多。如此言述，让笃信天命及风水命理之人，惶惶难以终日。而且，《宅经》卷下又将八卦方位的"八方"，共分为"二十四路"，每一方

11　董仲舒：《春秋繁露·天副人数》。

12　《汉书·董仲舒传》。

位为三路，每一路方，或为"刑祸方"（凶），或为"福德方"（吉），且依运而互转，反复阐说所谓天命难违、命里注定的穷、通之理。

《葬书》则热衷于渲染所谓生者死者、生气死气之间的神秘感应。其"内篇"云，"是以铜山西崩，灵钟东应"。对此，《葬书》注有意编说了一则类于神话般的"故事"，来言述风水地理的气的神秘感应。"汉未央宫一日无故钟自鸣。东方朔曰：'必主铜山崩应。'未几，西蜀果奏铜山崩……帝问朔何以知之？对曰：'铜出于山气相感应，犹人受体于父母也。'帝叹曰：'物尚尔，况于人乎？'"本来，西蜀"铜山崩"而未央宫"钟自鸣"，大约是一地震传导现象。但古人执信于天命与命理，断言是物与物之间的神秘感应。这里，东方朔的解说，宗于五行相生之理。其有趣的逻辑是，铜山"山气"属土，未央宫之钟属金，故感应之因，为"土生金"。

可是，如将古代风水学（术），仅仅看做基于天命、命理的一种迷信，又显然欠妥。古人不仅因迷信风水、身心沐于阴阳相和之气而乐其所成，或畏怖于阴阳失调而寝食难安，而且，无论面对何种风水地理，又相信人并非绝对地无能为力、无所作为，相信只要审时度势，就能循天命而就人事，"逢凶化吉"。

《葬书·内篇》云，如人处逆境、遭宅舍风水咎害之时，可"乘其所来，审其所废，择其所相，避其所害，是以君子夺神功而改天命"。《葬书》注引述陈抟之言解说云："圣人执其枢机，秘其妙用，运己之心，行之于世，天命可移，神功可夺，历数可变也。"

这便是说，古人以为，人所遭遇的风水地理虽则可以是凶险的，但此时、此地的风水"生气"依然未灭。因而，人须随顺、驾驭生气的来势，审察煞气的散废，选择阴阳之宅基址的吉善，回避死气的残害，而求生气的再度凝聚。所以，圣人、君子讲究风水之理，可把握神秘的自然造化之功，改移先天之命的安排。古人有时并非绝对地将天命权威放在眼里，也未彻底执迷于命理的系累，确是如此。

这便是古代风水学（术）之中尤为值得关注的所谓"知命"之思。"知命"者，"知"天命、"知"命理之谓也。所谓命理，指人之命运所存有的天命成分。命运是一复合结构，命属先天而运为后天。故"知命"之义，指人企图认知、把握神秘天命，以改移人的后天生存处境。

在古代中华文化史、哲学史上，孔子既有"畏天命"、又具所谓"五十而知天命"[13]之"畏天"、"知命"双兼的思想。"君子有三畏：畏天命，畏大人，畏圣人之言。"[14]又，"樊迟问知。子曰：'务民之义。敬鬼神而远之，可谓知矣'"[15]。孔子对"鬼神"且"敬"且"远"，其实，这也是孔子对待蕴涵"鬼神"、命理意识之风水文化的基本人文态度。孟子心目中的"天"，实指"人性本善"。"尽其心者，知其性也。知其性，则知天矣"。[16]孟子的逻辑是，"尽心"（心灵道德修为）即"知性"，"知性"即"知天"，而"知天"，实乃"知命"。荀子以"人性本恶"为"天"。他从"明于天人之分"说出发，提出"从天而颂之，孰与制天命而用之？"[17]不仅要求"知天命"，而且要"制天命"。《易传》有"乐天知命故不忧"[18]的著名

---

13 《论语·为政》。

14 《论语·季氏》。

15 《论语·雍也》。

16 《孟子·尽心上》。

17 《荀子·天论》。

18 《周易·系辞传》。

命题。意即，无论面对阴阳相合或阴阳失调之气的"天命"，人都因其可"知"而快乐无忧。先秦之后，"畏天"兼"知命"的天人之说，愈加富于人文理性因素。唐柳宗元称，天人"二之而已，其事各行不相预"[19]。意为天人二分，在天的神格面前，人格、人力也是独立而崇高的。刘禹锡则说："天与人交相胜耳。"[20] 意即天人互有胜负。而明代王廷相进而提出，"人定亦能胜天者"[21]。这是说，人比天地万物更优越，更胜一筹。

凡此一切，都为我们思考、认知与评价古代中华风水文化"畏天"兼"知命"思想的真谛，提供了一个可取的人文视角与文化背景。其实，作为传统文化的有机构成与一大另类，风水文化的"畏天"、"知命"说，不过是原始中华文化及其哲学关于天人关系问题的延伸与辐射而已。不妨可将古代风水学看作一个"畏天"（从命）与"知命"（主命）既背反又合一的人文动态结构。它是神性与人性、神格与人格二重、兼具的。在居住问题上，人既听天由命、又可尊天命而有所作为，从而改善人自己的生存环境。在这一结构中，人是一个多么有趣而尴尬的角色：糊涂与清醒同在，迷信同理智并存，委琐和尊严兼有，崇拜携审美偕行。

"畏天"兼"知命"，以文化人类学关于巫学的眼光来看，便是所谓"巫性"。[22] "巫既通于人，又通于神，是神与人之际的一个中

---

19 《答刘禹锡〈天论〉书》。

20 《刘宾客集·天论上》。

21 《雅述》上篇。

22 参见王振复：《周易的美学智慧》，第9章，第1节"从巫到圣：在神与人之际"，长沙，湖南出版社，1991。

介。"[23] 巫性，自当亦是神性与人性的中介，它是正确理解古代中华风水学（术）文化本蕴的一个关键。

巫性关乎神性与人性。而神（神性）这人文概念、范畴，在中华原古巫文化中具有独特的人文内涵。梁漱溟说："中国文化在这一面的情形很与印度不同，就是于宗教太微淡。"[24] 在一个如此"淡于宗教"、原古巫文化十分发达的国度里，所谓"神"（神性）从来没有西方上帝那般的至上意义。从字源学考辨，神的本字为申。《说文》云，"申，电也"、"申，神也"。甲骨文写作～。[25] 先民见电闪于天而创"申"字，其本义属原始天命观的自然崇拜。申演变为神，始于战国。"战国时期的《行气铭》上面'神'字的写法，已从申作祂，与后来的字书如《秦汉魏晋篆隶》等所收录'神'字写作'祂'已无二致，从电取象，显而易见"。[26]《说文》又收录一个"魖"字，称"神也，从鬼申声。"[27] "魖"作为"神"字别体，可证先民人文观念中神、鬼未分。钱锺书《管锥编》第一册第183页曾云，古时"'鬼神'浑用而无区别，古例甚多"。可见在人文品格上，鬼与神几为同列。甚至鬼在前而神在后，否则，为什么古人往往但称"鬼神"而偶称"神鬼"呢？《管子·心术》云："思之思之，思之不得，鬼神教之。"此"鬼神"云云，足以说明

23　参见王振复：《周易的美学智慧》，第9章，第1节"从巫到圣：在神与人之际"，长沙，湖南出版社，1991。

24　《东西文化及其哲学》，见《梁漱溟全集》，第1卷，第441页，济南，山东人民出版社，1989。

25　胡厚宣：《战后京津新获甲骨集》四七六，上海，群联出版社，1954。

26　李玲璞、臧克和、刘志基：《古汉字与中国文化源》，第237页，贵阳，贵州人民出版社，1997。

27　许慎：《说文解字》，第188页，北京，中华书局影印本，1963。

问题。[28]

中华古时的风水文化，具有顽强的"信巫鬼"的"鬼治主义"。朱自清曾经举例说，"其实《尚书》里的主要思想，该是'鬼治主义'，像《盘庚》等篇所表现的"。[29]此可谓的论。盘庚迁都，其因在殷人认为旧都风水不佳，是"信巫鬼"之故。

这里，值得强调的有如下两点。

其一，作为中华古代巫术文化之有机构成的风水学（术），具有"信巫鬼"的文化根因，这在所谓"阴宅"风水文化中，表现得尤为鲜明。《葬书·内篇》云，"盖生者，气之聚。凝结者，成骨，死而独留。故葬者，反气入骨，以荫所生之法也"，此所谓"气感而应，鬼福及人"。这"反气入骨"、"鬼福"云云，难道不是迷妄之言吗？有趣的是，古人相信人的"保护者"，居然是"鬼"而不是"神"，这正是原巫文化与风水文化的一大特色。《易传》有"易无体而神无方"、"阴阳不测之谓神"之说，这"神"，从巫的人文根因看，显然与"鬼"的人文理念纠缠在一起，它一般未具至上的意义，是可以肯定的，甚至将其等同于"鬼"，并非毫无根据。

因而，风水地理的所谓神秘性，"无体"、"无方"、"阴阳不测"，因原巫文化这一根因之种植，而愈见其根深蒂固。与其说，神秘是风水所不可思议的，倒不如说，没有这种神秘，风水就是不可思议的。风水地理勾起人们代代相传的神秘感，与"鬼神""福佑"与"惩罚"的意念密切联系在一起，是人与环境既亲和又对抗

28 以上参见王振复：《中国美学的文脉历程》，第103—104页，成都，四川人民出版社，2002。

29 《经典常谈》，见《朱自清古典文学论文集》，下册，第620页，上海古籍出版社，1981。

这双重关系的主观感觉，它体现了人对于天、命对于环境既有所畏惧又总想"窥视"其秘密的复杂心态。而由悠古之人文深处苏醒而起的易，造就了风水地理之"信巫鬼"这从文化母胎所带来的一些"毛病"，它便是巫性之"畏天"、"敬鬼"的一面。

其二，从"知命"一面看，风水文化的天空，又并不是绝对地狞厉而阴郁的，也有一缕阳光从浓云密布之中透射而出，它其实就是具有原始理性因素之朴素的环境与生态思想。

《葬书·内篇》云："夫阴阳之气，噫而为风，升而为云，降而为雨，行乎地中，而为生气。"这大致是以《庄子》的口吻[30]，来述说大地"生气"之域的"好风水"。实际是指，与风水地理相谐之天气、尤其地气所纲缊而成的风调雨顺，恐怕难以一概斥之为迷信。又，正如本文前面所归纳的那样，风水术关于所谓"龙真、水抱、砂秀、穴的与向正"的追求，因与现代环境学、生态学思想，具有相通、相契的一面，而具有显然的理性因素。在明清北京紫禁城的平面规划中，如果我们剔除其命理诉求，那么，在该风水选址、布局中所显现的有条理的知识理性或某些朴素科学理性因子，并不能一概地加以否定。从原始巫术及其"看风水"角度看，其所谓"灵验"之类，往往是非理性而迷信的。然而，那些巫术施行者、算卦人或"风水先生"，却为了这神秘的"灵验"，而不得不熟稔相关的知识，让一定的知识理性，来做占验、测勘的背景，以便树立、维护其"灵验"的绝对权威。因而可以说，所谓"天机不可泄漏"的"天机"，实际便是在暗中发挥作用的一定的知识理性。

---

30 《庄子·齐物论》有"夫大块噫气，其名为风"之言。"大块"，义为大地。

一点儿也不是夸张，如果盲目崇信风水之类，是非理性的，而那些"风水先生"，倒反而是很理性的。这真是"巫性"本色。

然而从总体看，古代风水学（术）其一般地缺乏科学理性，是理所当然的。

首先，科学理性承认，世界是可知的，作为人之理性可以认知与把握的对象，不会也不能是迷狂信仰的偶像；其次，科学理性所揭示的真理性，经得起反复的实验证明（证伪）及其逻辑推理的考验。这显然一般为古代风水学与风水术所未备。

多年以来，有些学人甚至"研究"风水的大学教授，居然声称风水学"也是一门严谨的科学"。令人沮丧的是，风水学（术）如何"科学"而且"严谨"，却难以得到任何科学实验的验证。应当说，目前风水问题作为"国学"进入学者视野与大学课堂，可以说是学术与教学的一个进步。但关键是，不在于在论文与讲台上讲不讲风水，而是看其讲些什么、如何讲以及讲得如何。至于有的假言"时髦"，以西方入渐的信息论或系统论等，简单比附源自《周易》的风水"感应"说，宣称"气"的"感应"，就是科学理性意义上的"信息传递"与生态系统论思想。问题是，科学研究固然起于"大胆假设"，但进而仍须"小心求证"为是。

应当指出，在信仰的"哺育"下，非理性与神秘性云云，往往能使风水文化绽放出"诗意狂欢"的"灿烂之华"，但其一般无助于理智地"阅读"风水的文化本质。正如科学一样，理性自有它自己的盲点。可笔者还是愿意在此强调，理性，尤其是科学理性，无疑是人性与人格中最高贵的部分。古代风水文化并非没有任何理性，然则比如其"知命"之思等，因其执著于趋吉避凶、求其实用，也仅属实用理性、工具理性范畴而已。或者，至多从哲学来说"气"，比如《宅经》卷上所言，"举一千从，运变无形，而能化物。大矣哉，阴阳之理也"，等等，亦仅为人文理性范畴。这人文理性与科学理性，品位无有高下。而显然的事实是，千百年来，风水学（术）作为一般的民间信仰，固然具有一定的哲理与诗情因素，但其芜杂与粗鄙，有目共睹。它一般并未经过深度科学理性的熏陶与精微哲学理性的历练。因而，当今天重新企图拾取其精华的同时，严肃地剔除其污垢，是必要的。

居住：何以变得如此困难

正如前述，风水所关涉的，是人的居住问题。古人大多笃信风水，在居住问题上有太多的牵累。今人如果也执信于风水命理，这关系到我们究竟要不要、愿不愿像古人那样地生活。

执信于古代风水之理，便不能不讲究所谓五行、干支与命卦等说。

其一，关于五行。相生：水生木、木生火、火生土、土生金、金生水；相克：水克火、火克金、金克木、木克土、土克水。五行生克思想，将万物的本始与运化，看作既相互依存、又相互制约的一种动态联系。在生克之中，五行平等，没有什么高高在上，独领风骚；也没有什么卑微低下，任由主宰，一切依时机而定。五行生克，构成环环相扣的动态联系及其平衡，实际是一种将事物之间的必然联系，即所谓"气"、所谓"时"，作为本原、本体的一种思维方式之尤为别致的哲学。然而在文化上，它又把世界万物的动态联系，预设为线性而循环往复，人处于五行生克之中，首先是"命里注定"，然后才可能在"命"的前定与轮回中，通过后天修为，来试图改善人的生存处境。

同时，与五行思想相关的，是干支。干支作为时间、时机模式，包括十天干、十二地支及其相配。十天干：甲乙丙丁戊己庚辛壬癸。其中，甲丙戊庚壬为阳；乙丁己辛癸属阴。十二地支：子丑寅卯辰巳午未申酉戌亥。其中，子寅辰午申戌为阳；丑卯巳未酉亥属阴。古人将天干、地支相配，把自然时间变成人文时间，用以记时及测定人的时程流迁、命运遭际，体现了人企图把握时间与时机的一种努力。

其二，关于五行、干支与地理方位的关系。据后天八卦方位，其中，北坎、南离、东震、西兑之四正卦与中宫方位，是主要的。《易传》以北"坎为水"、南"离为火"、东"震为木"、西"兑为金"而中者必为土。又，"后天"与河图（见图2）对应。可知：一六属水（北）、二七属火（南）、三八属木（东）、四九属金（西）、五十属土（中）。简言之，为一水（北）、二火（南）、三木（东）、四金（西）、五土（中）。

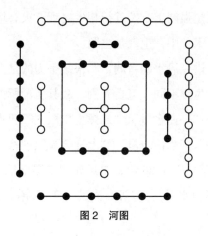

图2 河图

而干支与五行、五方的对应是：甲乙在东，属木；丙丁在南，属火；戊已在中，属土；庚辛在西，属金；壬癸在北，属水。这是天干与五行、五方的对应模式。由于五行生克，故在风水学（术）中，不可避免地构成十天干与五方、五行两两相配的所谓"冲合"关系。如：相冲，甲庚、乙辛（西金克东木）等；相合，庚壬、辛癸（西金生北水）等。十二地支与五方、五行的对应，简言之，寅卯属木居东，辰属土；巳午属火居南，未属土；申酉属金居西，戌属土；亥子属水居北，丑属土。值得注意的是，辰未戌丑四支均属土，是对风水之土气的强调。以地支与五行相配，十二地支两两之间，亦具"冲合"关系。相冲：子午、丑未、寅申、卯酉、辰戌、巳亥。这是因为，它们各自为阳阳或阴阴该阴阳失调关系的缘故。相合：子丑合为土；寅亥合为木；卯戌合为火；辰酉合为金；巳申合为水。是何缘故？阴阳之气相合。如子属阳而丑属阴，故其气合谐。以每二支合于一行，共十支相配于五行，余下午未二支不好安排，只得以午未亦合为火。于是，卯戌与午未均属火，表面上是对火的强调，实质是强调土。按五行相生之理，火有培土之功，火生土也。风水学（术）中，土气是主题。

其三，古人讲究风水的目的，归根结蒂为的是企图解决人的居住问题，而人之生年不同，五行有别，故其所配所谓"九星"亦自有差异。依次为"一白水星"、"二黑土星"、"三碧木星"、"四绿木星"、"五黄土星"、"六白金星"、"七赤金星"、"八白土星"与"九紫火星"。如：某生于1980年，星运属"二黑土星"；某生于1981年，星运为"一白水星"，等等。人的生年不能自己选择，此之谓

"宿命"。古代风水学（术），还有所谓"男女命卦、方位宜忌"[31]说。如某为男性，生于1950年，属"五黄土星"，"命卦"为坤。据《易传》，"坤为地"，地为土气，可见其"九星星运"与"命卦"相合，宜；某为女性，亦生于1950年，属"五黄土星"，"命卦"为坎。据《易传》，"坎为水"，可见不合，忌。

从"男女命卦"看，古人又预设所谓"东四命"、"西四命"与"东四宅"、"西四宅"的宜忌、对应关系说。设定："东四命"者居"东四宅"，吉（宜）；"西四命"者居"西四宅"，吉（宜），反之则凶（忌）。古代风水学（术）有所谓男女"八命"之说。其中，属坎离震巽者，因该四卦的震、巽二卦，位于后天八卦方位的东与东南，故称其命相为"东四命"；属乾坤艮兑者，因该四卦的乾、坤、兑三卦，依次居于"后天"的西北、西南与西，故其命相属"西四命"。与此相应，便是所谓吉凶、宜忌。

举例来说。一男生于1975年，命卦兑，其宜居方位，为西南（坤）、西（兑）、西北（乾）、东北（艮）；其忌居方位，是东（震）、东南（巽）、南（离）、北（坎）。一女亦生于1975年，命卦艮，其宜居方位，西北、东北、西南、西；忌居方位，东南、南、北、东。两相对照，在宜忌两方面，分别相同，仅宜忌方位的排序不同而已。这是什么缘故？因为该男命卦兑、女命卦艮，据《易传》"兑为泽"、"艮为山"而"山泽通气"之故。《易传》又云，

31　本文作者出于"好玩"，曾列出自1870—2049年间人的所谓"九星"与五行、生年"运程"对照表，兼采所谓"男女命卦、方位宜忌"说（参见黄家言、张建平、高博、刘国庆：《风水胜典·风水谋局篇》，南昌，百花洲文艺出版社，2007）等。古代风水学（术）之命理、命卦与居住方位关系问题的烦琐，超乎想象。为简约本文篇幅，这里仅采结论，恕勿赘析。

"兑为少女"而"艮为少男"，少男、少女相悦。而实际上，两者均属"西四命"，故共同宜居于"西四宅"而忌居于"东四宅"。然而，如一男生于 1976 年，命卦乾，宜于东北、西南、西、西北；忌于南、北、东、东南。一女也生于 1976 年，命卦离，宜于东、东南、南、北，忌于西北、东北、西南、西。无论宜、忌，两人背道而驰，完全不合，命卦相冲，男命乾而女命离，属于"西四命"对"东四命"。又如，同生于 1977、1978、1980 年的一男一女；或是一男生年为 1977 年，一女生于 1986 年；或是一为 1980 年，一为 1989 年，等等，其例不胜枚举，他们两两的所谓"命卦"，完全背悖，假定两者为夫妇，居住便成了一个严重问题。

值得注意的是，为力求弄清所谓"命卦"与宅居方位的吉凶、宜忌，笔者曾就自 1912—2016 年之其中的 72 个年代进行统计、分析[32]，发现宅居的吉与凶、宜与忌之比，约为一比二。该随机的检索可以说明：如果人们笃信古代风水地理之说，那么居住就会变得相当困难。人们往往对很可能居住于所谓"凶宅"而深感恐惧。虽有种种所谓的"辟（避）邪"之法，大约总也疑神疑鬼，不得安宁。由于人的生年之"命"是前定的，而且同样前定的，还有人之生年的月、日与时（辰）。如将八卦、五行、五方、干支与人之出生的年、月、日、时诸因素相配，那么，人类在居住问题上的凶险与禁忌，何其多如牛毛。而且，这里所言的风水，仅涉及古代风水学（术）中所言"觅龙"、"观水"、"察砂"、"点穴"与"正向"这

32　参见黄家言、张建平、高博、刘国庆：《风水胜典·风水谋局篇》，第 21 页。本文对有
　　关内容有所增益。

五大方面之一（正向），如果严格地按照中华古代风水学（术）无数规矩、戒律加以实行，真不知其困难还有多少。

古人笃信、讲究风水，本为"趋吉避凶"，企望生活得更安宁、自由与幸福，岂料往往事与愿违、南辕北辙，遂令人更焦虑、更痛苦、更不自由。这究竟是人性、人格在居住问题上的解放，还是困扰与束缚？值得深长思之。

技术理性、生态之制与审美

尽管在文化总体与本涵上，古代风水学（术）是一种以易理为底蕴的巫性文化，它并非什么"科学系统"，不乏迷妄成分，但决不等于说，此学、此术一无是处。技术理性、生态之制与审美等，与风水学（术）存不解之缘。今日对待风水，值得加以尊重与肯定的态度应该是，披沙沥金，撷其精纯而汰其糟遗。

第一，指南针的发明与磁偏角的发现，有赖于古代堪舆术"辨方正位"之相土尝水的实践与思考。

《周礼·地官》有"惟王建国，辨方正位"说，此即指风水术的施行。这里所谓"国"，甲骨文写作 𢧌[33] 或 𢦏[34]，像人手持武器守卫的一个区域，指都城。"国"字繁体"國"，从口从或：口，四周围合；或，域之本字。班固《西都赋》云："其宫室也，体象乎天地，经纬乎阴阳，居坤灵之正位，仿太紫之圆方。"此所言宫室之制，合于风水之理。尤其"居坤灵之正位"此句，揭示该宫室的

33 罗振玉：《殷虚书契前编》二、六、五，国学丛刊社，1911。
34 董作宾：《殷虚文字外编》八五，中央研究院历史语言研究所，1948。

平面布局，依循先天八卦方位，以坐北朝南（乾南坤北）为"正位"。这"正位"，汉人是用指南针的前身即司南或杙盘来测定的。《韩非子》说："先王立司南，以端（正）朝夕。"可见，早在汉代以前，中国已有司南，用以风水术的"辨方正位"。汉之杙盘，其上图文，以二十八宿、二十四向（路）、十天干与十二地支相对应，其人文原型，是《周易》八卦九宫方位。据考古，距今约五千年安徽含山凌家滩新石器晚期墓葬遗址所出土的玉版，为方形。其"正面有刻琢的复杂图纹。在其中心有小圆圈，内绘八角星形。外面又有大圆圈，以直线准确地分割为八等份，每份中有一饰叶脉纹的矢形。大圆圈外有四饰叶脉纹的矢形，指向玉版四角"[35]（见图3）。这显然体现了后代有关天圆地方、八卦九宫方位与四正四隅思想的前意识，实际上是汉代司南、杙盘的人文之原。东汉王充《论衡·是应》云："司南之杓，掷之于地，其柢指南。"杓、柢，后之指南针的指针雏形。指南针的发明，始于古代风水术且用于堪舆测定，然后才大成于航海，确在这古老术数的人文"泥淖"中，培育了关于空间、方位之技术理性的萌芽。而北宋沈括《梦溪笔谈》所言"方家以磁石磨针锋，则能指南，然常偏东，不全南也"（注：南偏东7.5度）之磁偏角的发现，提高了"指南"的科学准确性，不啻是始源于远古巫术与风水学（术）的一个理性贡献。

本文将指南针的发明与磁偏角的发现，归之于古代风水学（术）"辨方正位"的理论与实践，且称之为"技术理性"，并无任何贬低指南针作为"四大发明"之一中华古代巨大科技成就与世界

35　李学勤：《走出疑古时代》，第115页，沈阳，辽宁大学出版社，1997。

图3 安徽凌家滩遗址出土的玉版

性贡献的意思。自从马克斯·韦伯、马尔库塞与哈贝马斯等人提出与确立"技术理性"这一概念以来，人们往往将技术理性与价值理性、科学理性相对立，并等同于工具理性。其实，技术理性是以一定技术来遵循、征服自然的一种理性，它是自古就有的。从远古中华晷景、司南、栻盘到指南针，就是一个技术理性不断成长与完善的历史过程。由于它不可避免地与远古巫术文化、风水堪舆之术相联系，其每前进一步，总是伴随以非理性、反理性与非科学、反科学的若干因素。这一技术理性，确与古代的风水术数相纠缠，具有一定的目的性与工具性，然而，又不等于目的理性、工具理性。技术理性的决定性因素之一，又无疑是一定的科学理性，否则，这"技术"，尤其如指南针这样的伟大"技术"，又何以能够确立？当然，始于且用于古代风水术的罗盘（又称罗经、指南针）作为"技术"，在理性品类的纯粹上，又不能等同于科学理性。它是科学理性因素存在于一定的风水实践，是对它的同时迎对与排拒、肯定与否定，它并非纯粹理论意义上的科学理性系统本身。而且，这种以一定科学理性因素为基因之一的技术理性，由于总是与风水学（术）"畏天"、"知命"之巫性相联系，与气、八卦之理念相辅相成，必具有一定的人文理性与人文诉求，不可避免地存在对"天命"与"鬼神"的信仰。

第二，正如前述，古代理想的风水地理与居住环境，须具备"龙真、水抱、砂秀、穴的与向正"五要素。这种朴素生态环境理念的核心，是天命、命理支配之下的人与环境的亲和。亲和，即生态。笔者以为，所谓和谐，可存在、发展于自然与自然、自然与社会、社会与社会、自然与人、社会与人、人与人、人心与人心以及人的内心之中，且以人的内心和谐为最高之境界。《周易》兑（读 yue）卦初九爻辞云："和兑，吉。"《易传》对此解说云，"兑，说也"。此"说"，即悦。因而"和兑"之意，可指因"和"（和谐）而"兑"（愉悦）。人的精神愉悦，可分来自求真（科学）、求善（道德）、求美（艺术）与求神（宗教）等四大类。古代风水学（术）自当不同于求神的宗教，但它是宗教的前期文化形态。它给人的快乐（兑），来自人与自然环境的对立之观念上的消解，即和谐。在"畏天"与"知命"之际所求得的"吉"，正是这一巫性文化令人"和兑"的源泉。这种"和兑"，既不同于又相容于宗教求神、科学求真、道德求善与艺术求美之和谐的愉悦，是可以肯定的。

如果剔除古代风水术"和兑"五要素中的天命与命理因素，那么，如此风水格局的"和兑"之美，就可能呈现于今人面前。人们发现，所居之处，自西北"来龙"而趋北的主山，雄浑而秀逸，形成坐北朝南、背山面水的基本形势；就水趣而言，居舍前水系曲致，清缓而流长，或澄潭净碧；就气候来说，冬日背寒冽而迎暖阳，夏则去暑气又纳凉风；加上居处有山左拱右卫；南水以南，又有案、朝山岳俯伏；人所居之地，既近水又干爽，视野开阔，且处处植被丰富，生意盎然。岂非负阴抱阳，如封似闭，气韵生动，景物宜人？这用风水术语来说，称为"气场"（field）充沛，从美学言，叫做有"意境"。

《葬书·外篇》形容风水"四灵"之方位云："玄武垂头，朱雀翔舞，青龙蜿蜒，白虎驯颗。"从对"四灵"的崇拜中，可以体会古人对村落、市镇或居舍、陵寝之基本平面布局生态之制的赞许。尚廓《中国风水格局的构成、生态环境与景观》一文指出，典型的风水结构，具有"围合封闭"、"中轴对称"、"富于层次"与"富于曲线"等特点，所言甚是。然比如这"围合封闭"（注：准确而言，应为"如封似闭"）云云，固然生气灌注，山水和谐，亦未必是超时空之生态环境的"理想国"。这是因为，这一"围合封闭"的所谓"气场"，固然其间秩序井然，曲致有情，人天互答，然则，其生态营构理念与环境诉求，毕竟还有与神秘之气、八卦方位与天命命理之思想相联系的一面。它与当代与未来建构于一定科学理性、实用兼审美的生态环境格局，自是不一。生态之制及生态之美，其品类、样式与底蕴无限丰富，总在不断地运化与演替之中，故不必也不能株守于某一模式。即使这里所面对的，是"和兑"五要素的风水生态之美，也应因时制宜，与时偕行，不必泥古，更不应加以神化。况且，这"围合封闭"的风水生态格局，正如前述，因其以《周易》后天八卦方位为平面形制，仅在东南一隅的巽位，设一出入口（水口），故即使就实用意义的交通而言，也会令今人与后人深感不便的。

第三，英国著名的中国科技史学者李约瑟曾经指出："在许多方面，风水对中国人民是有益的，如它提出种植树木和竹林以防风，强调流水近于房屋的价值。虽然在其他方面十分迷信，但它总是包含着一种美学成分。遍布中国农田、居室、乡村之美，不可胜收，都可借此得以说明。"[36] 这种"美学成分"，犹如莲华，"出淤泥而不染"，亭亭净植。钱锺书则云，"堪舆之通于艺术，犹八股之通于戏剧"[37]。

古代中华诸多画论，深受风水学（术）之濡染，恐出人意料。试举一例，以飨读者。北宋工画山石寒林、宗李成之法而别裁心曲的著名画家郭熙，撰画论《林泉高致》（注：后为其子郭思所纂集），倡所谓"画亦有相法"说。其文有云："大山堂堂，为众山之主。所以分布以冈阜林壑，为远近大小之宗主也。其象若大君赫然当阳，而百辟（避）奔走朝会，无偃蹇背却之势也。"显然，这里所言画山之理，受启于古代风水学（术）的"龙脉"说。龙脉山势奔涌而来，"赫然当阳"，"为远近大小之宗主也"，画作中山之峰峦意象，亦必"大山堂堂，为众山之主"，然后才得主次、大小、远近、显隐与揖让之美。正如南朝谢赫《古画品录》云，"位置，经营是也"，此为画之六法之一。《林泉高致》又说："山以水为血脉，以草木为毛发，以烟云为神彩，故山得水而活，得草木而华，得烟云而秀媚。"《宅经》卷上则引《搜神记》云："宅以形势为身体，

36　《李约瑟论风水》，节译于"Science and Civilization in China"（《中国的科学与文明》），范为编译，见《风水理论研究》，第 336 页，天津大学出版社，2005。

37　钱锺书：《谈艺录》（修订本），第 57 页，北京，中华书局，1984。

以泉水为血脉，以土地为皮肉，以草木为毛发，以屋舍为衣服，以门户为冠带。"两相对照而不难见出，是《林泉高致》的画论，活用了《宅经》的风水学思想。《林泉高致》此说，竭力渲染画中山水意象的灵韵葱郁，它化裁了《宅经》风水学思想中的生态之思。此又正如谢赫《古画品录》六法之一的"气韵，生动是也"之说。

不仅如此，古代风水学（术）与审美的人文联姻，是在作为《周易》后天八卦方位之祖型的洛书九数的和谐与均衡之中。正如前文一再论及，后天八卦方位的人文理念，在古代风水学（术）之中，显得尤为活跃与重要。而后天八卦方位的祖型，是洛书（见图4）。洛书的平面布局是，1（北）、3（东）、5（中）、7（西）、9（南）与2（西南）、4（东南）、6（西北）、8（东北）等九数集群。朱熹《周易本义·图说》云，洛书"盖取龟象。故其数，戴九履一，左三右七，二四为肩，六八为足"，此之谓也。清代著名易学家胡渭《易图明辨》卷二，据后天八卦方位，列出一个图表，且于八卦九宫方位上相应地配以九个数。该九个数在方位上的位置关系，正与洛书相同。

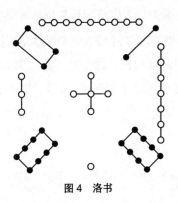

图4 洛书

巽四	离九	坤二
震三	中五	兑七
艮八	坎一	乾六

4	9	2
3	5	7
8	1	6

这里值得强调指出的是，洛书九数集群，具有一个奇妙的数的结构，即无论是横向、竖向还是斜向的三数相加，其和均相等，均为十五。

这便是西方学者所说的中华远古的所谓"Magic Square"（魔方）。[38] 当二十年前笔者发现这一九数集群结构的奇妙时，内心顿时充满了对洛书、后天八卦方位的敬畏与感动。

在古人那里，无论洛书、后天八卦方位及以"后天"为人文之原的风水地理，都是一个和谐且均衡的"气场"，是可以用九数集群中每三数之和均相等来加以表述的，实际是"生气"的运化灌注、动态平衡。在古人尊信的风水地理中，所谓理想的自然环境，必先天造就，人力不为，天生符契该数群的和谐且均衡，这便是所谓"命"；所谓理想的人文环境，是尊先天而以后天成之。从而，同样达成数群的和谐且均衡，这便是"运"（知命）。两者的文化本涵，在于文化人类学意义上的所谓"数"，既尊"数"又成"数"。《左传》僖公十五年云："筮，数也。"《易传》又说，"昔者圣人之

---

38 以上参见王振复：《巫术：周易的文化智慧》，第74—78页，杭州，浙江古籍出版社，1990。

作易也，幽赞于神明而生蓍，参天两地而倚数，观变于阴阳而立卦"，"极其数，遂定天下之象"。"数"在易筮文化及风水学（术）中，是巫性亦即"天命"（命理）兼（知命）的人文符号，它是理性意义之数学的一个渊薮，却并非数学本身，是一种非理性兼原始理性、筮数与人文意象的"神秘的互渗"，或可称之为"某种神秘的氛围、某种'力场'"。[39]

然而，这一"数"的"阴影"结构，又在文化美学意义上，开启了关于数之和谐，尤其是关于均衡的审美。当我们摒弃古代风水学（术）及风水地理的命理与迷信因素时，那么，涵蕴于其间的审美因素，就可能显现出来，数的和谐与均衡之美，就存在于以洛书为人文祖型、以《周易》后天八卦方位为人文之原的古代风水说之中。

关于数，古希腊的毕达哥拉斯学派认为，数是"更高一级的实在"[40]，除了数，"一切其他事物，就其整个本性来说，都是以数为范型的"[41]。这主要是就哲学角度来谈数，与古代中华洛书、后天八卦方位及风水巫性意义所说的数，在人文品格上自有不同。然而，古希腊这一学派之数的哲学，又是建构于数的绝对崇拜与种种数的禁忌基础之上的，实际并未彻底走出关于数的神性与巫性的历史与人文"阴影"。可见，从古希腊到古代中华之风水的数，两者有相

39　［法］列维-布留尔：《原始思维》，第 201 页，北京，商务印书馆，1981。

40　［古希腊］亚里士多德：《形而上学》，989b29—990a12、985b9—33，转引自范明生：《古希腊罗马美学》，第 62、62—63 页，见蒋孔阳、朱立元主编：《西方美学通史》，第 1 卷，上海文艺出版社，1999。

41　同上。

通之处。

因此，当我们坚持古希腊关于美在于数的和谐或均衡这一美学原则时，实际上，已包含了对风水原型即数之和谐、均衡之审美因素的认同。就审美而言，和谐可以是一种美。作为风水地理之基型的数的和谐，虽处在命理的笼罩与纠结之中，但九数集群的每一数，与它数各各不同，却"和兑"地共处于同一"气场"之中。这种来自于数之"和而不同"[42]的系统、结构，可以包含一定的审美因素。至于说到均衡，指系统、结构的一种动态的平衡。平衡可以是对称的，也可以不对称。不对称的动态之平衡，即均衡。古人云："升明之纪，正阳而治。德旋周普，五化均衡。"[43]此所言"升明"，指五行属火之夏[44]；"德"，此为品性义；"五化"，中医养生，按五行生克律而随时序、季节之变所施予的适人、适时之调治。古人关于身心调治，依五行运替之理、时气演化之则与所谓"四维八纲"[45]而作"与时偕行"之整体、系统的考虑与把握，从而随顺与追求身心养护的"均衡"之境。此均衡，自与本文正在解读的风水审美的均衡义有所不同，但此所谓"五化均衡"，可能是均衡该范畴在中华典籍之最早的文本出处，它因"五化"的时空性而与风水审美的均衡义，具有一定的人文联系。人居风水文化，同样崇信且要求达到环境的均衡，其中包含均衡之美的审美因素，其理想模式与人文之根，便是由风水地理格局，上溯于后天八卦（九宫）方

---

42 《论语·子路》云："君子和而不同，小人同而不和。"本义指君子道德的美善，这里仅为借用。其实在审美上，那些"和而不同"的事物系统、结构与状态，往往往是美的。

43 《黄帝内经·素问·五常致大论》。

44 《黄帝内经·素问·五常致大论》有"火曰升明"语。

45 四维：营、卫、气、血；八纲：阴阳、虚实、寒热、表里。是中医基础医理之一。

位、洛书九数集群中每三数之和均为相等的均衡，它其实也便是大化流行之郁勃"生气"的均衡。

在审美上，均衡之美，是一种事物系统、整体存在的动态平衡。艺术审美的语言、文字、线条、块面、色彩、质地、音质、音色、节奏、旋律以及大小、主次、高下、远近、俯仰、明暗、动静与显隐等因素所构成的一定的系统、结构与意象，如果能够生成一定的动态平衡，那么均衡之美，便是普遍地存有与运化、普遍可创造与传达的。由于均衡之美，总是在那种"和而不同"的前提下可能生成的，因而，它是一定系统、结构与意象之多样的整一兼整一的多样。它是对所谓"同而不和"以及杂乱甚至因对称性平衡而可能引起的呆板与蠢笨的断然拒绝。它也与单调、死寂等无缘。它其实便是那生气横溢、超然于物性之诗趣空灵的意境之美。就风水地理的生态环境及建筑美的创造而言，涵蕴于洛书、后天八卦（九宫）方位之数的均衡，在拂去其历史尘埃与巫性之人文迷氛的前提下，确可以为一座城市或村落、一个社区或民居等生态环境之均衡美的规划与设计、创造与欣赏，提供有益的启示。

导　读

　　堪舆，又称风水术，中华传统建筑文化的重要构成元素，是被古人或今人看得十分神秘、神奇的所谓风水之术。风水，确是一种重要的文化成分，它源远而流长。无论是阳宅、阴宅以及其他一切门类的中华建筑，都浸透了风水即堪舆文化理念。中华风水术，是中华建筑文化的独特表现，是建筑文化、环境文化与命理文化相综合的传统"国粹"。是信仰与朴素环境学的综合体，又是崇拜兼审美的一种"艺术"。李约瑟《中国的科学与文明》引西方学者查理的话说，中国风水之术，"是使生者与死者之所处与宇宙气息中的地气取得和合的艺术"，可谓一语中的。

一、风水的别名

　　在中华建筑文化史上，风水之术有许多名称。这些名称的命名与采用、流传、变演，本身就反映了风水术的历史演变，在谈到这两本书时，必须先作一简要的介绍。

　　中华古代风水之术所使用的名称，主要有如下多种。

　　阴阳。这一风水之术的别名，虽较为流行于元代之后，然典出于先秦。殷代卜辞中至今尚未见"阴"字，或尚有但未被出土、读识；甲骨文中有"阳"字。而"阴"字已见于金文，"阳"亦见于金文之《农卣》《虢季子白盘》等。东汉许慎《说文》释"阴"，称"阴也，水之南山之北也"。"阳"，"高明也，从阜，易声"。阴阳两字均从阜。阜者，山、隆起之陆地。既然"水南山北"为"阴"，作为对偶范畴，则"水北山南"为"阳"。可见，所谓"阴阳"，是一个地理、方位概念，它原指山的向背、山水之间的地理位置关系。古人以迷信、神秘的文化观念去看待这种关系，并在建筑实践中加以实际运用，形成原始的风水之术。所以后代风水术、风水家但称阴阳术、阴阳家不是没有道理的。"阴阳"一辞，在《易传》中同时被发展为一哲学范畴，不过其原始意义，确是关乎风水的。在《诗经》中，有"既景乃冈，相其阴阳"之说，这是明确地记载了先秦古人以晷景测日影以定方位的一种风水之术。《周礼·考工记》称"惟王建国（城），辨方正位"，这也便是在筑都城之前，王者察阴阳、看风水的意思。《汉书·晁错传》写道："相其阴阳之和，尝其水泉之味，审其土地之宜，观其草木之饶，然后营邑立城，制里割宅，正阡陌之界。"这里的"阴阳"，即"风水"的别称，是最清楚不过的。

地理。典出《周易·系辞上》，其文云："易与天地准，故能弥纶天地之道，仰以观乎天文，俯以察乎地理，是故知幽明之故。"这里，所谓仰观天文，是天文学的原始；俯察地理，又是风水术的原始。故风水术又称为地理。看风水，称作"相地理"。《管子·形势解》说："上逆天道，下绝地理，故天不预时，地不生财。"这里的"地理"一词，与"风水"一词的内蕴是重合的，是说人如果上逆天象，下忤风水，人是要倒楣的。

形法。典出于《周易》。《易传》称"形而下者谓之器"，形者，器也，山川草木、地理位置，也是自然万器中的一种。《周易·系辞下》又云："古者庖牺王天下也，仰则观象于天，俯则观法于地，观鸟兽之文与地之宜，近取诸身，远取诸物。"这里，所谓"观法于地"，就是看风水，地是有形之物，故风水亦称形法。在《周易》中，虽然"形"、"法"两字是分别出现的，但从这两字中间，我们已经可以见出中国古人的风水观念。所以，当汉人班固在《汉书·艺文志》中将中国数术加以归类时，风水术被归为形法这中国六大数术之一。形法即是风水，称"形法者，大举九州之势以立城郭室舍形"。前文引述的《管子·形势解》中的"形势"一词，也是与"形法"相通的一个风水术语。

堪舆。《淮南子·天文训》云："堪舆徐行"。东汉许慎说："堪，天道；舆，地道。"以为"堪舆"乃天地之道，此说大谬。"堪"字从土，何谓"天道"？其实，所谓"堪"，即地面突起之处。就是许慎自己在《说文解字》的另一处明释："堪，地突也。"岂非自相矛盾？清人段玉裁为《说文解字》作注，并说"地之突出者曰堪"。"舆"原指车厢，泛指车。《周易·小畜》有"舆说（脱）辐"之说，是为证。《易传》又说，"坤为地……为大舆"，是"舆"为大地的佐证。故"堪舆"者均指大地，大地犹如车舆，故《淮南子》有"堪舆徐行"之说。堪舆是风水术最重要、最流行的别称。风水家称堪舆家，历来如此。三国时的魏人孟康，有"堪舆，神名，造图宅书者"之说，足见早在三国，堪舆与风水的意义已相勾连。

至于风水，此语出于《葬经》。该书为"风水"下了一个定义："气乘风则散，界水则止。古人聚之使不散，行之使有止，故谓之风水。风水之法，得水为上，藏风次之"。在古人的风水观念中，认为风水吉利之处，必是气所流动的场所。"好风水"气韵生动，是充满生气的。"生气灌注"就是吉利的风水宝地。吉利风水不可无气。而气是看不见且十分神秘的，古人认为可以感觉到的风的流动即是气的流动。气必须流动但不能流动甚烈，须聚于一个如封似闭的"气场"之中。而要达到这一点，风水场中的水这一因素是不可缺少的，"界水则止"。所以"聚之使不散，行之使有止"，这是好风水。首先要"得水"，同时须"藏风"，吉在风与水的且行且止之际。

关于风水术的别名，还有诸如相地、相宅、图宅、卜宅、青鸟等多说，此不赘。总之，"风水"本是以神秘方式来认识、处理人与环境关系问题的一种文化现象。

二、考古的发现

中华风水文化，实质是古人以神秘的方式与观念，在居住问题上处理自己的生死问题以及人的生死与建筑环境的关系问题。人类一旦诞生，就本能地产生了生存活动，及其死亡与自然环境及随后发生的人类与其居住环境之间的一种关系，这是一种天人关系、自然与人文之间的关系。风水观念及风水术，体现出中国人一向追求的人与自然、人与居住环境以及由活人所联想的死人与自然环境、墓葬形式之间的一种境界。它经历了诸多历史发展阶段。

中国北京"山顶洞人"，住在自然的"山顶洞"里，该洞在今北京周口店龙骨山。从对该洞内部空间功能的分析可知，当时的北京猿人似乎已有朦胧的"风水"意识。洞内可分为"上室"、"下室"与"下窨"三部分。上室位于洞穴东半部，面积约为一百十平方米，比较宽敞，地势较高，是活人居住的地方，这从地面上至今残存的一堆用火灰烬可以见出。下室位于洞穴西半部，地势稍低，这里有人的完整残骸留存，且在人体残骸周围散布象征生命、鲜血的红色赤铁矿粉末的痕迹。下窨地势比下室更低，南北长三公尺，东西宽一公尺，是一条自然形成的南北向裂沟，这里丢弃着许多完整的动物骨骼。从这三个功能性分区来看，"山顶洞人"在居住问题上对活人与死人的"居住"方式处理是有区别的。活人在上而死人在下，活人居东而死人居西。但对死者残骸也并非随意处置，残骸周围象征生命与鲜血的红色赤铁矿粉末的发现，说明"山顶洞人"在处理人的葬所问题上，已经不自觉地遵循了后世中国陵墓风水文化的一条原则，即"事死如事生"。对于"山顶洞人"来说，死是不吉利的，但那时已经萌生了"死乃生之始"的原始文化意识。这里，上室与下室的划分，实际是后世风水术中阳宅与阴宅的文化雏形。而动物残骸埋于地位更低的下窨之处，已经体现出人比动物高贵的文化意识。

三、文献的记载

谈起"风水"，在《诗经》里也可以寻找其历史遗影。《诗经·大雅·公刘》唱道："笃公刘！既溥既长，既景乃冈，相其阴阳，观其流泉。"其大意是说："诚笃忠挚的公刘啊，他所拥有的土地已是广大无边，登上高冈用日圭测影定位吧！勘察方位看看南北东西阴阳风水是否吉利，观照水系流贯的荣枯与方向到底怎样。"显然，这里所说的就是看风水，指的是周人先祖公刘迁居到豳地时的情景。

古人相信"风水"，这是毋庸置疑的。公刘来到豳地，选择"佳壤"营造，"风水"是不能不注意的，故"相其阴阳，观其流泉"，即观察山势向背、水流的方向与位置，做一件"相土尝水"，在古人看来十分重要的事情，这毫不奇怪。所谓"阴阳"，正是"风水"的别名。

其实不仅公刘迁豳，古公亶父有迁岐的盛事，还有成王也有营建雒邑的壮举，这些重大的营造活动，都是伴随着"风水"活动来进行的。据《尚书》记载："惟二月既望，越六日乙未。王朝步自周，则至丰。惟太保先周上相宅。"又说："越若未，三月。惟丙午朏（月出之日），越三日（戊申日），太保朝至雒，卜宅，厥既得卜，则经营。"这里，所谓"经营"者，营造也、建造也。在"经营"正式开始之前，必先"相宅"、"卜宅"。如果"卜"得吉地（厥既得卜），就决意营构。这里是说，周成王在阴历二月十五之后六天，即二十一日（乙未）那天早晨，自镐京来到丰地，这时，太保召公已在周成王之前先行来到雒地踏勘地理、环境。又在三月之后的初三（丙午），新月初升那天之后三日，太保召公于此日清晨再次来到雒地，看正待营建的雒邑，"风水"是否吉利。"卜"的结果是大吉大利，于是动手营建雒邑。

其实不仅周人，殷人更是极重风水。凡营构都邑，不看风水不能动土。《尚书·商书·盘庚》所记载的"盘庚迁都"之事，首先是风水观念使然。倘遇灾荒连年、疫病遍于域中，或是外兵来犯、国运不济、民不聊生，于是便来测风水，往往迷信都邑风水不好，就酝酿、决定迁都，又以风水术选择新的所谓"吉地"。我们今天阅读卜辞，每每见到不少辞文，都与风水之术有关。比方说，据董作宾《小屯·殷墟文字乙编》：

> 己卯卜，争贞：王作邑，帝若，我从，兹唐。

这里，指卜在"己卯"之时。"王"想营造都邑，先得向"帝"（上帝，殷人心目中的天帝）请示、询问（这里"贞"是贞问之意，即询问、求问）。"若"，即"诺"之本字，"帝若"者，是说卜问的结果是吉，也便是"帝"同意、答应了的意思。"兹"，到达；唐，指地名。于是，帝既然同意了，就在"唐"这个地方营造吧。

古时"作邑"是大事一桩，不是哪一个人王，更不是普通平民可以自说自话、随意决定的。不管能否在这里或者那里营建都城，都必须通过所谓"风水之术"，征得"帝"的同意。

可见，古人远比今人生活艰难，他们在做某一件事，尤其重要之事如作战、祭祖或营邑等，必须通过占卜或占筮这种原始巫术活动、仪式，其中包括测风水来征得神灵、天帝的允诺，不能自作主张。当然，现今有些人在建造房屋或是购买房产时，也十分相信风水，他们请风水先生来"指点迷津"，这正表示传统的风水观念已深植在中国文化中，影响中国人的日常生活，无论它是否经过科学的验证，至少它是符合中国人的经验法则的。

四、理论的成熟

这里，来说说东汉王充的风水思想，对正确理解中华传统风水术即堪舆是有帮助的。王充生当东汉谶纬神学尘嚣之时，独撑"疾虚妄"的哲学之旗，其头脑还算比较清醒。

王充对风水问题也发表了一些颇有思想价值的见解，比如《论衡·四讳》中说：

> 俗有大讳四：一曰讳西益宅，西益宅谓之不祥，不祥必有死亡，相惧以此，故世莫敢西益宅。
>
> 夫宅之四面皆地也，三面不谓之凶，益西面独谓不祥，何哉？西益宅，何伤于地体，何害于宅神？西益不祥，损之能善乎？西益不祥，东益能吉乎？

这里王充所言，归根结蒂是一个意思，即所谓"西益宅"之说。"益"者，增加也。所谓"西益宅"，指在原有宅舍的西面扩建宅舍，在有些汉人看来，这不吉利；另外，在原有房屋的西面，紧挨原有房屋建造的新房高度，如果高于原有房屋，则更凶。这后一点，直到今天时代进入二十一世纪，仍是风水术中重要的原则。

其实，所谓"西益宅"之凶，是汉人的风水思想。正如王充所说，宅有四个方位（四面皆地），东、南、北"三面不谓之凶，益西面独谓不祥，何哉？"问得有理。这种追问，我想，相信风水术的人是难以对答的。

尽管难以对答，但风水作为传统文化的一种精神力量，因为是传统使然，是十分普遍的。但是这里所说的"西益宅"现象，其实在中国建筑文化史上不知出现过多少，即使有那么一些"西益宅"的宅主人一生生活悲惨，甚至悲剧不断，这也不一定是"西益宅"造成的。而且同为人类，西方人造房建屋，哪管"西益"、"东益"、"南益"、"北益"？住在里面的人，不都好好的吗？即使有几个倒楣人物，能否客观地确定与"西益"之类有什么必然联系？

当然，从传统文化看，中国东汉时关于"西益宅"的观念，也是有其"理论根据"的。在《易经》文王八卦方位观念中，东为震卦之位，西为兑卦之位。据易理，震为长男，兑为少女；长男为上、少女为下，也便是左为上，右为下。中国建筑一般为南向。如一个人面南而立，则其左为东为上，右为西为下，这与文王八卦方位观念相契。因此，东为尊，西为卑，也便是左为尊，右为卑。这是儒家道德伦理观在人居文化中的体现。根据这一传统文化观念，倘在原有建筑的西部再扩建房舍，或这种房舍高度超过原有的东部房舍，这岂不是上下颠倒、尊卑无序吗？因而在古人看来，"西益宅"者，凶险也。其实是将人群关系中的道德伦理观念注入风水术中了。

五、易经与风水

研究《易经》与风水术之关系可发现，典型的中国风水方位模式，是《易经》文王八卦方位观念在风水术中的运用。

典型的风水方位把逻辑起点设在西北，即自西北始，来测勘阳宅与阴宅的位置关系。这是因为从地理、地形位置来看，西北方为太祖山所在，由西北方的山脉走势向北方延伸，为少祖山、祖山与主山，主山是阳宅或阴宅主人的山，主山的南部即整个环境的中心（有时偏北而居中）位置，就是建造阳宅或阴宅的位置。在阳宅、阴宅的左、右，是所谓"砂"，即是比西北到北方的山脉低矮的山峦，这在"四灵"说里，称为东青龙（山）、西白虎（山）。而阳宅或阴宅必须朝南，它们的南部有水系流贯，流向东南方，这东南方，在风水地理上称为水口。水口也是整个阳宅或阴宅环境的惟一出入口。而且阳宅与阴宅之南有案山，案山之南又有朝山，构成一个四面有山环护，水流其间，得水为上，藏风次之。有山、有水、有气的环境，这便是古人心目中的"好风水"。

　　一般研究风水者以为研究到此，已是揭示了中国风水术的精神风貌。但是有一个问题没有作出解答，这便是大凡典型的风水模式，为什么要以西北方作为太祖山之所在，作为风水术的逻辑起点、作为龙脉的起点呢？

　　让我们来分析"文王八卦方位"，问题就迎刃而解了。

　　文王八卦方位以西北为乾、北为坎、东北为艮、东为震、东南为巽、南为离、西南为坤、西为兑，加上一个中位即中部为中宫之所在，形成"八卦九宫"模式，即四周八个方位加第九个方位就是中宫。这里值得注意的是乾位在西北，据《易经》，乾为阳、为刚、为父（同时为龙、为马、为天），乾象征家族的父亲（祖父）。因此，在风水术中，起于西北延伸到北方的雄伟、葱茏的山势走向，就是风水术的"龙脉"。"龙脉"者，即家族的血脉、父脉。以山势走向来象征家族的血脉、父脉，这是在神秘的文化氛围中对生命、生殖、生气的肯定与歌赞。在古人看来，没有比肯定这一点更重要的了。

　　因此，《易经》的"文王八卦方位"观念，是中国典型风水术的文化"原型"。

　　所谓看风水，实际上是在一定的命理观念中，观察及处理人与建筑、建筑与环境的关系问题。如果剔除其神秘观念，那么这种人与建筑、建筑与环境的关系问题，依然是营造活动所不可避免的课题。

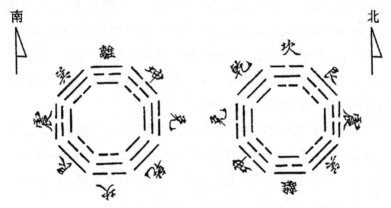

文王八卦方位图

　　如左图，取自道藏辑要《易说图解》，此图方位，上方为南方，如以今人常用方位绘图，则应倒转一百八十度，如右图。

　　编者按：本书译者于导读中已说明，本书的地理方位是以文王八卦为根据。如读者以伏羲八卦图的观念阅读、检测，必成错乱。

文王八卦次序图

古人认为，看风水有四个主要方向，这便是所谓"觅龙、察砂、观水、点穴"。

觅龙。《地理大成·山法全书》说："龙者何？山之脉也……土乃龙之肉，石乃龙之骨，草乃龙之毛。"觅龙就是寻找起自西北的山脉形势。吉利的龙脉象征血亲家庭的兴旺，必须山势高峻，植被丰富。龙脉的山势有多种，《古今图书集成》卷六六六把它归结为"五势"："辨五势，龙北发朝南为正势；龙西北发作穴南作朝为侧势；龙逆水上朝顺水下，此乃逆势；龙顺水下朝逆水上，此乃顺势；龙身回顾祖山作朝，此乃回势。"总之，龙脉须伟峻、山势连绵，才谓吉利。

察砂。砂是阳宅或阴宅左（东）、右（西）两侧的山峦。正如前述，这以左上右下为佳。察砂的任务，是考察青龙、白虎的体量、位置，以及与龙脉、水系等地理环境之间的尺度。根据风水口诀中所谓"青龙要高大，白虎不能抬头"的观念，察砂的主要目的，是观察除主山之外，其他山峦的形势，这当然也包括对案山、朝山的考察。

观水。《管氏地理指蒙》说，"水随山而行，山界水而止"，"入山首观水口"。观水的目的，首先是寻找水口的位置，这在文王八卦方位中是在巽位。依《易经》：巽为风，巽为入，故水口（入口）以居东南为吉，否则凶。水口所在东南隅地势应偏低，水流向东南为顺，否则为逆，顺吉而逆凶。观水者，还该审理水系的形态。水系流贯于山间，自有落差，但落差太大，水流湍急，不宜也；水流平缓，动中涵静，是谓吉水。水系若带，呈怀抱之势，自是好水。而如果地理环境中，尤其在阳宅与阴宅之南、案山与朝山之际，有潭水澄碧，且呈团聚之形，无歪斜倾泻之患者，该水系，当然也是吉利的。水质以清澈为佳，以混浊为不吉。

点穴。穴居是中华上古的居住常式，此处的"穴"即指阳宅或阴宅。阳宅者，活人居所；阴宅者，陵墓之谓。点穴就是确定阳宅或阴宅建造在哪里。《阳宅会心集》卷上说：阳宅"喜地势宽平，局面阔大，前不破碎，坐得方正，枕山襟水，或左山右水"。阴宅是阳宅的变形模式，因为人活着时有房子住，所以人死后有陵墓，陵墓是活人居所的延伸，因此，阴宅的点穴原则，在风水观念上，其实与阳宅是一致的。

总之，根据易理，所谓风水之术可以概括为"三纲五常"。据何晓昕《风水探源》，三纲者："一曰气脉（引者注：龙脉）为富贵贫贱之纲；二曰明堂为砂水美恶之纲（引者注：明堂指阳宅或阴宅之基地）；三曰水口为生旺死绝之纲。"五常者："一曰龙，龙要真；二曰穴，穴要的；三曰砂，砂要秀；四曰水，水要抱；五曰向，向要吉。"这里，包含一定的神秘思想，比如说"气脉为富贵贫贱"之类，其实人的富贵贫贱是否与风水有关，未得科学的印证。但风水与人的居住条件和环境好坏、美丑有关，则是必然的。风水之术，是以神秘的方式，来处理人与环境、建筑与环境的关系。

因此贝聿铭说"建筑师都是讲风水的"这一句话的含义，是指建筑师设计建筑，必然面对和处理人与环境、建筑与环境的关系问题，而并非对传统风水术中的神秘观念情有独钟。

六、关于《宅经》

谈到风水、堪舆的传统典籍，当首推《宅经》《葬书》。

　　《宅经》，又称《黄帝宅经》，分卷上、卷下两部分，旧题黄帝撰。托名黄帝，以提高此书的权威性和经典性，又强调了此书的原始性。根据此书出现唐人李淳风、吕才等人名，以及对《宅极经》《三玄宅经》等古籍内容的引用，疑为唐代或唐以后的人所著。作者托名黄帝，又意在自重。该书主要版本有：《道藏·洞真部众术类》《道藏举要》《四库全书·子部·术数类》《小十三经》与《崇文书局汇刻本》《民俗丛书》本以及《宅经》敦煌本等。本书取材的版本，为《四库全书·子部七·术数类三》所收录《宅经》。

　　中华古代关于相宅的书很多，如《黄帝二宅经》《文王宅经》《孔子宅经》《八卦宅经》《五兆宅经》《六十四卦宅经》《元悟宅经》《刘根宅经》《李淳风经》《张子毫宅经》《吕才宅经》《王微宅经》《宅极经》《三玄宅经》《元女宅经》与《宅镜》等，当推该书流传最广，影响最大。

　　《宅经》是阐述中华传统命理与建筑风水文化的理论与操作之书，此书以先秦典籍《周易》易理为立论之本。此书内容一直被奉为建造阳宅、阴宅的指南。

　　此书指出，"夫宅者，乃是阴阳之枢纽，人伦之轨模"。这一语点出作者对阳宅、阴宅文化的总体观念，即以《易经》阴阳学说为纲、建造宅院必遵循人伦规范的思想。此书认为，《易经》的"阴阳之理"是相宅、建宅必须遵从的根本法则。称"阴者，生化物情之母"；"阳者，生化物情之父"。而所谓阴阳，即阴气、阳气，"作天地之祖，为孕育之尊。顺之则亨，逆之则否。"说明全书思想以阴阳之易理贯通。以天干、地支配以《易经》乾艮坤巽卦，构成"二十四路"，构建阳宅、阴宅的风水方位说。此书记载了中华古代关于相宅、建宅的诸多宅经的书名。

此书以阴阳学说为其立论依据，阐述阳宅、阴宅的地理形势。阳宅的风水，必须阳气抱阴；阴宅的风水，必须阴气抱阳。阴阳二气冲和之宅，为吉利。提出"人因宅而立，宅因人而存，人宅相扶，感通天地，故不可独信命也"这一堪舆的朴素命题，并且涉及建筑学关于人与建筑的比例尺度问题。

此书进而叙述风水方位及其禁忌，分析阴阳五行理论在相宅、建宅实践中的具体应用。先修什么、后建什么，以及什么朝向、环境与宅的关系等等，都必须依堪舆法则践行。该书提出，"宅以形势为身体，以泉水为血脉，以土地为皮肉，以草木为毛发，以舍屋为衣服，以门户为冠带，若得如斯，是事严雅，乃为上吉"的堪舆学总纲。

该书内容，具有一定的中国古代建筑生态学、环境学之朴素、合理的思想因素，再糅以神秘的命理理念。

七、关于《葬书》

谈到中国风水术及其理论，又不能避开风水术的另一部著作，它便是托名郭璞所撰的《葬书》。但是宋代之前有关郭璞著述的记载中，我们未见该书著录，直到《宋志》才有记载。由此似能推定，该书当为宋时托名之作。有方技家、好事者粉饰、增华成一卷二十篇，南宋蔡元定病其芜杂，删为八篇，元人吴澄又病蔡氏未尽蕴奥，遂择其要义、至纯者为内篇，粗精、驳纯相半者为外篇，粗驳当去而姑存者为杂篇。《葬书》通行本内、外、杂篇体例，仿通行本《庄子》体例，可能源自吴澄旧本。

在建筑风水问题上《葬书》内篇提出"葬者，乘生气也"这一著名的有关"阴宅"风水的文化总观念，并且为建筑风水术下了一个影响深远的定义，即"气乘风则散，界水则止。古人聚之使不散，行之使有止，故谓之风水。风水之法，得水为上，藏风次之"。

该书外篇叙述"阴宅"选址问题，强调考察山岳形势的重要性，认为相地择吉可以夺神功而改天命。又说相地必须"藏风"、"界水"，以乘生气。"阴宅"所依的地土要求细腻、滋润、高爽而近水，且依东苍龙、西白虎、南朱雀、北玄武"四灵"（四象）的原则来定吉凶。

杂篇继续谈"阴宅"的所谓"风水"之法，认为"占山之法，以势为难，而形次之，方（方位）又次之"。看风水必须先觅"龙脉"，"龙脉"是山脉起伏连绵的远观效果，比较难得，以山势葱茏、雄伟、磅礴者为佳；地形须平正、广厚，能藏风而气韵灌注其间，有活水怀抱。

《葬书》篇幅简短（本书所选的内容，包括占了很大篇幅的对《葬书》本身内容的解说。），内、外、杂三部分，篇幅有些重复。在讲究"阴宅"风水观念的同时，一定程度上保存了中国建筑之朴素的环境学、生态学的一些思想资料。

值得注意的，是《葬书》的风水思想中提出的"葬者，乘生气也"这一命题。本来，人死后下葬，其主题是关于"死"的，何谓"生气"？但这里偏偏说"葬者"之目的，是"乘生气"，是为了"生"。"生"是"葬者"的真正主题。这是什么缘故呢？

其一，古人选择"葬"地，按神秘观念必选择吉利的地理环境，吉地往往是朝南向阳，背靠山峦，左（东）、右（西）有小山坡围护。葬所必地势高爽、平坦而近水，整个葬地环境应如封似闭，而南望视野开阔，四处草木葱郁，且葬穴之南和东南应有水系流贯。其南面即使有山峦，高度亦须低矮，不要超过葬穴东、西的山峦，更不能超过北部的山势。而且，这里有山脉围护，自有"藏风"的好处，但水系的流贯被认为更要紧，此之谓"得水为上，藏风次之"也。实际上，这样的"好"风水，也是景色尤佳之地。

其二，中国人有一个顽强的传统观念，便是"以死为生"或者称之为"事死如事生"。中国人一向执著于生，对死一般并不十分在意。尽管死是不可避免的，但是中国人却把"死"看作两次"生"之间的过渡，这里含有宗教思想的成分，科学并不能证明人有转生的现象。但是传统思想执著于生这一点是不假的。《易经》说："生生之谓易。"生而又生，这是"易"的根本；又说："天地之大德曰生。"整部《周易》都在谈论"生"的大道理，几乎不涉及"死"。《周易》仅在一个地方谈到"死"，说"精气为物，游魂为变，故知死生之说"。依庄子之见，"气聚则生，气散则死"。作为"物"的精气，是"生"的状态；"精气"一旦衰"变"，即是"游魂"。"游魂"者，死之状态也，即气"散"则"死"。人"死"就是"气"的衰、散，人"死"不能复活，这一点，想必古人也是懂的。但古人并不十分纠缠于"死"，他们想把关于"死"的"葬"礼做成一次"生"的序幕。但因笃信"气散则死"的"道理"，于是在阴宅的建造中，通过风水之术，留得"生气"在人间，叫做人虽"死"而"气"不散。但是这"阴宅"的营构，却是关于"气"的营构，是"聚气"为主题，"古人聚之使不散"，这在观念上，是对"生"的执著。

尽管这种执著，一定是会落空的。但是古人相信这风水有"聚气"之奇功，可以庇荫后人，使家族生命葱郁、子嗣兴旺。现今谈阴宅的人，也把焦点转移在庇荫子孙的现实功能，反而忽略了人与环境的关系。

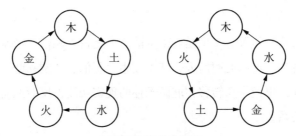

五行相生相克的规则

右图为相生关系。木生火、火生土、土生金、金生水、水生木。

左图为相克的关系。木克土、土克水、水克火、火克金、金克木。

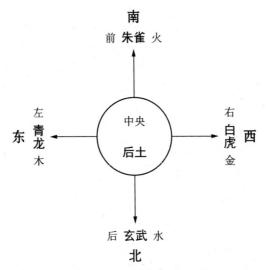

四兽、五行与方位的关系

这个方位关系是堪舆学上的基本概念，在本书中随处可见相关的运用。

宅　经

（旧题）黄帝　撰

卷上

原文	今译

夫宅者，乃是阴阳之枢纽，人伦之轨模，非夫博物明贤，而能悟斯道也。

说到人的住所问题，它是阴阳风水术的关键，象征人伦道德与人际关系的规范，不是博通事理，学识渊深，道德贤达的人，不能够领悟这一道理。

就此五种，其最要者，唯有宅法而真秘术。

就下文列举的五种情况而言，其中最为重要的，只有关于人的住宅的风水之术，是真正神秘的数术。

凡人所居，无不在宅。虽只大小不等，阴阳有殊。纵然客居一室之中，亦有盖恶。

凡是供人居住的，没有不称之为住宅的。虽然外表看来只是大小不一样，但其中却有阴阳风水的不同。即使只是居住在一个房子里，风水也有好坏。

大者大说：小者小论。

大房子有大房子的风水道理；小房子有小房子的风水之说。

犯者有灾，镇而祸止，

违反风水禁忌将有灾难临头，通

犹药病之效也。

故宅者，人之本。人以宅为家。居若安，即家代昌吉；若不安，即门族衰微。

坟墓川冈，并同兹说。

上之军国，次及州郡县邑，下之村坊署栅乃至山居，但人所处，皆其例焉。

目见耳闻，古制非一。

黄帝二宅经、地典宅经、三元宅经、文王宅经、孔子宅经、宅锦、宅挠、宅统、宅镜、天老宅经、刘根宅经、玄女宅经、司马天师宅经、淮南子宅经、王微宅经、司最宅经、刘晋平宅经、张子毫宅经、八卦宅

过风水之术镇压凶险，灾祸才能被止住，这好比药到病除一样。

所以，住宅的风水，是人生的根本。人是以住宅为家的。人居住的地方如果安宁，这家人便可以世世代代昌盛吉祥；如果居所不安宁，这家族便要衰败。

祖先的坟墓及其周围山水环境风水的吉凶，与住宅风水的道理是一样的。

上至对国家的守护、保卫，中至州县郡治，下至村野、坊间、乡镇直到荒僻的山居小屋，凡是人所居住的地方，阴阳风水的道理都是与住宅一样的。

人们眼睛所看到、耳朵所听到的有关住宅的风水制度，从古以来就未曾统一过。

如《黄帝二宅经》《地典宅经》《三元宅经》《文王宅经》《孔子宅经》《宅锦》《宅挠》《宅统》《宅镜》《天老宅经》《刘根宅经》《玄女宅经》《司马天师宅经》《淮南子宅经》《王微宅经》《司最宅经》《刘晋平宅经》《张子毫宅经》《八卦宅经》《五兆宅经》《玄悟宅经》《六十四卦宅经》《右盘龙宅经》《李淳

经、五兆宅经、玄悟宅经、六十四卦宅经、右盘龙宅经、李淳风宅经、五姓宅经、吕才宅经、飞阴乱伏宅经、子夏金门宅经、刁昙宅经。

已上诸经，其皆大同小异。

亦皆自言秘妙。

互推短长，若不遍求，即用之不足。

近来学者，多攻五姓八宅，黄道白方，例皆违犯大经，未免灾咎。

所以，人犯修动，致令造者不居。却毁阴阳，而无据效，岂不痛哉！

况先贤垂籍，诚勖昭彰。人自冥蒙，日用而不

风宅经》《五姓宅经》《吕才宅经》《飞阴乱伏宅经》《子夏金门宅经》与《刁昙宅经》。

以上二十九种宅经，它们关于风水之术的内容，都是大同小异的。

它们也都自称秘传、神妙。

都互相批评优点、缺点。因为彼此各有短长，如果不把这二十九种宅经都拿来好好阅读、研习一下，那么，实际使用的时候，就会感到不满足。

近来的方术家、风水先生，大都仅仅攻读、研习与实践有关风水术的所谓"五姓八宅"、"黄道白方"之说，这些都违反了相宅的根本大义，招致灾变与祸害是难免的。

所以，人们如果触犯风水之术的原则，擅自修造，必然导致造好了居室，却不能供人居住。破坏阴阳风水，而使住宅没有实际的效用，这岂不令人感到痛心吗？

况且先贤、圣人的典籍早已垂示后人，它们的告诫与勉励朗照于天下，

识其象者。

日月乾坤，寒暑雌雄，昼夜阴阳等，所以包罗万象。

举一千从，运变无形，而能化物。大矣哉！阴阳之理也。

经之阴者，生化物情之母也；阳者，生化物情之父也。

作天地之祖，为孕育之尊。顺之则亨；逆之则否。何异公忠受爵、违命变殃者乎。

今采诸秘验，分为二十四路，八卦九宫，配女男之位，宅阴阳之界，

耀同日月。可是后人蒙暗无知，日常生活中总在接触、使用，却不懂得阴阳风水所呈现的意义。

日来月往，乾天坤地，冬夏交替，春秋代序，以及白天、黑夜的阴阳互转等等，事实上已包罗宇宙万象。

只要懂得风水之术的根本思想，便是纲举目张，其余的一切也自然跟着清楚明白了。它的运行变化总在无形之中发挥作用，而能决定、化生万事万物。它的作用真是太大了！这便是阴阳风水的道理啊！

经中所谓阴气，是生化万物的"母亲"；所谓阳气，是生化万物的"父亲"。

阴气阳气是天地的始祖，是孕育万物的本原。因此，人类能顺应阴阳的原理，便万物亨通；违逆阴阳的原理，就要遭殃。这与王公贵族因忠于帝王而荣受爵位，因为违抗帝命就遭到祸害没有什么区别。

今天所说的风水之术，采用古代传承下来的多种灵验的秘术，分成二十四路，在八卦九宫的方位上，配

考寻休咎，并无出前二宅。此实养生灵之圣法也。

二十四路者，随宅大小中，院分四面，作二十四路。十干十二支，乾艮坤巽，共为二十四路是也。

乾将三男震坎艮，悉属于阳位。

坤将三女巽离兑，悉属阴之位。

是以阳不独王，以阴为得。

阴不独王，以阳为得。

亦如冬以温暖为德，夏以凉冷为德。男以女为德，女以男为德之义。

置男女的位置，营造阴位、阳位的界限，考察、探寻它的吉凶得失。所有这一切，没有不包括在前述《黄帝二宅经》中的。这实在可以说是滋养生命万类的根本大法。

风水术中所谓的二十四路，是随住宅平面的大型、小型或中型而定的。住宅的宅院分为四面，每一面六个方位，共二十四个方位。此是十个天干配十二个地支，乾位、艮位、坤位、巽位四面，一共构成二十四个方位。

乾位在西北。它统率作为长男的震卦，作为中男的坎卦与作为少男的艮卦，它们都是属于阳位的卦。

坤位在西南。它统领作为长女的巽卦，作为中女的离卦与作为少女的兑卦，它们都是属于阴位的卦。

所以，阳不能独尊独旺，必须与阴取得调和。

阴不能独尊独旺，必须与阳取得谐调。

这也好比冬天须以温暖为好，夏季须以凉爽为妙。也好比男须女为伴，女须男为伴的道理。

易诀云："阴得阳，如暑得凉，五姓咸和，百事俱昌。"所以德位高壮蔼密即吉，重阴重阳则凶。

《易诀》说："阴气得到阳气的调和，好比暑热之时得到凉爽。百姓人家，家家都和谐，万事都昌盛。"因此，建造宅居、房屋，风水方位要好，要正应在"德位"上。处在"德位元"的建筑，造型高大壮伟、葱郁紧凑，这便是吉；而有阴无阳、有阳无阴，犯了"阴阳之气须调和"这一原则，那就是凶了。

阳宅更招东方北方，阴宅更招西方南方，为重也。

按照八卦方位原理，北方阳气始生，东方阳气渐盛。因此，阳宅"更招东方北方"为"重"；南方阴气始生，西方阴气渐盛，因此，阴宅"更招西方南方"为"重"。

凡之，阳宅即有阳气抱阴，阴宅即有阴气抱阳。阴阳之宅者，即龙也。

所有这一切说的是，活人居住的阳宅，吉利的方位，是阴气、阳气调和相应；埋葬死者的阴宅，吉利的方位，也是阴气、阳气调和相应。调和阴阳、阴阳得宜的阳宅、阴宅，正应在风水术中的龙脉之上。

阳宅龙头在亥，尾在巳；阴宅龙头在巳，尾在亥。

吉利的方位，阳宅的龙脉起于文王八卦方位的乾位，这里是巳位；阴宅的龙脉起于文王八卦方位的巽位，这里是亥位。

凡从巽向乾，从午向子，从坤向艮，从酉向卯，从戌向辰移。

从乾向巽，从子向午，从艮向坤，从卯向酉，从辰向戌移。

故福德之方，勤依天道、天德、月德。生气到其位，即修令清洁阔厚，即一家获安，荣华富贵。

再入阴入阳，是名无气。三度重入阴阳，谓之无魂。四入谓之无魄。魂魄既无，即家破逃散，子孙绝后也。

若一阴阳往来，即合天道自然，吉昌之象也。

设要重往，即须逐道，住四十五日、七十五日，

凡是风水方位上从巽位向乾位，从午位向子位，从坤位向艮位，从酉位向卯位，从戌位向辰位移转的，阳气旺盛。

凡是风水方位上从乾位向巽位、从子位向午位，从艮位向坤位，从卯位到酉位，从辰位向戌位移转的，阴气旺盛。

因此，住宅是否建造在吉利、福德的方位上，都须依循天道、天德与月德。生命之气灌注在方位上，把房子造得清洁、宽大、深厚，便能使阖家生活安宁，享尽荣华富贵。

但是，如果阴气过盛而犯阳，阳气过盛而犯阴，即阴阳失调，就叫做无气。一而再、再而三地犯阴犯阳，叫做无魂。再三再四地犯阴犯阳，叫做无魄。生命的魂魄都没有了，就会妻离子散，家破人亡，断子绝孙。

如果住宅阴气、阳气调和，往来亨通，符合天道自然的规则，那便是吉利、昌盛的景象。

如果住宅需要翻造，必须遵循天道规则，不得有所背离。按天道规矩，

往之无咎。仍宜生气福德之方，始吉。更犯五鬼，绝命刑祸者，尤不利。

诀云："行不得度，不如复故，斯之谓也。"

又云："其宅乃穷，急翻故宫，宜拆刑祸方舍，却益福德方也。"

又云："翻宅平墙，可为销殃。"

夫辨宅者，皆取移来方位。不以街北街东为阳、街南街西为阴。凡移来不勒远近，一里，百里，千里，十步与百步同。

隔四十五天或者七十五天去做这件事，便不会有什么错失与不吉利。但仍然必须讲究风水的生命之气与福德吉利的方位。要是触犯五鬼（译者注：即"五穷"。《韩昌黎集》三六《送穷文》称"穷鬼"有五：智穷、学穷、文穷、命穷、交穷。此泛指命穷，指境遇凶险不吉利），便丢了身家性命，受刑就戮，尤其不吉利。

《易诀》说："建造住房、坟墓如果不合法度，不按天道规则翻造，结果将不如旧观，正是这个道理。"

《易诀》又说："如果住宅、坟墓的风水应在'穷'即凶险的方位上，必须马上拆了旧的盖新的，要紧的是拆去那招致受刑得祸方位上的房舍，改在吉利方位多造房建屋。"

《易诀》又说："翻造旧宅，平整旧墙，可以销除灾殃。"

考察住宅的吉或不吉，都要看风水方位移来的情况。就街道来说，不要以街北，街东为阳位，也不要以街南，街西为阴位。凡是移来的方位往来亨通，不论是远还是近，一里，百又，此二宅修造，唯看天道、天德、月德。生气到，即修之，不避。将军、太岁、豹尾、黄幡、黑方及音姓宜忌。顺阴阳二气为正，此诸神杀及五姓，六十甲子皆从二气而生，列在方隅，直一年公事，故不为灾。

又云："刑祸之方，缺复荒；福德之方连接。长吉也。"

又云："刑祸之方，缩复缩，犹恐灾殃枉相逐；福德之方，拓复拓，子子孙孙受荣乐。"

里、千里也好，十步、百步也罢，都同样是吉利的方位。"

再说，这阴宅（坟墓）、阳宅的修造，只要看风水意义上的天道、天德、月德的规则就可以了。生命之气灌注在风水方位上，就去修造而不要犹豫。将军、太岁、豹尾、黄幡、黑方与音姓这些凶煞与凶险、不吉利的方位，必须回避和忌讳。顺应生命的阴气、阳气，是建造阴宅、阳宅的正道、正路。这各路神煞与五姓神鬼，六十甲子的流年，都从这阴阳二气衍生而来的。他们各在一方，值位一年，所以只要遵循风水术的规矩方圆，保你年年平安无事，不会有什么灾祸。

《易诀》又说："处于招致刑祸方位的房子与墙舍必须狭小单薄，不宜高大壮丽；福德吉利方位的墙舍要相互连接，而且厚实。这两项做法都可保长久的吉祥。"

《易诀》又说："处于刑祸方位的房子，必须力戒造成侵拓的形势，形体小之又小，唯恐招来灾祸连连；而福德吉利方位的房子，应拓进再拓进，这样，子子孙孙可以享尽荣华与欢乐。"

又云："宅有五虚，令人贫耗；五实，令人富贵。"

《易诀》又说："风水术说宅有五种'虚'，使人贫困耗损；有五种'实'，使人荣华富贵。"

"宅大人少，一虚；宅门大，内小，二虚；墙院不完，三虚；井灶不处，四虚；宅地多，屋少，庭院广，五虚。宅小人多，一实；宅大门小，二实；墙院完全，三实；宅小六畜多，四实；宅水沟东南流，五实。"

"住宅大而住人少，是第一虚；宅门高大而里屋矮小，是第二虚；住宅四周的墙院不完整，是第三虚；水井与火灶开掘、建造不得其位，是第四虚；宅基地广大，房屋寥寥无几，庭院却大而无当，是第五虚。住宅小而住人多，是第一实；宅屋高大而宅门小，是第二实；住宅的四周墙院完整，是第三实；宅院小而饲养家畜众多，是第四实；住宅前的水沟向东南流去（译者注：东南为水口，为巽位），是第五实。"

又云："宅乃渐昌，勿弃。宫堂不衰，莫移。故为受殃。舍居就广，未必有欢。计口半造，必得寿考。"

《易诀》又说："住宅的风水很好，家庭渐渐昌盛，不要随意放弃。这宫室不衰败，就不要迁移。明知故犯，一定遭殃。如果随便舍弃小居室而搬进大房舍去居住，不一定带来欢乐。按照人口的一半建造房舍，住者一定会长寿。"

又云："其田虽良，薅

《易诀》又说："田地虽然良好，

锄乃芳；其宅虽善，修移乃昌。《宅统》之宅墓，以象荣华之源。得利者，所作遂心；失利者，妄生反心。墓凶宅吉，子孙官禄；墓吉宅凶，子孙衣食不足。墓宅俱吉，子孙荣华；墓宅俱凶，子孙移乡绝种。"

也要勤于除草锄田才能长出好庄稼；住宅的风水虽好，也要有适当的修造或迁移，才能昌盛。《宅统》所说，风水好的住宅与坟墓，是家族荣华的根源。得此吉利的人，所做之事，便能实现自己的心愿；失去吉利的人，便平白做出违反自己心愿的事。如果坟墓的风水凶险而住宅吉利，子孙尚能升官发财；坟墓吉利但住宅凶险，子孙吃不饱穿不暖。如果坟墓、住宅的风水都很吉利，子孙便享不尽荣华；坟墓、住宅的风水都很凶险，子孙便流落他乡而断子绝孙。"

"先灵谴责，地祸常并。七世亡魂，悲忧受苦。子孙不立，零落他乡，流转如蓬，客死河岸。"

"先祖神灵的谴责，与地舆风水而导致的灾祸常常祸不单行。因风水不好，使得七世亡灵，也会悲伤、忧愁与痛苦，导致子孙不能自立，不能兴旺，只能流落他乡，好比蓬草一般随水漂泊，最后枯死在河岸边。"

《青乌子》云："其宅得墓，二神渐护，子孙禄位乃固。得地得墓，龙骧虎步，物业滋川，财集仓库，子孙忠孝，天神佑助。"

《青乌子》说："人的住宅与坟墓的风水阴阳调和，天神、地祇就会来护持，荫庇子孙，子孙的官职、禄位就会稳固。住宅选址吉祥，墓地也得风水之胜，好比'龙骧虎步'，昂首腾跃，事业好像浩浩之水源源不绝，滋润大地，使财物盈仓，子孙忠孝两全，这是天神佑助的结果。"

子夏云："墓有四奇，商角二姓，丙壬乙辛，宫羽徵三姓，甲庚丁癸。得地得宫，刺史王公，朱衣紫绶，世贵名雄。得地失宫，有始无终，先人受苦，子孙当凶。失地得宫，子孙不穷，虽无基业，衣食过充。失地失宫，绝嗣无踪，行求衣食，客死蒿蓬。"

子夏说："坟墓的方位，选址有四项奇异的讲究，便是商角二音姓、丙壬乙辛、宫羽徵三音姓与甲庚丁癸。地址选得好，符合风水术中的'九宫'规则，便是好风水，便能官拜刺史、王公贵族，封官晋爵，朱衣紫带，世代富贵称雄。如果仅得地望而不符'九宫'规则，便不能善始善终，使先祖阴间受苦，子孙也必定遭殃。如果丧失地望之灵气而得'九宫'之法，可保子孙绵绵不绝，虽然不会创下基业，但衣食还是无忧的。如果既丧失好的地望，又不符合'九宫'之则，那会断子绝孙，沿路行乞而客死他乡。"

子夏云："人因宅而立，宅因人得存。人宅相扶，感通天地。故不可独信命也。"

子夏说："人因为有了住宅才能成家立业，住宅因为人住在里面才有存在的价值。人与住宅相互依赖扶助，天人合一，感天动地。因而，人不能一味地相信天命。"

凡修宅次第法：

先修刑祸，后修福德，

大凡修建阴阳宅的顺序方法：

建筑房屋，先修属于刑祸不吉利

即吉；先修福德，后修刑祸，即凶。

阴宅，从巳起功顺转；阳宅，从亥起功顺转。刑祸方用一百工；福德方用二百工。压之即吉。

阳宅多修于外，阴宅多修于内。或者取子午分阴阳之界，误将甚也。此是二气潜通，运回之数不同，八卦九宫，分形列象，配男女之位也。

其有长才深智，愍物爱生，敬晓斯门，其利莫测。且大犯即家破逃散；

的方位，后修属于福德吉利的方位，为吉利；先修属于福德吉利的方位，后修属于刑祸不吉利的方位，为凶险。

建造阴宅即坟墓时，先从八卦方位的巳位建造，按顺时针方向运作；建造阳宅即住宅时，先从八卦方位的亥位建造，按顺时针方向运作。在刑祸凶险方位上建造房屋，用工一百；在福德吉利方位上建造房屋，用工二百。这是以福德方位压住刑祸方位，自然是大吉大利。

阳宅的建筑物外露的部分要多，坟墓的建筑物内藏的部分要多，这是外阳内阴的缘故。如果是以子午（译者注：北为子，南为午）线分出阴阳界限，基地的东部为阳，建造住宅；西部为阴，建造坟墓。如果非这样做，犯的错误就更大了。这是因为阴阳二气暗合而相通，而运行、回旋气数则不同，依据八卦、九宫方位，做建筑物的配置，这便是配置男阳女阴的位置。

如果在建造宫室时，具有聪明的才气与深邃的智慧，并且怜爱生命，敬畏、通晓风水之术这一门径，那么所小犯则失爵亡官。其余杂犯，火光口舌，跛蹇偏枯，哀殃疾病等，万般皆有。岂得轻之哉！犯处远而慢，即半年、一年、二年、三年，始发；犯处近而紧，即七十五日、四十五日或不出月，即发。若见此图者，自然悟会。不问愚智，福德自修，灾殃不犯，官荣进达，财食丰盈，六畜获安。又归天寿，金玉之献，未足为珍，利济之徒，莫大于此。可以家藏一本，用诫子孙，秘而宝之，可名《宅镜》。

又，《宅书》云："拆

获得的利益一定深不可测。如果建房造屋时触犯风水之术，那么，大犯煞气的，一定家破人亡，妻离子散；小犯煞气的，便丢了官职与爵位。其他种种触犯，导致口舌热毒生疮，或是跛足难行，半身不遂，或者身体衰弱，患病不断等等，什么样的倒霉事都会找上门来。这难道能够轻忽、小看的吗？触犯风水规矩，一定会得到报应，远些、慢些的，半年、一年，二年、三年才开始应验；近些、紧迫些的，七十五天，四十五天或是不出一月，就一定应验。如果人们能够看到这种风水图示，心里自然就领会明白了。但不管你是下愚还是上智之人，只要自己修福积德，可以保你无灾无殃，官运亨通，财禄丰厚，吃穿无忧，六畜兴旺平安。更进一步说，此人必能享尽天年，别人进献的各种金玉珍宝，根本不值一顾，一个人所能获得的利益莫大于此。因此，家家可以珍藏一本讲风水之术的书，用来告诫子孙万代，珍藏而不轻易拿出来给别人看。这本秘笈，取个名字叫《宅镜》。

而且，《宅书》说："拆除旧居再

故营新，爻卜相伏。移南徙北，阴阳交分。是和阴阳者，气也，逐人得变；吉凶者，化也，随事能兴。故天地运转无穷，人畜鬼神变化何准。"

造新房，其中易爻、巫卜的道理相应相伏。随着房屋的方位、地理位置的转移、迁动，阴气、阳气也交错、分合。因此所谓阴阳调和，归根到底就是气，因不同的人而有变动；所谓吉凶，就是变化，它随着事件而兴起。所以要了解宇宙是运化、变幻无穷的，人、畜、鬼、神也是变化莫测、毫无准则的。"

《搜神记》云："精灵鬼魅，皆化为人；或有人自相感变，为妖怪。亦如异性之木，接续而生，根苗虽殊，异味相杂。形碍之物，尚随变通，阴阳虚无，岂为常定？是知宅非宅气，由移来以变之。"

《搜神记》说："精鬼、神灵、鬼魅、魍魉，都可以幻化为人；或者是人类自己与妖怪相感应而变化，成为妖怪。也好比不同种类的树木，嫁接在一起而生存下来。树木的芽与根性虽然不一样，却能相杂而存在。有具体形象的事物之间，尚且还能变幻亨通，阴、阳这虚无莫测的生命之气，难道是常定不变的吗？由此可见，住宅不具固定不变的宅气，而是由外来的气（阴气、阳气）变化而成。"

又云："宅以形势为身体，以泉水为血脉，以土地为皮肉，以草木为毛发，以舍屋为衣服，以门户为冠带。"若得如斯，是事俨

《宅书》又说："住宅以地理形势（译者注：形，指住宅背后的龙脉靠山；势，指龙脉靠山的走势，一种气势磅礴的远观效果。）为躯体，以前面的流水为血脉，以所在的地基为皮肉，

雅，乃为上吉。

以四周的草木为毛发，以屋宇为衣裳，又以门窗为帽子与束带。"（译者注：这是古人将建筑及其风水比喻为人的生命）如果一座建筑能够做到这样，那么，建筑的空间形象便庄严而雅致，在风水上就是上上大吉。

《三元经》云："地善即苗茂，宅吉即人荣。"又云："人之福者，喻如美貌之人。宅之吉者，如丑陋之子得好衣裳，神彩尤添一半，若命薄宅恶，即如丑人更又衣弊，如何堪也。故人之居宅，大须慎择。"

《三元经》说："土地肥沃，禾苗就茂盛，住宅方位吉利，家人就荣华富贵。"又说："幸福的人，好比是形貌美丽的人。而住宅的吉利，好比本是丑陋的人穿了漂亮衣服，这人的美好神采平添了一半。假如人的命苦而住宅风水不好，就好比丑陋的人又穿着破衣烂衫，更叫人受不了。因此，人的住宅，必须谨慎选址。"

又云："修来路即无不吉，犯抵路未尝安。假如近从东来，入此宅，住后更修拓西方，名抵路。却修拓东方，名来路。余方移转及上官往来，不计远近，准此为例。凡人婚嫁，买庄田六畜；致营域上官求利等，悉宜向宅福德方

《三元经》又说："在住宅的东面再修造新房，没有什么不吉利的，在住宅的西首再修造房屋，这叫犯了抵路，生活不会安宁。假如住宅的主人近来从东部地区来，入住在这住宅中，住了之后又在住宅的西面再造新房，这叫做抵路，不吉利。而在住宅的东首再建造新房，这叫做来路，吉利。其余方位的移转规则与求官往来，

往来，久久吉庆。若为刑祸方往来，久久不利。又忌龟头厅在午地，向北冲堂，名曰凶。亭有稍高，竖屋亦不利。"

诀云："龟头午，必易主，亦云妨主。诸院有之，亦不吉。凡宅，午巳东，巽巳来，有高楼大榭，皆不利。宜去之，吉。"

又云："凡欲修造，动治须避四王神。亦名帝车、帝辂、帝舍。假如春三月，东方为青帝，木王，寅为车，卯为辂，辰为舍，即是正月、二月、三月不得东。"

不必计较远还是近，都按这抵路、来路的风水规矩办理。凡是结婚、嫁人，购买土地、庄院、六畜，到外地做生意，求官职逐名利等等，都必须向福德方位往来，可保永久吉庆。如果与刑祸方位交往，永远不吉利。而且，必须禁忌将龟头厅建造在午（南）的方位。如果这样，在风水地理上与建造在北部的堂是犯冲的，堂的风水凶险。亭子建造得较高，那么，这对竖屋来说也是不利的。"

《易诀》说："龟头厅建造在南边即午的位置，一定导致更换主人，是败家的征兆，这也叫做'妨主'。各个庄院若有这种情况，也是不吉利的。凡是住宅，在它的南面、东面，东南面建有高楼大榭的，都是不吉利的。必须拆除才吉利。"

《易诀》又说："凡是想修造住宅，必须回避四王神，也称为帝车、帝辂、帝舍。如果在春季的三个月里，东方配青帝，东方为木，青帝为王，寅时为帝车，卯时为帝辂，辰时为帝舍。这便是正月、二月、三月不能在住宅的东边动土、修治的道理。"

《户经》曰:"犯帝车,杀父;犯帝辂,杀母;犯帝舍,杀子孙。夏及秋冬三个月,仿此为忌。"

又云:"每年有十二月,每月有生气死气之位。但修月生气之位者,福来。集月生气与天道、月德合其吉路。犯月死气之位,为有凶灾。正月生气在子癸,死气在午丁;二月生气在丑艮,死气在未坤;三月生气在寅甲,死气在申庚;四月生气在卯乙,死气在酉辛;五月生气在辰巽,死气在戌乾;六月生气在巳丙,死气在亥壬;七月生气在午丁,死气在子癸;八月生气在未坤,死气在丑艮;九月生气在申庚,死气在寅甲;十月生气在酉辛,死气在卯乙;

《户经》说:"建造房屋触犯帝车的风水,会导致父亡;触犯帝辂的风水,会导致母亡;触犯帝舍的风水,会导致断子绝孙。同时,在夏季、秋季与冬季这三个季节里动土修造的风水禁忌,与这春季三月的风水禁忌是同样的。"

又说:"一年有十二个月,每个月有生气与死气的时辰风水方位的讲究。建造住宅必须讲究修月(译者注:唐段成式《酉阳杂俎》前集一"天咫"称月由七宝合成,人间常有八万二千户给它修治,为民间传说。)、集月与犯月的风水。只要在修月生气与吉利的时机建造,幸福自来。集月的生气与天道月德、天时相合,也是吉利的。如果处在犯月死气方位与时机,便有凶险与灾变。从八卦方位、天干地支的原理看,正月的生气应在子癸,死气应在午丁;二月的生气应在丑艮,死气应在未坤;三月的生气应在寅甲,死气应在申庚;四月的生气应在卯乙,死气应在酉辛;五月的生气应在辰巽,死气应在戌乾;六月的生气应在巳丙,死气应在亥壬;七月的生气应在午丁,十一月生气在戌乾，死气在辰巽；十二月生气在亥壬，死气在巳丙。"

死气应在子癸；八月的生气应在未坤，死气应在丑艮；九月的生气应在申庚，死气应在寅甲；十月的生气应在酉辛，死气应在卯乙；十一月的生气应在戌乾，死气应在辰巽；十二月的生气应在亥壬，死气应在巳丙。"

卷下

原文

凡修筑垣墙，建造宅宇，土气所冲之方，人家即有灾殃，宜依法禳之。正月土气冲丁未方，二月坤，三月壬亥，四月辛戌，五月乾，六月寅甲，七月癸丑，八月艮，九月丙巳，十月辰乙，十一月巽，十二月申庚。

天门阳首，宜平稳实，不宜绝高壮。犯之，损家，长大病头项等灾。

今译

凡是修造墙院，建筑宫室，那些为地煞之气所冲犯的方位，就会给住家带来灾变祸殃，应该按照风水的法则排拒它。地煞之气，在正月冲犯丁未方位，二月冲犯坤方位，三月冲犯壬亥方位，四月冲犯辛戌，五月冲犯乾方位，六月冲犯寅甲方位，七月冲犯癸丑方位，八月冲犯艮方位，九月冲犯丙巳方位，十月冲犯辰乙方位，十一月冲犯巽方位，十二月冲犯申庚方位。（见次页图）

天门在南方，是阳气最旺盛的地方，房屋应造得平整、稳固、结实，不应过分高大壮丽。如果触犯这一条，家

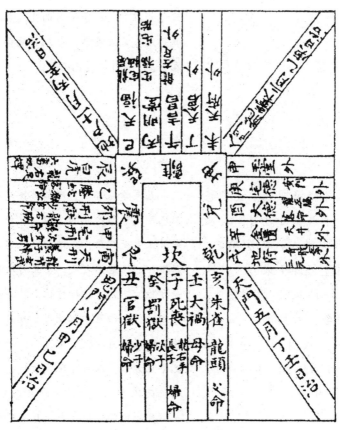

《宅经》基本方位与地势吉凶图

亥为朱雀、龙头，父命座。犯者，害命坐人。

壬为大祸，母命，犯之害命坐人，有飞灾、口舌。

子为死丧、龙右手，长子、妇命座。犯之，害命坐人，失魂，伤目，水灾，口舌。

癸为罚狱、勾陈，次子、妇命座。犯之，害命坐人，口舌、斗讼等灾。

丑为官狱，少子、妇命座。犯之，鬼魅，盗贼，火光怪异等灾。

鬼门宅壅、气缺、薄空、荒，吉。犯之，偏枯、淋肿等灾。

寅为天刑、龙背、玄武，庶养子、妇、长女命座。犯之，伤胎、系狱、

族受害，家人会在头、颈部位患大病等。

亥位是朱雀、龙头，父亲的命位。触犯了，有性命之灾。

壬位是大祸与母亲的命位。触犯了，有性命之灾，飞来横祸，家族内争吵不断。

子位是死丧、龙右手，长子与其妇的命位。触犯了，性命难保，人想躲避也躲避不了。会招来失魂落魄，瞎了眼睛，洪水泛滥成灾与争吵等不断的灾变。

癸是罚狱、勾陈，次子与其妇的命位。触犯了，会丢了性命，厄运难以躲避，并且家族内争吵不断，聚讼不已。

丑位是官狱、少子与少媳的命位。触犯了，鬼魅、强盗、小偷都来光顾，会发生火灾与怪异的灾变。

而鬼门须宅壅、气缺、单薄、空旷与荒凉，才是吉利的，触犯了，人就会生偏瘫、跛足与水肿等病灾。

寅位是天刑、龙背、玄武，庶子、养子与其妇、长女的命位。触犯了，怀孕的会伤了胎气，无端吃官司，遭

被盗、亡败等灾。

甲为宅刑、次女、孙男等命座。犯之，害命坐人，家长病头项、伤、折等灾。

卯，龙右胁、刑狱，少女、孙命座。犯之，害命坐人，火光气满，刑伤，失魂。

乙，螣蛇、讼狱，客座命。犯之，害命坐人，妖怪、死丧、口舌。

辰为白虎、龙右足，主讼狱，奴婢、六畜命座。犯之，惊伤跛蹇、筋急等灾，亦主惊恐。

风门宜平，缺名，福首。背枯向荣。二宅、五姓、八宅并，不宜高壮壅塞，亦阳极阴首。

巳，天福、宅屋，亦名宅极。经曰："欲得职治，

抢，家破人亡等灾难。

甲位是宅刑，是次女、男孙等的命位。触犯了，就会牵累、伤害到其他人，家里长辈会生头、颈毛病与许多伤身、骨折等病。

卯位是龙右胁、刑狱，小女儿与孙女等人的命位。触犯了，不仅害了自己性命，还连累别人，会有火灾与刑狱之灾。

乙位是螣蛇、讼狱，是宾客亲朋的命位。触犯了，兴妖作怪，死于争讼不已。

辰位是白虎、龙右足，主讼狱，是主奴婢与六畜的命位。触犯了，就会受到惊吓，跛足与抽筋等，辰位主恐怖。

建筑的风门应该平整，不另起名字，这样是最大的福德。位置须背对枯荒之地而面向欣荣之地。无论阴宅阳宅，五姓八宅杂居在一处，风门不应建造得高大壮丽而门前道路壅塞，这也是"阳极阴首"的道理。

巳是天福、宅屋的位置，也称为宅极。经书说："想获得加官晋爵的机

宅极宜壮实、修改，吉。"

丙，明堂、宅福，安门、牛仓等舍。经云："治明堂，加官益禄，大吉祥，合家快活不可当。"

午，吉昌之地，龙左足。经云："治吉昌，奴婢成行，六畜良。"宜平实，忌高及龟头厅。

丁，天仓。经云："财耗亡，治天仓。"宜仓库、六畜，壮厚高拓，吉。

未，天府，高楼大舍，牛羊、奴婢居之，大孳息，仓厕利。

人门，龙肠，宜置牛马厩。其位欲开拓壅厚，亦名福囊，重在兼实，大吉。

申，玉堂，置牛马屋，

会，宅极的造型应该壮观结实、修长，标示吉利。"

丙是明堂、宅福的位置，可在这里修造安门、牛仓等房舍。经书说："一旦在吉利的方位修造明堂，可以使主人加官晋爵，俸禄增加，是大吉大利，全家生活快乐无可比拟。"

午位是吉祥、昌盛的位置，好比龙的左足。经书说："修造房屋吉利昌盛，奴婢成群，六畜兴旺。"房屋应该建造得平整稳固，切忌造型高过龟头厅。

丁是天仓。经书说："财产败尽，应当修造天仓。"修造的仓库，饲养六畜的房舍，都应稳固、厚实、高广，这样才吉利。

未是天府的方位，可以在此修造高楼大屋，在这里圈养牛羊，供奴婢居住，就会大量地生息繁衍，利于建造仓库或厕所。

人门是龙肠的位置，这里适宜建造牛圈、马棚。这一方位修造的房屋应该广大、厚重、结实，这也叫做福囊，大吉大利。

申是玉堂的方位，这里建造饲养

主宝贝金玉之事。壮实开拓，吉。经曰："治玉堂，财钱横来，六畜肥强。"

庚，宅德、安门，宜置车屋，鸡栖碓硙，吉。甚宜开拓，连接壮阔净洁，吉。

酉，大德，龙左胁，客舍，吉。经曰："治大德，富贵，资财成万亿。"亦名宅德，宜宅主。

辛，金匮、天井，宜置门及高楼大屋。经曰："治金匮，大富贵，宜财、百事，吉。"

地府，青龙左手，主三元，宜子孙，恒令清净，吉。经曰："青龙壮高，富贵雄豪。"

外巽之位，宜作园池、竹簟。设有舍屋，宜平

牛马的房子，在风水上是主宝贝、金玉的吉位。要建造得稳固、结实、广大，这样才吉利。经书说："修建玉堂，会使意外之财茂盛，六畜兴旺。"

庚是宅德、安门的吉位，应当建造车屋、鸡舍、碾房等，吉利。应该建造得大些，宽畅些，清洁干净些，这样才吉利。

酉是大德的方位，好比龙的左胁，在这里修建客舍，是吉祥之位。经书说："修治大德，富贵荣华，家财无数。"这也称作宅德，是适合宅主的位置。

辛是金匮、天井的方位，这里应安置大门与建造高广的房舍。经书说："在辛地治金匮，大富大贵。应是财源茂盛，百事顺遂，吉利。"

地府好比青龙左手，主持三元，应该是适宜子孙居住的地方，常常使它保持洁净，是吉利的。经书说："建筑物的东部为青龙之方位，这里的建筑物应高大壮美，显示富贵雄大豪迈的气魄。"

在外部东南方的巽位，应该开掘水池，种植竹簟。但所建房舍，应低

而薄。

外天德及玉堂之位，宜开拓侵修令壮实，大吉。经曰："福德之方拓复拓，子子孙孙受荣乐。"唯不得高楼重舍。

外天仓与天府之位，不厌高壮。楼舍、安门、仓库、牛舍及奴婢、车屋，并大吉。

外龙腹之位，与内院并同，安牛马牢厂，亦名福囊。宜广厚实，吉。

外坤，宜置马厩，吉。安重滞之物及高楼等，并大吉。

外玉堂之院，宜作崇堂及郎君孙幼等院，吉。客厅即有公客来，若高壮侵拓，及有大树、重屋等，招金玉宝帛，主印绶，喜。

矮轻盈。

外部的天德与玉堂的方位，应当向外开拓并修治，使建筑物坚固、结实、壮丽，这才是大吉大利。经书说："凡是福德的方位，应拓展再拓展，这样子孙万代享不尽荣华欢乐。"只是不能建造高楼大厦。

外部处在天仓、天府方位的房屋，倒是不怕造得高大壮丽的。在这里建造楼房、安门、仓库、牛舍与奴婢的住所与车屋等，都大吉大利。

外部称为龙腹的方位，与内院相同，可以建造牛栏马棚，这也称为福囊。房屋应当建造得广阔、厚重、结实，才是吉利。

在外坤方位，应建造马厩，吉利。在此放笨重的物件与建造高楼等，都大吉大利。

外部玉堂院，应作为祖辈、夫君与孙辈的院落，吉利。客厅是待客之所，常有宾客来访，如果建造得高大壮丽宽阔，而且旁边植有大树，建有重屋等，可以招来金银财宝布帛，官运亨通，令人欣喜。

外大德宅位，宜开拓，勤修泥，令新净，吉。及作音乐饮会之事，吉。宜子孙妇女等院，出贵人，增财富，贵德望，遐振。

外部大德的住宅方位，适宜于拓展、广大，房屋的墙面应经常粉刷新泥与修理，为的是使它保持崭新与清洁的面貌，吉利。这样的建筑物，用来作为奏乐、饮酒与聚会的场所，是吉利的。这样的风水方位，应当建造供子孙、妇女等居住的院落，这里能出贵人，能增添财富，德望崇高，声名远播。

外金匮、青龙两位，宜作库藏仓窖，吉。高楼大舍，宜财帛；又宜子孙出豪贵，婚连帝戚。常令清净，连接丛林，花木蔼密。

外部的金匮、青龙两个风水方位，适合建造仓房、地窖，吉利。在这里建造高楼大舍，适宜于聚集财物，也适合子孙居住，出豪门贵族，与帝王家族结亲家。这样的住所要经常保持环境整洁清静，周围花木扶疏，浓荫密布。

乾，天门，阴极阳首，亦名背枯向荣。其位，舍屋连接长远，高壮阔实，吉。

八卦方位中的乾位，是天门的方位，它是阴气盛极而衰、阳气开始旺盛的方位，也称之为背对枯荒、面向欣荣的吉利方位。这一方位，建屋造房应连接徘徊，一直延续到远处，且造得高大壮美、宽阔稳固，才是吉利。

亥为天福、龙尾，宜置猪栏，亦名宅极。经云："欲得职，治宅极。"宜开拓，吉。

亥位是天德、龙尾的方位，这里适宜于建造猪舍，也称作宅极。经书说："要想获得一官半职，必须修造这宅极。"宅极应该开拓伸展，这样才吉利。

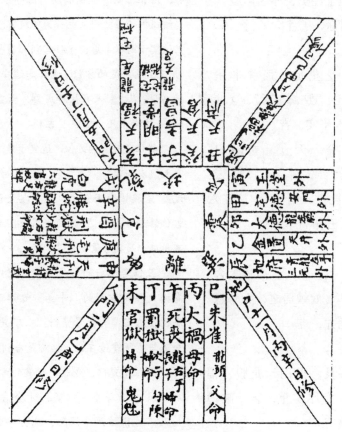

《宅经》修治屋宅时辰与方位关系吉凶图

壬，宅福、明堂，宜置高楼大舍，常令清净，及集学经史，亦名印绶宫。宜财禄，子吉昌。

龙左足，宜置牛屋。经云："奴婢成行，六畜良。"平实，吉。

癸，天仓，立门户、客舍、蕈厕，吉。经云："财耗亡，治天仓。"安六畜，开拓高厚。

丑，天府，高楼大舍。牛羊、奴婢居之，大孳息。仓厕并，吉。

艮，鬼门，龙腹，福囊。宜厚实重，吉。缺薄即贫穷。

寅，玉堂。宜置车牛舍。主宝贝金玉之事，宜开拓。经书曰："治玉堂，钱

壬位是宅福、明堂的方位。这里适宜于建造高楼大舍，经常保持它的清静、洁雅，而且里面收集、陈列经书、史籍以供学习之用，也称为印绶宫。这里适宜于财禄丰厚，子孙吉利、昌盛。

在龙左足的方位，适合建造牛栏。经书说："这家人家奴婢成群，六畜兴旺。"建得平凡、实在，吉利。

癸位是天仓的方位。适宜于建造住宅大门以及客房、厕所等，吉利。经书说："家族钱财用光了，就要在天仓的吉位修造建筑物。"此处宜用来圈养六畜牲口，而且房屋要造得开阔、厚重。

丑位是天府的方位，在这里建造高楼大屋是吉利的。牛羊、奴婢下人居住在这里，会大量繁衍，人丁兴旺。仓库与厕所建造在此，也都是吉利的。

艮位是鬼门、龙腹、福囊的方位，房子宜造得厚重、结实，才会吉利。如果修造得单薄、简陋，就会导致家族的贫困。

寅位是玉堂的方位。这里适宜于修建车库、牛栏。这方位主金银财宝，应当拓展它的面积和体积。经书说：

财横至，六畜肥强，大吉。"

"在玉堂方位建屋，财运滚滚，六畜兴旺，大吉大利。"

甲，宅得、安门。宜置碓硙。开拓，连接，壮观，吉。清净，灾殃自消。

甲位是宅得（德）、安门的方位。适宜于建造碓房、磨坊。面积与空间造型都应大些，房屋要连接不断，壮观，才是吉利。环境整洁、清静，灾殃自然消除。

卯，大德、龙胁，客舍。经曰："治大德，富贵，资财成万亿。"亦名宅主，主有德望。

卯位是大德、龙胁的方位，适宜在此建造客房。经书说："修治大德这一方位，可导致富贵荣华、家财万贯。"这位也称之为宅主，这家主人德高望重。

乙，金匮、天井，宜置高楼大舍。常令清净、勤修泥，尤增喜庆。

乙位是金匮、天井的方位，适宜于在此建造高楼大屋。经常保持房舍清洁、净雅，勤于在墙面上粉刷新泥，更能够增加喜庆的气氛。

辰，地府、青龙左手、三元，宜子孙。当宜清净。经曰："青龙壮高，富贵雄豪。"

辰位是地府、青龙左手、三元的方位，这里应该让子孙后代居住。房屋应当保持清净的环境与气氛。经书说："青龙居于东部的方位，房屋要壮伟高大，显示富贵雄豪的气魄。"

巽，风宜平稳，不宜壅塞，亦名阳极阴前，背荣向枯。宜空缺、通疏，大吉。

巽位（《易传》："巽为风"。）主风，宜让气流平稳通畅，不宜有所阻塞，此位也称为"阳极阴前，背荣向枯"的凶位。这里不应建造房子，只巳，朱雀、龙头、父命座。不宜置井，犯，害命坐人，口舌，飞祸，吐血，颠狂，蛇畜作怪。

有在风水上保持通疏，才能大吉大利。

巳位是朱雀、龙头的方位，是父亲的命位。这里不宜掘井取水，如果触犯，不仅自己性命难保，而且会连累家人。并且使家庭争吵不睦，飞来横祸，口吐鲜血，发精神病，家中毒蛇作怪，六畜不宁。

丙，大祸，母命。不宜置门，犯之，害命坐人，飞祸，口，舌。

丙位是大祸的方位，是母亲的命位。这里不适合建造大门，触犯了，自己性命难保，而且祸及家人，有飞来横祸、争讼不断的灾祸。

午为死丧，长子，妇命座。犯之，害命坐人，失魂伤目，心痛，火光，口舌。龙右手，筋急。

午位是死丧的方位。是长子、长媳的命位。触犯了，自己难以活命，而且连累别人，失魂落魄，双目失明，心脏绞痛，火光冲天，争吵不睦。午位也是龙右手方位，触犯了，浑身筋路不顺。

丁，罚狱，勾陈，次子、妇命。犯之，坐人，口舌，斗讼，疮病等灾。

丁位是罚狱、勾陈的命位。是家族中次子、次媳的命位。触犯了，就会连累家人，争吵不已，诉讼不断：浑身生疮等。

未为官狱，少子、妇命座。犯之，害命坐人，鬼魅，火疮，霹雳，盗贼，

未位是官狱的命位，是少子、少媳的命位。触犯了，不仅自己性命难保，而且祸及家人，有鬼魂作怪，身

刀兵流血，六畜伤死，家破逃散。

染毒疮，惨遭雷劈，强盗抢劫，小偷光顾，在兵荒马乱之中流血至死，六畜伤病残废，家破人亡，四处离散等灾变。

坤，人门，女命座。不宜置马厩。犯之，偏枯淋肿等。此地宜荒缺、低薄，吉。

坤位是人门的方位，是女子的命位。这里不适宜于建造马棚。触犯了，会得半身不遂。淋下不尽与水肿等病。所以，这里不适宜于造房子。如果要建造，必须造得低矮、单薄、简陋些，才是吉利的。

申，天刑、龙背，庶子、妇、长女命座。犯之，失魂，病胁，刑伤，牢狱，气满，火怪。

申位是天刑、龙背的方位，是旁出子、媳与长女的命位。触犯了，会使人失魂落魄，两胁间生病，会受刑伤身，有牢狱之灾，会气滞鼓胀以及突发火灾而不知来由。

庚，宅刑，次女、长孙命座。不宜置门，犯之，害命坐人，病右胁，口舌，伤残损坠。

庚位是宅刑的方位，次女、长孙的命位。这里不宜建造大门，触犯了，自己丢了性命不算，还要连累家人。并且右胁间会生病（指肝病），争吵不断，五肢伤残，坠地而死。

酉，刑狱，龙右胁，少女孙命座。犯者，害命坐人，失魂，刑狱，气满，火怪。

酉位是刑狱、龙右胁的方位，是小女和孙子的命位。触犯了的人，不但自己小命不保，还祸及家人，失魂落魄，牢狱受苦，气滞鼓胀，火灾突发。

辛为螣蛇，讼狱，客

辛位是螣蛇的方位，主讼狱之事，

命。犯之，害命坐人，口舌，妖怪，死丧灾起。

是宾客即亲朋好友的命位。触犯了，不只会伤害自己的性命，而且祸连全家，发生争吵不宁、兴妖作怪与家人死丧的灾变。

戌，白虎、狱讼，龙右足，奴婢、六畜命座。犯之，足跷跛蹇，偏枯筋急。

戌位是白虎、狱讼与龙右足的方位，是奴婢与六畜的命位。触犯了，会患跛脚难行，半身不遂，偏瘫与抽筋等病痛。

外乾院与同院修造开拓，令壮实；高冈陵、大树，并吉。宜家长延寿，子孙荣禄不绝，光映门族。乾地广阔。

属于八卦方位中外乾位的院落，应与同一方位的院落一样，其面积与体形都应开阔、拓展，使它壮丽、稳固；这里有高地、有大树，都是吉利的景象。这种吉利的方位，能使家族长辈延年益寿，子孙后代荣华富贵不断，荣宗耀祖，属于外乾方位的土地要广阔。

外亥，天福与宅极之乡，宜置大舍，位次重叠，深远浓厚，吉。与宅福、明堂相连接、壮实，子孙聪明昌盛，科名印绶大富贵。

外亥是天福与宅极之乡的方位，适宜于建造形体巨大的房屋，一进一进地重重叠叠，屋宇连着屋宇，进深很大，一直绵延到远处，这样才是吉利的。它与宅福、明堂之方位相连，建造得又壮丽又结实。这样，子孙聪明，家族昌盛，科举高中，居高位，大富大贵。

外天仓，宜高楼重舍，仓廪、库藏、奴婢、六畜

外天仓这一方位，宜于建造高峻的楼舍、仓库与供奴婢下人、六畜牲口

等舍，大孳息，宜财帛五谷。其位高洁、开拓，吉。

外天府，宜阔壮，子孙、妇女居之，大吉。亦名富贵、饱溢之地。迁职喜，万般悉有矣。

绝上外龙腹，福囊之位。宜壅实如山，吉。远近连接，大树、长冈，不厌开拓，吉。若低缺无屋舍，即贫薄不安。

外玉堂，宜子妇，即富贵荣华，子孙兴达。其位雄壮，即官职升腾，位至台省，宝帛金玉不少，若陷缺荒残，即受贫薄，流移他地。

等居住的房屋，可致兴旺的繁衍生息。财物、布帛丰裕，五谷丰登。保持这一方位的高洁、开阔拓展，是吉利的。

外天府这一方位，适宜于建造广阔、雄伟的房屋。子孙，妇女居住在这里，大吉大利。这里也是富贵荣华、不愁温饱的吉利之地。如有升迁，一定是喜事，应有尽有，什么都不缺。

最上部的属于外龙腹的方位，是福囊之位。这里，适宜于建造似山一般岿然不移、坚如磐石的房舍，吉利。这里的房屋要远近连接在一起，有大树簇拥，绵延的山脉做靠山，而且不要害怕它的开阔与广大，这是吉利的。这里如果地势低平、地形不完整，又没有建造房屋，一定会使家族贫困，经济微薄，生活不安。

外玉堂这一方位，适于儿子、儿媳居住，就会荣华富贵、子孙发达。这一方位所建造的房子若雄伟壮美，可以导致升官发财、飞黄腾达，做官做到台、省一级，宝物、布帛、金银、玉玩应有尽有。如果这一方位的土地任其低陷、不完整、荒凉、残破，就要受外宅德，宜作学习道艺，功巧立成。亦得名闻千里，四方来慕。亦为师统，子孙居之有信。怀才抱义，壮勇无双。

外天德、金匮、青龙，此三神，并宜浓厚实，大舍高楼。或有客厅，卿相游宴。过往一家，富贵豪盛，须赖三神，尤宜开拓。若冷薄、荒缺、败陷，即贫穷也。

外青龙，不厌清洁，焚香设座，延迓宾朋，高道奇人，自然而至。安井及水渎，甚吉。

贫困之苦、命薄之灾，并且流落他乡。

外宅德这一方位，适宜于建造供人学习道艺的房舍，可以使学道、学艺轻而易举。学成后，更可以名闻千里，使四方的仰慕者都来慕拜。此位也是师尊榜样，子孙后代居住在这里，讲究信义。既有才气又有道义，文武双全，天下无敌。

外天德、金匮与青龙这三个神秘方位，都适宜于修筑浓荫密布、坚固、结实的高楼大屋。或是在这里建客厅，供那些卿相高官游乐与宴饮之需。全家的富贵、兴盛，必须依赖这三个神秘的风水方位，所以越开拓越好。如果这里地理冷僻、单调、荒凉，地形残缺、破败、低陷，就是贫困的凶象。

外青龙这一方位越清洁越好，在这里焚香设座，接待贵宾及亲朋好友。那些有学问、有贤德、有特殊才能的人，自然都会不请自来。在这里开掘水井，挖水沟，也很吉利。

葬书

晋·郭璞 撰

《葬书》正式确定了风水的哲学基础，为风水下了定义，为后世的风水术定下了基本的价值观念。

——引自汉宝德著《风水与环境》

内篇

原文

葬者，乘生气也。

生气，即一元运行之气。在天，则周流六虚；在地，则发生万物。天无此，则气无今译以资；地无此，则形无以载。故磅礴乎大化，贯通乎品汇，无处无之，而无时不运也。

今译

埋葬死去的人，就是要随顺、驾驭生命之气。

生命之气，是宇宙间运行的、独一无二的气（译者注：是宇宙间本原、本体意义上的气）。它在天上到处流动，循环往返，无处不在，充满于左右、前后与上下的虚空之中。它在地上，又是诞生、繁衍万物的本原。上天如果没有生命之气，那么空中之气就无法获得滋养；大地如果没有生命之气，那么大地

就不能承载、养育万物。因此，生命之
气磅礴于整个宇宙，它贯通在万事万物
中，它无处不在，无时不运动流行。

陶侃曰："先天地而
长存，后天地而固有。"盖
亦指此云耳。且夫生气藏
于地中，人不可见。惟循
地之理以求之，然后能知
其所在。葬者能知其所在，
使枯骨得以乘之，则地理
之能事毕矣。

陶侃说："先于天地就已长久存
在，在天地生成之后依然存在、运行。"
指的也是这生命之气。何况生命之气
潜藏于大地之中，人类的肉眼不可能见
到，只有依循大地的脉理去探寻、去追
求，才可能知晓它潜藏的地方。埋葬
死者的人，能知道生命之气潜藏的地
方，随顺与驾驭这生命之气，使埋葬的
遗骸、枯骨获得生命之气，这便是相地
理、看风水的功效完美地发挥了。

五气行乎地中，发而
生乎万物。

五气即五行之气。乃
生气之别名也。夫一气，
分而为阴阳，析而为五行。
虽运于天，实出于地。行
则万物发生，聚则山川融
结。融结者，即二五之精，
妙合而凝也。

生命之气的五种形状在大地之中运
行、流渐，生发出来就能成就万事万物。

所谓五气，就是金木水火土这五
行之气。金木水火土这五气也是生命
之气的别名。作为混整的生命之气，
一分为二就是生命的阴气、阳气；一
分为五，就是金木水火土这五行。所
以，阴阳之气虽然运行于宇宙、虚空，
实际则发源于大地。生命之气运行，
万事万物就发生；生命之气凝聚，那
便是山脉、川流的汇融，结聚。山川

人受体于父母。本骸得气，遗体受荫。

父母骸骨，为子孙之本。子孙形体，乃父母之枝。一气相荫，由本而达枝也。

故程子曰："卜其宅兆，卜其地之美恶也。"

地美则神灵安，子孙盛。若培壅其根而枝叶茂，理固然也。恶则反是。

蔡季通曰："生死殊途，情气相感，自然默与之通。"今寻暴骨，以生人刺血，滴之而渗入，则为

的融结就是所谓阴阳二气与五行之气的精华天然自成、妙合而凝。

人的肉身，从父母那里孕育、生成。父母以生气为生命之本，由于父母的遗骸得生命之气，因此，后代就必然会受到生命的感应与庇荫。

父母的遗骸遗骨，由于生命之气的感应而为子孙后代的根本。子孙后代的肉身，是父母血脉这主干上长出的枝叶。父母与子孙在生命之气上是一气相应相感，好比从主干达到枝叶，子孙后代必然受到父母的庇荫。

因此程颐说："通过看风水来选择建造阴宅（坟墓）的好兆头，就是选择陵墓基地的吉凶、好坏。"

坟墓基地的风水好，那么，祖宗神灵就会入土为安，子孙后代就会兴旺。这好比在大树根部培壅沃土就使得枝叶茂盛，其根本道理是一样的。如果风水不好，那么，情况就相反了。

蔡季通说："人的生和死是不同的两条路。然而人的生命之气是相互感通的，活人与死人之间，生命之气是自然而默默地感通的。"如果拿暴露在

亲骨肉，不渗，则非。气类相感，有如此者。则知枯骨得荫，生人受福，其理显然，不待智者而后知也。

或谓抱养既成，元非遗体，僧道嗣续，亦异所生，其何能荫之有？而不知人之心通乎气。心为气之主，情通则气亦通，义绝则荫亦绝。故后母能荫前母子；前母亦发后母儿。其在物，则萎薮螟蛉之类是也，尚何疑焉。

地面上的遗骨，试以活人刺穿皮肉而流出的鲜血，滴落在遗骨上，如果鲜血渗入遗骨，便可证明是血亲骨肉；如果不能渗入，那么就不是。所谓父母与子孙间生命之气的相感相通，就是这样的。从这例子，就可以知道安葬先人遗骸的好风水，能使后代得到庇荫与活着的人蒙受福泽的道理了。这道理是明摆着的，不是智慧聪明的人也能明白。

有人说，抱养不是亲生的子女长大成人，本来就不是亲生骨肉；和尚、道士领养的后人，也不是他们自己所生养，那么，他们又为什么能够得到先人的庇荫呢？这是不知道人的心（情感）相通于生命之气的道理的缘故。心是生命之气的主宰。情感相通，生命之气也相通；情义断绝，庇荫也就断绝。因此，后娘死后，可能庇荫前母所生的子女；前妻死后的坟墓风水好，如果活着时情感好，有恩义，也可以使后娘的子女飞黄腾达。这就像沼泽草地中的螺蠃养育螟蛉的道理一样。（螟蛉子即养子，如果养子对养父母有恩义，有情感即心之相通，养父经曰："气感而应，鬼福及人。"

父母子孙，本同一气，互相感召，如受鬼福，故天下名墓，在在有之。

盖真龙发迹，迢迢百里。或数十里，结为一穴。及至穴前，则峰峦蠹拥，众水环绕，叠嶂层层，献奇于后。

龙脉抱卫，砂水翕聚，形穴既就，则山川之灵秀，造化之精英，凝结融会于其中矣。

母死后安葬的风水好，因而也可以得到荫庇、保佑。）这还有什么疑问呢？

经书说："生命之气在生、死两界相互感应，所以死者的鬼魂可以施以福泽、庇荫后人。"

父母与子孙后代，在血缘上本来就是同一个生命之气，两者互相感应、召唤，后人蒙受先辈鬼精的福佑，所以天下的著名墓葬，到处都有。

大凡天下名墓的龙脉，自西北方之乾位（注，依文王八卦方位，乾在西北，为龙脉之起始）百里迢迢或是数十里以外蜿蜒而来，风水好的龙脉，山势蜿蜒来到墓地，结成一个穴位。在这穴位的前后、左右，则有群峰簇拥，众水环抱，层山叠嶂，关键都在起始于西北方位到北方位的龙脉（注：龙脉在墓穴之北，即"后"）的神奇。

这便是龙脉抱卫的形势，东砂即青龙山，西砂即白虎山，与起自西南、东北方位的流水、河系向东南方位流去，构成一个如封似闭、山水环绕的风水态势，成就一方墓穴，这是钟"山川之灵秀，造化之精英"的好风苟盗其精英，窃其灵秀，以父母遗骨藏于融会之地。由是子孙之心，寄托于此。因其心之所寄，遂能与之感通，以致福于将来也。

是知人心通乎气，而气通乎天。以人心之灵合山川之灵，故降神孕秀，以钟于生息之源。而其富贵贫贱、寿夭、贤愚，靡不攸系。至于形貌之妍丑，并皆肖象山川之美恶。故嵩岳生申、尼丘孕孔，岂偶然哉！

呜呼！非葬骨也，乃葬人之心也；非山川之灵，亦人心自灵耳。世有往往以遗骨弃诸水火，而无祸福者，盖心与之离故也。

水，天地之灵气与精华，都凝聚、融汇在这穴位的好风水之中了。

要是暗取穴位的精华与灵秀之气，把父母的骸骨埋葬在风水宝地。由此，使子孙后代孝敬父母的心寄托在这里。由于这虔诚心的寄托，就可以使心与生命之气相感通，未来将获得福荫。

由此可知，人的心通于生命之气，而生命之气通于天。这叫以人心的生命之灵，结合山川的生命之灵。因而降下并孕育神秀之气，聚集在这生生不息的源头。而人的富贵或贫困，长寿或短命，贤明或愚昧，没有不与这坟墓风水的好坏与吉凶相联系的。甚至于连人的容貌美丑，都与坟墓四周山脉的走势、水系的流贯相联系。所以，河南嵩山的好风水出了申生、尼山的好风水孕育了孔子，难道是偶然的吗？

啊！这不是埋葬父母的遗骨，而是埋葬子女的一片仁心与孝心；这不是山水的灵气，也是人的仁心与孝心所本有的灵秀。天下确有把先人遗骨随便丢弃于水火之中的情况，却没有得到报应，这是因为人心与葬者相离的缘故。

是以铜山西崩，灵钟东应。

汉未央宫一日无故钟自鸣。东方朔曰："必主铜山崩应。"未几，西蜀果奏铜山崩。以日揆之，正未央钟鸣之日也。帝问朔何以知之？对曰："铜出于山，气相感应，犹人受体于父母也。"帝叹曰："物尚尔，况于人乎！"

所以，由于气的感应，西方铜山崩塌时，位在东方的钟因灵气相应而自鸣。

汉代之时，有一天未央宫里的钟无故自己鸣响起来，东方朔就说："这一定是铜山崩塌而感应所引起的。"过不久，西部的蜀地果然派人来报，说铜山崩塌了。扳着手指一推算，铜山崩塌的那天，正是未央宫里灵钟自鸣的时候。皇帝就问东方朔是怎么知道的？东方朔回答："铜钟出于铜山，由于生命之气相同，所以铜钟有感应力。这好比人的肉身由父母所孕育。"皇帝感叹地说："像铜山这样的物尚且如此，何况是人呢！"

昔曾子养母至孝，子出，母欲其归，则啮指，而曾子心痛。人凡父母不安而身离侍侧，则亦心痛，特常人孝心薄而不自觉耳。故知山崩钟应，亦其理也。

从前，曾参十分孝敬他的母亲，所以当曾参外出，他的母亲想念他时，想让他早日归家，就咬自己的手指，出门在外的曾参就立刻感到心痛。情况大致是这样，自己出门在外，在家父母一旦感到不安，那么，出门在外的游子，也会感到心痛。不过一般的人孝心不够，所以不会感到心痛罢了。由此可知，铜山崩而灵钟自鸣，也是这个道理。

葬　书

木华于春，栗芽于室。

此亦言一气之感召也。野人藏栗，春至，栗木华而家藏之栗亦芽。实之去本已久，彼华此芽，盖以本性原在，得气则相感而应。亦犹父母之骨葬，乘生气而子孙福旺也。

夫一气磅礴于天地间，无端倪、无终穷。万物随时运化，本不自知；而受造物者，亦不自知也。

盖生者，气之聚。凝结者，成骨，死而独留。故葬者，反气入骨，以荫所生之法也。

栗树在春天开花，栗子便在室内发芽。

这说的也是生命浑沌之气的相互感应与召唤。山野村夫家里储藏的栗子，每到春天，栗树开花，家里储藏的栗子也发了芽。栗子作为果实从栗树上摘下来已经很久，而那里在开花，这里在发芽，这是因为两者的本性仍在。它们一旦得生命之气便会相感相应。这犹如父母的遗骸安葬在风水好的墓地，由于随顺、驾驭生命之气而带给子孙后代洪福齐天、兴旺发达。

生命浑沌之气，在天地之间磅礴运行，无起点、也无终点。天下万物都随着时节而运行，而生命之气自己不知道；作为被创造的万物，它们自己也不知道这生命之气如何感应的道理。

活着的人，是生命之气的聚集状态。生命之气的凝结，就成为人的骨头，人死后，肉体腐烂而骨头独自留存下来。所以，死者埋葬在一块风水好的墓地里，是能使生命之气重新返回人的骨殖之中，用来庇荫子孙后代生命的安康方法。

乾父之精，坤母之血，二气感合，则精化为骨，血化为肉，复藉神气，资乎其间，遂生而为人。及其死也，神气飞扬，血肉消溃，惟骨独存。

而上智之士，图葬于吉地之中，以肉乘生气，外假子孙。思慕一念，与之吻合，则可以复其既往之神，萃其已散之气。盖神趋则气应，地灵而人杰，以无为有，借伪显真，事通阴阳，功夺造化，是为反气入骨，以荫所生之法也。

丘垄之骨，冈阜之支，气之所随。

丘垄为阴，冈阜为阳。丘言其高，骨乃山之带石者；垄高不能自立，必藉

乾坤二性即父精母血，这阴阳二气的感应召唤，那就是父精成就为人的骨，母血成就为人的肉，再凭藉生气灌注，融渗在其中，便能成就人的生命。到人死的时候，生命的神气飞散出去，人的血肉消溃，只是独独留下了骸骨。

于所以智慧超拔的人，都希望自己死后葬在风水吉利的墓地里，为的是使肉体可以驾驭、随顺生命之气，外可以造福于子孙后代。子孙后代时时思念的心念，若能就与生命之气相吻合、相感应，那么就可以恢复死者生前的神气，荟萃生前已发散的生命之气。当神灵趋动，气便随之感应，成就人杰地灵境界。从无的状态生出有的状态，虚假也变成真实，万事万物阴阳调和，自然夺造化之功，这便是使生命之气返回骸骨之中，以庇荫子孙后代的风水之法。

山岳的骨骼，高地的肢体，正是生命之气灌注与运行所在。

山岳属阴，冈阜属阳（译者注：可与前文所述"丘垄之骨，冈阜之支"相参看，故知，与前文所言骨为阳，肉为

石带土而后能耸也。冈者，迹也。土山为阜，言支之有毛脊者，垄之有骨气，随而行则易见支无石，故必观其毛脊，而后能辨也。然有垄而土，支而石，垄而隐，支而隆者，又全藉乎心目之巧，以区别也。

经曰："气乘风则散，界水则止。"

谓生气随支垄体质流行，滔滔而去，非水界则莫之能止。及其止也，必得城郭完密。前后左右环围，然后能藏风而不致有荡散之患。经云："明堂惜水如惜血；堂里避风如避贼。"可不慎哉？

阴的说法有别）。山丘是高峻的，以骨形容山丘，是指这山是石山。山岳的高峻，必然是山石堆垒的结果才能高耸起来，光凭土是高不起来的。山冈是山脉的形迹，是较低而平缓的山脊。土山就是高地，所谓支脉，就是有山脊的山，而垄的走势所显示的是一种骨气，随垄而运行就容易发现支脉上无山石。所以，一定要观察它的山脊，然后才能够分辨出来。但是有的垄上有土，有的支脉上有石，有的垄不明显，有的支脉高耸，这一切，又全凭风水先生即相地者的心灵智能与锐利目光才能加以区别。

经书说："生命之气遇风便发散，遇到了水就栖止。"

这是说生命之气，随着山的支脉、冈垄运行流动，像水流一样滚滚滔滔向前而去，不遇到水脉、水系就不知道栖止。等到生命之气栖止下来的地方，山势必定如城池、楼郭的建筑一样完备而紧凑。它的前后左右环绕、护卫，这样的风水宝地才能避免"藏风而不致有荡散"的毛病。经书说："阴宅的基地慎用水景，好比爱惜人的古人聚之使不散，行之使有止，故谓之风水。

高垄之地，天阴自上而降，生气浮露，最怕风寒，易为荡散。如人深居密室，稍有罅隙通风，适当肩背，便能成疾。故当求其城郭密固，使气之有聚也。平支之穴，地阳自下而升，生气沉潜，不畏风吹。（注：这里原书缺一字）出在旷野，虽八面无蔽，已自不觉。或遇穴晴日朗，其温和之气自若，故不以宽旷为嫌，但取横水之有止，使气之不行也。此言支垄之取用不同有如此。

血液，使阴宅不至于漏气，而避风好比面对盗贼而避之唯恐不及。"在这一点怎能不慎重处理呢？

古人的风水之术，将生命之气聚集起来使它不至于飞散，使它运行起来又有栖止、止息的区域、地界，这称之为风水。

在山地地区，蕴涵于天阳之中的阴气因素从上向下降落，这时生命之气中阴的因素浮泛而显露，最让人害怕的是风寒之气，容易激荡飞散。好比人一向深居在密不透风的密室之中，一旦稍微有了空隙让寒风通过，正好吹到肩背，就会导致生病。所以，应该让城池、楼阁建造得紧密牢固，使这生命之气有聚集的地方。平坦或有山脉护卫的坟墓地穴，蕴涵于地阴之中的阳气因素从下向上升腾，这时，生命之气沉潜下来，不怕寒风吹拂。如果这气来自旷野，虽然旷野上四面八方没有遮蔽，自己也已不会感觉到这一点。有时遇到穴地上空丽日高照，天气晴朗，这温和的生命之气天然自成，所以，不必以为旷野宽广就说阴风水之法，得水为上，藏风次之。

支垄二者，俱欲得水。高垄之地，或从腰落，虽无大江拦截，亦必池塘以止内气。不则去水稍远，而随身金鱼不可无也。傥金鱼不界，则谓之雌雄失经，虽藏风亦不可用。平支之地，虽若无蔽，但得横水拦截，何嫌宽旷。故二者皆以得水为上也。

经曰："外气横形，内气止生。"盖言此也。

宅不好。只要水能以界为限，风流动适变，使生命之气不横行就可以了。这说的，就是相地中支脉、冈垄取用不同的道理。

风水的根本法则，选择好的水系、水流是第一位的；使风运行、流渐，但这地方又可以潜藏得住风，是第二位。

山的支脉与冈垄两者，都要有水系环绕。高峻的山地，从山腰顺势直下，虽然这里没有大江大河拦截、阻断山脉，但也必须有一池水来蓄储这风水宝地的生命之气。若非如此，穴地离开水系较远，环绕、半绕穴地的流水是不可少的。如果这风水不是以水为界，那么就可以说是阴阳失调，这地方即使能够藏得住风，也是不能选作墓地的。平坦、支脉垄起的地方，虽然无遮无蔽，只要有流水环抱，即使地方宽旷，也是不怕的。所以，这支、垄两种情况都以得水为第一。

经书说："风水术所说的外气，即流水运行于大地，它在形态上阻隔生命之气的肆意横行。风水术所说的内气，即隐潜于大地的生命之气的栖水流土外，谓之外气；气藏土中，谓之内气。故必得外气形横，则内之生气自然止也。此引经以结上文得水为上之意。

何以言之？气之盛虽流行，而其余者犹有止；虽零散而其深者犹有聚。

高垄之地，落势雄雌，或去或止，各有（注：这里缺一字）作，自（注：这里缺一字）一地，可尽其力量也。

而好龙多从腰落分布，枝蔓于数十里之间。或为城郭、朝乐、官曜、禽鬼、捍门、华表、罗星之类，皆本身自带不可为。彼既流

止。"说的就是这个道理。

所谓外气，是显露在生命之气外的，指风水中的水系、水流，它的形态运行于大地之上；所谓内气，是潜藏于大地之中的生命之气。因此，好的风水，一定是那种流水环抱的大地形态，只要流水环抱，那么，穴地内蕴的生命之气就自然而然地栖止在这里了。这段文是引用经书的话来总结前文关于好风水以得水为第一的意义。

为什么这么说呢？生命之气旺盛，虽然运行、流动于天地之间，但在它运行的过程中，一旦遇到阻隔，还有栖止的时候；它虽然可以飘零飞散，但它在大地深邃之处，还是会凝聚的。

高起的山地，它的落势有雄雌之分，有的是去势，有的是止势，各有不同的作为。看风水，就是要充分发挥风水本来具有的生命之气的能量。

而风水吉利的山势（龙脉）大都从山腰顺势而下，分成许多分支，绵延几十里之内的范围。要是在这里建造城池、朝乐、官曜、禽鬼、捍门、华表与罗星等等，都是依地理、地形、

行，而余者非止也，但当求其聚处，而使之不散耳。

平支之龙，大山跌落平洋。四畔旷阔，其为城郭，亦不过高逾数尺而已，且去穴辽远。朝山一点，在乎云霭之表。人莫不以八风无蔽为嫌，又岂知支垄气隐，若零散而其深者，犹有聚也。但得横水拦截，使之有止耳。此言支垄之气盛者如此。

地脉自然天成，不可妄为。从生命之气的本性看，它既然是永恒地运行，当然没有所谓运行之余，静止、栖止的时候，但是所谓界水为止，就是寻求使它获得凝聚的地方，而不溃散。

平坦大地与山的支脉形成的龙脉，呈现大山的走势突然中断，孤峰独特于平坦大地的态势。这里四野宽阔，要是在这里建造城池，其城池建筑的地基，也不能超过几尺，如此罢了，且要使房舍的点穴之处离所谓平支之龙远些。房舍前的一座朝山，要高峻而耸入云表。人们莫不以八风（注：《吕氏春秋·有始》："何谓八风？东北曰炎风，东方曰滔风，东南曰熏风，南方曰巨风，西南曰凄风，西方曰扬风，西北曰厉风，北方曰寒风。"按，《淮南子·坠形训》作炎风、条风、景风、巨风、凉风、扬风、丽风、寒风，与《吕氏春秋》的八风说稍有不同）的无遮无蔽为凶险的，又怎么懂得支垄之地的生命之气隐藏在大地之中，看上去似乎是零零散散的，而它深邃的气蕴仍是凝聚的。只要它有流水横亘、拦截，使生命之气在此栖故藏于涸燥者，宜深；
藏于坦夷者，宜浅。

上句言垄，下句言支。
高垄之地，阴之象也，气
在内，强刚而沉下。故言
涸燥当深葬。平支之地，
阳之象也，气在外，弱柔
而浮上。故言坦夷当浅葬。

经曰："浅深得乘，风
水自成。"

高垄之葬，潜而弗彰，
故深取其沉气也。平支之
葬，露而弗隐，故浅取其
浮气也。得乘者，言所葬
之棺，得以乘其生气也。
浅深，世俗多用九星、白
法，以定尺寸，谬也，不若

止、静止就是好的。这里说的就是支垄
的龙脉、气脉旺盛的道理。

所以，在干燥缺水的地方建造陵
墓，适宜于深葬；在平坦的地方建造
陵墓，适宜于浅葬。

这段话上面一句说的是垄的风水，
下面一句说的是支的风水。高爽干燥的
地方，是阴气浊沉的地方，这里的生命
之气深蕴在大地之中，它的品性刚强而
且下沉。所以，这里所说在干燥高爽的
垄地，应当深埋死者的骸骨。平坦的地
方，是阳气高扬的地方，生命之气显露
在外，反而显得柔弱而浅在。所以在土
地平坦的支地，应当浅埋死者的骸骨。

经书说："浅葬或是深葬，只要得
生命之气，吉利的风水就自然而然的
成就了。"

在高峻山地营葬，气深潜而不彰，
所以棺木要深埋，才能得其沉潜的生命
之气。在平坦的支脉之地营葬，气显露
在地面而不隐没，所以棺木要浅葬，以
获得高扬的生命之气。所谓"得乘"，
说的是所埋葬的棺木，获得、驾驭大地
生命之气的意思。关于墓葬的浅法与深

只依金银炉底，求之为得。

法，世俗社会大都采用所谓的"九星"（译者注：指九颗星，《素问》注："九星谓：天蓬、天内、天衡、天辅、天禽、天心、天任、天柱、天英"）、"白法"（译者注：佛家称世间一切善法为白法，比如伦理意义上的修身养性等等。如《广弘明集》卷二七记载："涅槃经云：'有二白法能救众生，一惭二愧。惭者自不作恶，愧者不教他作。'"）的理念与方法来决定墓地的尺寸大小，这是错误的，倒不如只依凭将墓穴看作"金银炉底"的理念去追求为好。

天阴阳之气，噫而为风，升而为云，降而为雨，行乎地中，而为生气。

所谓阴气、阳气，聚积起来，就成为风；升腾而起，就成为云；降落下来，就成为雨；潜行在大地之中，就是生命之气。

阴阳之气，即地中之生气。故噫为风，升为云，降为雨。凡所以位天地，育万物者，何莫非此气邪！斯盖因曰："葬，乘生气。"故重举以申明其义。愚尝谓能生能杀，皆此气也。

阴气、阳气，就是潜藏在大地之中的生命之气。所以聚积就成为风，升腾就成为云，降落就成为雨。凡是位列在天地之间，养育万物的，除了这生命之气，还有什么？正因为这个原因，所以才说："埋葬死者，是对生命之气的驾驭与随顺。"所以，这里要再次提出来说明其中的意义。依我的愚见以为，葬得其法，则为生气；失其道，则为杀气。如所谓加减饶借吞吐浮沉之类，并当依法而剪裁之，不致有撞杀、冲刑、破腮、翻斗之患也。

夫土者，气之体；有土，斯有气。气者，水之母；有气，斯有水。

气本无体，假土为体，因土而知有此气也。水本无母，假气为母，因气而知有此水也。五行以天一生水，且水何从生哉？生水者，金也；生金者，土也。土腹藏金，无质而有其气。乾藏坤内，隐而未见。及乎生水，其兆始萌。言气为水母者，即乾，金之气也。

埋葬死者的风水大法，无论能生或能杀，都是这生命之气的作用。

选择墓地安葬死者，能符合风水术的根本原则与方法，那么就是赢得了生命之气；不依凭风水术的大法做事，那就只能遭逢杀气了。就像所谓的加减、饶借、吞吐、浮沉等等，都应当依据一定的法则、规矩去处理，这样才不致于有撞杀、冲刑、破腮与翻斗等的灾祸发生。

所谓土，是生命之气的躯体；有了土，才有生命之气潜藏的地方。生命之气，是水的母体；有了这气，才有水的存在。

生命之气本来没有躯体，它是凭藉着土来做它的躯体，所以，从土就可以知道存在的生命之气。水本来没有母体，它是用生命之气来做它的母体，由这生命之气就知道水的存在。金木水火土这五行中的水，处于文王（后天）八卦方位之北方的坎位（译者注：据《易传》：坎为水），它也是《河图》的北方"天一"的方位，所以说"天一生水"，而且水又从哪里生成呢？生成水

的，是金（注：依五行相生，为"金
生水"）；生成金的，是土（注：依五
行相生，为土生金）。土之中埋藏了金，
它没有形质但是生气灌注。乾隐藏在坤
内，所以乾是内隐的，未见的。当水生
成时，先兆才出现，这生命之气是水的
母体，也就是乾阳，金的生命之气。

世人不究本源，但以所见者，水尔。故遂以水为天地之始，盖通而未精者也。

世间一般人不去推究其生成的本源，只是依肉眼所看见，说它是水。所以，就认为水是天地生成的始因，这只是笼统地看问题，但却没有看得很准确。

经曰："土，形气；形，物因以生。"

经书说："土是有形的气；形态出现，具体的万物也就生成了。"

生气附形而有，依土而行，万物亦莫非（注：此处缺字）也。此引经结上文有土斯有气之意。

生命之气，只有依附在具体的形态上才能证明它的存在，它依凭着土而运行。万物也无非是生命之气的具体形态。这是引用经文来总结前文所谓有土才有生命之气存在的道理。

夫气行乎地中。其行也，因地之势；其聚也，因势之止。

生命之气潜行于大地之中。它的潜行，遵循大地的形势而行；它的凝聚，也遵循这形势而栖止。

气行地中，人不可见。其始也，则因地之势而知其行；其次也，又因势之

生命之气运行于大地之中，人的肉眼是见不到的。它的开始运行，由大地的地理形势而可以推知它的运行；

止，而知其聚也。

葬者，原其起，乘其止。

善葬者，必原其起，以观势；乘其止，以扦穴。凡言止者，乃山川融结奇秀之所，有非明眼，莫能识也。《片玉髓》云："草上露华偏在尾，花中香味总居心。"其止之谓与。或谓粘穴乘其脉之尽处为止。然则盖、倚、撞、安可以止云？不知古人正恐后世不识止处，故立为四法以乘之。夫盖者止于盖，倚者止于倚也。撞、粘莫不皆然。唯观义之所在，高低正侧，何往而非止乎。

然后，又可以因为地理形势的栖止而推断它的凝聚。

选择墓地安葬死者，就是要懂得它的龙脉起自哪里，驾驭生命之气又依止于哪里。

懂得风水葬制的人，首先一定要寻找龙脉（译者注：按文王八卦方位，龙脉的起始为乾位，在西北方）的起始，为的是观察墓地地理形势的走向；由生命气脉的流渐、贯通，决定墓地的地穴所在。凡是称得上生命之气凝聚、栖止的地方，一定是山川融汇、神奇与秀美的好地方，不是目光锐利的人不能识别。《片玉髓》说："草叶上的露滴偏偏凝伫在叶尖之上，花朵的香气总是集中在花蕊。"生命之气的栖止就是这样。有的人说，所谓止，就是粘穴驾驭它气脉的尽头。但是风水术中的盖、倚与撞这三穴，又该在哪里可以使生命之气凝聚静止呢？殊不知古人正因恐怕后人不懂得生命之气的凝聚、静止，而标立四条原则来识别。凡是盖穴，就是在盖穴的尽头凝聚着生命之气；凡是倚穴，就是在倚穴地势原脉，山势原骨，委蛇东西，或为南北。

平夷多土，陡泻多石。支之行必认土脊以为脉。垄之行则求石脊以为骨。其行度之势，委蛇曲折，千变万化，本无定式，大略与丘垄之骨，冈阜之支略同。

千尺为势，百尺为形。

千尺言其远，指一枝山之来势也；百尺言其近，指一穴地之成形也。

势来形止，是谓全气。全气之地，当葬其止。

的尽头凝聚着生命之气。至于撞穴、粘穴的情况，也都是这样。只要依据这原理，观察生命之气凝聚的地方，不管地理形势的高还是低，正还是侧，没有运行到哪里就不能凝聚栖止的道理。

在风水术中，以观察地理形势判定龙脉的自然走向，以察看山势判定气骨的原来面貌，它们有的自东向西逶迤而来，有的从南向北奔腾而去。

平坦的地方多土，陡峭的地方多石。山的支脉的走势，一定是以土脊为其脉络的。山冈的走势，则是以石脊为其骨骼的。它们的走向与走势，逶迤曲折，千变万化，本来就没有一定的规矩，大致上与丘垄的山脊与冈阜之地的支脉相同。

千尺之外，称为山的走势，百尺以内，称为穴地的形状。

说千尺远，是说一座山的来势较远，指山势的远观效果；说百尺近，是指穴地所成的形态。

山的气势自远处来，到穴地就凝聚、栖止，这叫做生命之全气。全气充沛、凝聚的穴地，应该是安葬死者、生命之气栖止的吉地。

原其远势之来，察其
近形之止。形势既顺，则
山水翕合，是为全气之地。
又当求其止处而葬之，斯
尽善矣。

探原于龙脉山势的远来，近处观
察生命之气栖止的穴地形态。穴形与
山势既然顺畅，那么山脉与流水就相
合，这叫做风水术十全十美的生命之
气的吉利之地。而且，应当追求那种
生命之气凝聚、栖止的穴地来埋葬死
者，这就尽善尽美了。

止之一字，最谓吃紧。
世之葬者，不乏全气之地，
但于止处则有昧焉耳。夫
千里来龙，五尺入手，才
差一指，尽废前功。从奇
峰耸拔，秀水之玄，皆不
为我用矣。

"止"这个字，在风水术中是最要
紧的。世间的葬制与安葬的实践，并
不缺乏十全十美的生命之气的吉地，
但是，所谓"点穴"，即风水术中怎样
选择、决定墓穴的位置、深浅、大小，
那是大有讲究的。龙脉自千里之外来
到这里，由于往往找不准墓穴的吉利
而准确的位置，虽然下掘五尺土深而
安葬，但是，结果却因为一指的差距，
使得前功尽弃。如果是这样，即便这
地方具有神奇的山峰高耸，流水清丽
而涵深，都不能为我所用了。

若得其传，知其止，
则如数二三、辨黑白。人
或见其莽然，可左可右，
可移可易，而不知中间自

如果探得它的真传，知晓它的
凝聚、栖止的道理，那么，就像数简
单的数字，分辨什么是黑、什么是
白，一样容易。人们有时知道它的大

有一定不易之法，尺寸不可迁改者。《指南》云："立穴若还裁不正，继饶吉地也徒然。高低深浅如葬误，福变为灾起祸愆。"

概，似乎可以在左在右，也可以移迁、改变，却不懂得这风水术的里面，本来具有一定的、不能改变的根本原则与不能改变的尺寸制度。《指南》说："选择决定墓穴位置时，如果找不到生命之气止聚的准确位置，那么即使这里是'全气'的吉地，也是枉费。如果不讲究高低深浅，作出错误的处理，那么，本来洪福齐天、大吉大利的事情，也会变为灾祸。"

宛委自复，回环重复。

宛委自复，指其势而言，或顺或逆，即委蛇东西，或为南北之意也。回环重复，以其形而论。层拱叠绕，即朝海拱辰之义也。全气之地，其融结之情如此。

风水好的墓地，形势逶迤往复，山水回抱。

所谓"宛委自复"，是就龙脉山势的走向与远观效果来说的。或者是顺势，或者是逆势，就是逶迤曲折，东向西或南到北的走向与走势的意思。所谓"回环重复"，是就穴形来说的。穴形有层拱叠绕，即朝海拱北斗的象征意义。十全十美的穴地，它的圆融、凝聚生命之气的情况就是这样。

若踞而候也。

如人之踞然不动，而有所待然。

山势犹如盘踞而等候状。

这便像是一个人那般蹲着不动，而正在等候的样子。

若揽而有也。

如果山势犹如怀抱东西一般。

如贵人端坐，器具毕陈，揽之而有余。

这就像一个贵人正襟危坐，他的前面器具有条不紊地陈列着，抱在怀里而从容的样子。

欲进而却，欲止而深。

山势好像要向前奔涌，但又好像在这里止步；水势好像要在此停止流动，但又显得深邃。

上句言拥卫之山，须得趋揖朝拱，不欲其僭逼冲突而不逊也。下句言潴蓄之水必得止聚渊澄，不欲其陡泻，反背而无情也。

这里，上面一句，说的是墓地左右与前面的青龙山、白虎山、朝山与案山等，必须对墓穴有拥卫之势，它们簇拥、揖让、拱卫、朝拜墓穴，又不是与墓穴起冲突、僭逼而不逊的样子。下面一句，是说水势要凝聚、涵泳、清澈，是活水，不是死水，又不是从上奔泻或回流激荡无情的水。

来积止聚，冲阳和阴。

山脉群峰积集；水域凝聚栖止，这是阴阳调和的风水。

来山凝结，其气积而不散；止水融会，其情聚而不流。斯乃阴阳交济，山水冲和也。

从远处而来的山势凝生命之气在这里，这气蓄积而不散；流水潺潺而不奔泻，是使生命之气凝聚栖止的水，融和而不奔流的水。这便是山与水的阴阳相济，阴阳冲和。

土高水深，郁草茂林。
水深沉则土壤高厚，气冲和则草木茂昌。程子

好风水必然是山高水深，林木、花草茂盛的地方。水流深沉涵泳，则土壤高爽肥沃；阴阳之气冲和，则草

曰："曷谓地之美? 土色光泽,草木茂盛,乃其验也。"

贵若千乘,富如万金。

气象尊严,若千乘之贵。拥簇繁夥,犹万金之富。

经曰:"形止气蓄,化生万物,为上地也。"

堂局完密,形穴止聚,则生气藏蓄于中矣。善葬者,因其聚而乘之,则可以福见,在昌后裔,如万物由此气而成化育之功,故为上地。

地贵平夷;土贵有支。

支龙贵平坦夷旷,为得支之正体。而土中复有

木茂盛。程颐说:"什么样的土地才称得上是美好的土地? 土的颜色黑亮有光泽,草木茂盛,就是这样的好地。"

尊贵犹如拥有千辆马车的贵族;富裕有如拥有万金的富人。

这是说明好的风水,令人望之气象神圣而尊严,好像千乘之侯那样贵重。四周簇拥、侍卫,好像万金富翁那样富足。

经书说:"外型龙脉来止,生命之气凝蓄在这里,可以化生万物,这样的墓地,是上上大吉的好地。"

风水好的陵墓,建筑如堂的布局完整紧凑,外形与穴位止聚,那么,生命之气就潜藏积蓄在其中了。懂得风水术的人,由于能根据形气的积聚而因势利导,使福荫显现,后代子孙昌盛繁荣,正如天下万物因为气而化育、发展与成熟那样,所以这是风水中的上等好地。

支龙地中最好的,是土地平坦,土中有支脉。

支龙最好要平坦、宽广些的,这是得气脉的典型地形、地理。这吉地,

支之纹理，平缓恬软，不急不燥，则表里相应。然却有支体而得垄之情性者，直如掷枪，急如绷线，谓之倒火、硬木，此阳中含阴也，法当避杀，粘唇架折而葬。刘氏所谓直急则避，毬而凑檐是也。阳者为弱，本宜凑入，奈何性急，要缩下一二尺，缓其急性，苟执支法，扦之则凶。此支龙之至难体认者，故景纯谓支龙之辨，盖言此也。

还要有山脉的纹理可循；要坡度平缓，土质细软，走势逶迤而不峻急，那便是表里一致而相应的。但是，也有一种支脉的地理、地形，却是一副垄地秉性，其纹理、走势，笔直地好比掷出去的投枪；峻急地好比绷紧的线条，这叫做倒火、硬木，是阳中含阴、阴阳不和的缘故。从风水术的常规看，应当避免煞（杀）气、"粘唇架折"而葬。刘氏说的所谓"直急则避，毬而凑檐"，就是这个意思。太阳刚的，即阳气过盛的，要使它变柔弱些，本来应当阴阳相凑，由于阳性峻急，就不应该。所以，葬埋时要缩小一二尺，为的是缓和它过分阳刚的性质。如果执著于处理一般支脉的原则下葬，过分插入，就凶险了。这便是风水术中关于气脉、龙脉问题难以理解、领会的地方。所以，景纯所说的"支龙之辨"，便是就此而言的。

支之所起，气随而始；支之所终，气随以钟。

此言平支行度体段，

气脉的起始，是随生命之气的开始而开始的；气脉的结束，也随生命之气运行的终止而凝聚。

这说的是，气脉在平坦的支脉运

原其始，则气势随之而行；乘其止，则气脉因而之钟。观势察脉，则可以知其气之融结矣。

观支之法，隐隐隆隆，微妙玄通，吉在其中。

隐隐，有中之无也；隆隆，无中之有也。

其体段，若盏中之酥，云中之雁，灰中线路，草里蛇踪，生气行乎其间，微妙隐伏而难见，然其吉则无以加矣。

经曰："地有吉气，土随而起；支有止气，水随而比。势顺形动，回复始终。法葬其中，永吉无凶。"

引经以明上文。支龙行度，言平夷之地，微露毛

行的规律体制，探原于气的起始，那么，气脉便随它而运化；因为气脉的终止，气也就跟随着凝聚。看风水，就是观龙脉、山势，察气脉运化，那么，就可以知道生命之气的融合与凝聚了。

观察平地的气脉运化，它是隐隐约约、微妙幽玄的，吉祥便在其中。

所谓"隐隐"，指有中好像没有；所谓"隆隆"，指没有中又好像是有。

这气象的规矩、法度，好比是杯盏中的酥皮，云海中飞翔的大雁，黑暗中的道路，草丛里潜行的蛇，好像有，好像没有，生命之气运化在其中，微妙、神秘、隐伏，不易被发现。但是，一旦找到了，就是最为吉利的。

经书说："穴地有吉利的生命之气，那么，土也随着它凸起而是吉利的；气脉具有凝聚栖止的生命之气，那么，水流也随之凝聚。气势顺，地形就有活跃的生命力，不断地循环往复。所以，按这生命之气的法则埋葬在这吉利的地方，便永远吉祥而没有凶险。"

这里引用经书上的话，为的是阐明前文的意思。气脉运化于平地的法

脊。圆者如浮沤、如星、如珠；方者如箱、如印；长者如玉尺、如芦鞭；曲者如几、如带；方圆大小不等者，如龟、鱼、蛙、蛤。是皆地之吉气涌起，故土亦随之而凸起。及其止也，则如鸡巢旋螺之状，言形止脉尽，而一水交度也。高水一寸，便可言山；低土一寸，便可言水。此支气之止，与水朋比，而相为体用者也。势顺形动者，龙势顺伏而不反逆，局形活动而多盘旋。砂水钩夹，回环重复，首尾无蔽，始终有情，依法自可扦穴。

山者，势险而有也，法葬其所会。

则，说的是平坦大地上毛脊微微显露。圆形的毛脊，像水泡、像星星、像圆珠；方形的毛脊，像箱子、像方形印章；长的像玉尺、像芦叶；曲形的毛脊，像曲形的几案、像带子；方圆大小不等的毛脊，像龟、鱼、蛙、蛤。这都是穴地吉利的生命之气旺盛，因而土地也跟着凸起来了。到了生命之气凝聚的地方，那地形就像鸡窝盘旋的形状，这说的是地形到此为止、气脉到此为终点，而有一流水阻隔的道理。就地形来说，比水高出一寸的土，就可以称为山，比土低一寸的洼地，就可以称为水系。这便是平地气脉的终点，它与水是朋比关系，所以两者相为体用。所谓地势顺，地形富于活跃的生命力，是指龙脉顺伏而不取逆势；地形布局灵活而回旋融和；墓地左右青龙、白虎护卫，山间的水流即所谓“砂水”环绕，回旋往复，从头到尾都无遮无蔽，始终情趣横溢。按风水术的原则，这里当然是“插穴”即建筑灵穴的好地方。

所谓山，是指山势险峻而生命之气洋溢，按风水术的法度下葬，就是山，言垄也。势虽险峻，而其中复有不阴之穴。但当求其止聚、融会处而葬之，则善矣。盖高垄之地，来势高大，落势雄壮，结势亦且（缺一字）急此（缺二字）之（缺二字）也。却有一等以陇为体，而得支之情性者。大山翔舞垂下，及至平地，变为支体，谓之下山水，此阴中含阳也。若不识，粘葬山麓，莫不以前拖平地为裀褥。岂知其势未住，两边界水随脉而行，平平隐伏，直至堂心，其脉始尽。

《天宝经》曰："凡认脉情看住。绝水若行时，脉不歇；歇时，须有小明堂。气止、水交方是穴。后面要金气可乘，前头要合水可泄。若还凿脑而凿

葬在生命之气聚集之处。

山脉称为垄。山势虽然险峻，但其中也有不险峻的穴地。应当在这里探求生命之气凝聚、栖止的准确位置，选择生气凝聚、融会的地方来安葬死者，那一定是好的。大凡高起的山地，龙脉的走势很雄伟，它的落势也雄壮，它的结势也具有力度。但也有一种地理以垄为本体，而有支脉的特性。高大的山岳像大鹏展翅飞舞而下，这龙脉延续到平地，就变为支脉，可称为下山水，这是阴气之中包含了阳气。如果不懂得辨认，而下葬在山脚下，没有不以前面延伸平地为裀褥的。哪里知道这山势并未终止，山的两边有流水为界限，使气脉随界而运化，生命之气很平稳地潜行，一直贯通到穴位的中心，它的气脉才栖止。

《天宝经》说："凡是辨认气脉的情状，就要看气脉的趋势在哪里休止。气脉来到水域的地方，好像被水界阻断，却又像仍在前行，这气脉便是仍然流贯而不停止；所谓停止，只有在穴位有小明堂，才能使生命之气的运

胸，凑急伤龙，匪融结。"
此定穴之密语也。故当求
其砂水会处，枕毯而葬。
阴者为强，固当缩下，奈
何性缓，要插上七八寸，
急其缓性，名为凑交斗煞。
刘氏所谓摆缓，则入檐而
凑毯是也。苟执垄法扦之，
则主败绝。此又高垄之至
难体认者。

化告一段落。气脉止住，与水相交的
地方，才是穴地。穴地的后面要有属
金的气可以驾驭，前面要有两支水流
的交合才可以流泄。如果仍有像在凿
击一个人的脑部与胸部一般，如此显
得太急迫，就会毁伤龙脉，不是阴阳
调和的好地方。"这是相地造墓、选定
墓穴不可言传的秘笈。所以，应当探
求穴地东砂、西砂即东青龙、西白虎
的水系的相会处，在此下葬。如果阴
气过重，实在应当减弱它的强度，将
墓穴的底部提高七八寸，使阴性趋缓，
这叫"凑交斗煞"，就是以阴阳调和来
与煞气对抗。刘氏（刘伯温）所说的
"摆缓"，说的就是"入檐而凑毯"的道
理。如果妄执垄地下葬的基本法则而下
葬，那么一定会招致家庭败绝。这又是
在高冈的地方埋葬，极难体认的道理。

依据生命之气的来势作为。

这说的是，要知道生命之气从哪
里来，因为知道它的来路而晓得它的终
止。因此，埋葬死者，应该驾驭、随顺
生命之气，不能让它有丝毫的违背。

乘其所来。

言生气之所从来，因
其来而知其止。故葬者得以
乘之，不使有分寸之远也。

脉不离棺，棺不离脉，

因此，气脉不离开下葬的棺木，

棺脉相就。剥花接木法当就，化生脑上循脉看，下详认鸡迹、蟹眼、三文名字、交牙滴断。或分十字，或不分十字，看他阴阳配与不配，及夫强弱、顺逆、急缓、生死、浮沉、虚实，以定加减饶借。内接生气，外扬秽气，内外符合，前后无蔽，始为真穴。一有不顺，即花假矣。此乘生气之要诀也。下言乘金穴土义同。

审其所废。

谓入首废坏，真伪莫辨，故不得不详加审察也。夫天真未丧，则定穴易为力，但乘其来，即知其止。却有一等不幸，为牛羊践踏，上破下崩，岁久年深，或种作开垦，或前人谬扦

棺木不能离开气脉，棺木与气脉两相成就与调和。就棺木下葬来看，所谓"剥花接木法当就，化生脑上循脉看"，下部应详细认识鸡迹、蟹眼、三文名字，交牙滴断。有时分为十个字，有时不分为十个字，就看它阴阳相配还是不相配，调和不调和，以及还看它强与弱，顺与逆，急与缓，生与死，浮与沉，虚与实的关系，用来决定加减、饶借。这叫做内接生命之气，外扫污秽之气，使内外相符，前后无遮蔽，才可以称为真正风水上佳的墓穴。如果不取顺势，那就要更改，就是去假存真。这便是驾驭、随顺生命之气的重要秘诀。下面说的，驾驭、随顺吉利穴土的意义与这相同。

对于遭破坏的风水要好好审视。

这是说，在墓地选定之前，这里的地形、地理与地势已被废坏，是真是假难以分清，所以一定要仔细加以审视。地理形势天成，未遭破坏前，决定墓穴的位置比较容易，只要顺势了解生命之气的来路，就知道它聚止的地方。但最糟的事情是，有的风水

其旁、园墙、拜坛不无晦蚀，或曾为居基，益低损高，或田家取土，锄掘戕贼。而大八字与金鱼不可得而移易，但要龙真局正，水净砂明。当取前后左右四应，证之心目，相应酌量，开井无不得矣。盖夫一气化生，支垄随气而成形质，今既废坏莫辨，故必于废中审之，则凡所谓阴阳、刚柔、急缓、生死、浮沉、虚实之理，无不了然。既得其理，则倒杖之法，亦因之而定焉。

宝地，长年累月遭受牛羊践踏，使地形不完整，这里破损，那里崩塌。有的早在很久之前，就被人开垦来种植庄稼，有的被前人胡乱"点穴"，错误地建造了墓穴，而它周围的围墙与祭坛等长年失修，残破严重。有的曾经是活人居住的宅地，低洼的地方填了泥土，高爽的地方被扒平了。有的种田人在这里取土锄掘烧窑造房，以防贼害。但建筑风水意义上的"大八字"与"金鱼"是不能随意移动的，龙脉要真实，布局要中正，流水要洁净，左右的山脉（即所谓东砂、西砂、东青龙、西白虎）要明朗。看风水应当观察墓地前后左右的四周景物，印证在心目之中，细细而深深地思度考量，这样就不会没有收获。说到浑沌之气化生的道理，支脉与高地是由气而成此形态、性质的，现在既然风水被人为破坏，看不出本来的样子了，所以必须对废坏的形相仔细审辨，那么，凡是阴阳、刚柔、急缓、生死与浮沉、虚实的道理，无不了然于心。能抓住这根本的道理，那么，风水术中的所谓择其所相。

谓审择其所相，辅于我者。法当于小八字下看两肩暗翊，肩高肩低，以分阴阳作用。次视三分三合，崎急平缓，以别顺逆饶减。尽观蝉翊之砂，虾须之水，以定葬口界限，是皆左右之所相。苟失其道，则有破腮翻斗、伤龙伤穴斗、伤浅伤深之患。故不得不详加审择也。下篇言相水印木义同。

避其所害。

谓避去死气，以求生气也。盖穴中之气，有刑有德，裁剪得法，则为生气；一失其道，则为死气。

"倒杖"的法则，也就由此而决定了。

依据所见穴地四周的地理、地貌、地形、地势择取。

这说的是，看风水时，要审视穴地周围的地理形势，选择有利于我的。它的方法是在"小八字"下看穴地左右两边地形与地貌的高低、大小、远近，来分别它的阴阳关系与功能。其次是观察所谓的"三分"形势还是"三合"形势，崎急与平缓，以区分顺势与逆势，加还是减。还要仔细地、全面地观视砂山与水系，决定水口的位置，这便是对穴地周围地理形势的观察。如果偏离这一原则与道理，那么就会遭遇所谓"破腮翻斗，伤龙伤穴，伤浅伤深"的灾祸。所以，关于这一点，不得不仔细地加以审视与抉择。下面的篇章说到相水印木的道理，与这里所讲的，也是相同的。

避免遭凶险的死气所害。

这说的是，怎样回避死气，进而追求生命之气。大凡穴地的气，有好有坏，有刑罚之性，有贤德之性，只要取舍得当，就是生命之气。如果一旦错故不得不审而避之。何以言之？避死挨生是也。

如阳脉落穴，以阴为生，阳为死；阴脉落穴，以阳为生，阴为死。脉来边厚边薄，以薄为生，厚为死。

双脉一长一短，以短为生，长为死；一大一小，以小为生，大为死；以秀嫩、光净、圆厚、涌动为生，枯老、臃肿、破碎、直硬为死。

又或砂水之间，反坑斜飞，直撞刺射，皆为形煞。横过之山，如枪如刀尖利。顺水，可收拾为用者用之，可避去者避之。此则以眼前之所见者而论之也。

失或不按其根本的道理去做，那么就只好误择死气了。所以不得不审慎地选择而回避它。为什么这么说呢？这是趋吉避凶，回避死亡，追摄生命。

好比阳性的气脉贯注穴地，遇阴气成阴阳调和，所以是生，遇阳气不成阴阳调和，所以是死；同样，阴性的气脉贯注穴地，遇阳气成阴阳调和，所以是生，遇阴气不成阴阳调和，所以是死。气脉贯通、来到的时候，一边为厚，一边为薄。薄气是生气，厚气是死气。

气脉若有两道，一道长，一道短，以短的气脉为生脉，以长的气脉为死脉；一道大，一道小，以小的气脉为生脉，以大的气脉为死脉；以秀嫩、光净、圆厚与涌动的为生气，以枯老、臃肿、破碎、直硬的为死气。

再有，在砂山与流水之间，那种所谓"反坑斜飞，直撞刺射"的地形，都充满了煞气，不是好风水。一座山脉横亘在眼前，好像尖利的刀枪一般触目。正如自西向东、自北向南顺势流动的水流，该避开的就要避开，应又，程子谓五患，刘氏谓四恶，皆在所当避也。

是以君子夺神功改天命。

上文所谓乘审择避，全凭眼力之巧，工力之具，趋全避缺，增高益下。微妙在智，触类而长，玄通阴阳，功夺造化。及夫穴场一应作用，裁剪放送之法，皆是也。

陈希夷先生曰："圣人执其枢机，秘其妙用，运于己心，行之于世，天命可移，神功可夺，历数可变也。"道不虚行，存乎人耳。

利用的就利用，这叫做趋吉避凶。这是以眼前所看见的情形来加以讨论。

另外，程颐所说的"五患"，刘伯温所说的"四恶"，都是应当回避的。

所以说，有贤德、才能的人讲究风水，可以把握神秘的造化之功，进而改变天生的命运。

上面所说的乘势、审察、选择与回避，完全依靠风水先生深邃智慧的眼光与丰富的看风水的经验，才能做到趋于完美，避免缺失，使低的增高，下的提升。其中的微妙之处，完全在于智慧，能触类旁通，举一反三，而精通阴阳之道，巧夺自然造化之功。甚至有关坟墓、安葬一应事情与作用，以及怎样观测与处理地理形势所谓"裁剪放送"种种具体做法，也都是如此。

陈希夷先生说："有贤德、有才能的人掌握了风水术的关键、枢纽，把握了它的秘密并加以妙用与运筹，洞察在自己的心中，将它大行于世间，这便可以影响天命，可以巧夺神功，可以改变未来发展。"这根本的道理不是虚饰、虚传下来，而是实实在在的存在于人间。

祸福不旋曰。经曰："葬山之法若呼吸中。"言应速也。

祸福之感召，捷于影响。能乘能审，能择能避，随其所感，否则为凶应矣。大要在分别阴阳，以为先务。有纯阴纯阳，边阴边阳，上阳下阴，阴交阳半，阳交阴半，强阳弱阴，老阳嫩阴，各有做法。阴来则阳受，阳来则阴作，或入檐而斗球，或避球而凑檐，又有阳嘘阴吸之不同。顺中取逆，逆中取顺，情有盖粘，则正球顺作；情在倚撞，则架折逆受。

坟墓的风水好还是不好，下葬之后不用过几天，是祸是福就会应验。经书说："相地选址的好坏反应，只在呼吸之间。"这是说祸福应验非常迅速。

风水的祸福报应，相感相召速于影子与回音。看风水，选墓地，要做到能够驾驭生命之气，审视地理形势，选择吉利的穴地方位，避让不吉利、凶险的方位，随气脉的运化而相感相应，否则，就会是凶灾的回应。最根本的就是要分别阴、阳之气，这是首要的事情。气脉有纯阴、纯阳的，有半边阴、半边阳的，有上阳、下阴的，有阴交阳半的，有阳交阴半的，有阳气强阴气弱的，有阳气老阴气嫩的，各有各的不同，所以风水术的操作也随之不同。阴气来了，阳气就受纳；阳气来了，阴气就运作，或者"入檐"而"斗球"，或者"避球"而"凑檐"。这里，又有所谓阳气吹拂、阴气吸纳的区别。顺势之中取逆势，逆势之中取顺势，这情状与"盖粘"相关，这样，正球就顺势而转；这情状若与"倚撞"有关，那么，脉势就是"架折逆受"的。

葬书

假若阴脉落穴，放棺饶过阳边，借阳气一嘘其气，方生阳脉。落穴放棺饶过阴边，借阴气一吸，其气方成。所谓阳一嘘而万物生；阴一吸而万物成是也。

苟不识裁剪放送之法，当嘘而吸，当吸而嘘；宜顺而逆；宜逆而顺，及夫左右吞吐，深浅不知其诀，不能避杀挨生。则生变为杀气，纵使高下无差，左右适宜，浅深合度，犹且不免于祸，况未当于理者乎。古歌曰："若还差一指，如隔万重山。"良有以也。

如果阴性的气脉下注到穴地，那么，棺木的放置应该多占阳性气脉的那一边，凭藉阳气的吹拂与灌注，才能生起阳脉。如果放到墓穴中的棺木多占阴性气脉的那一边，凭藉阴气的吸纳，它的生命之气就功到自成。这就是所谓阳气一吹拂，万物就开始生长；阴气一吸纳，万物就成熟。

如果不懂得风水术中的所谓"裁剪放送"的方法，让死者的棺木下葬时，应当使阳气吹拂的，却吸纳阴气；应当吸纳阴气的，却使阳气吹拂；适宜于顺势的变为逆势；适宜于逆势的，变为顺势；而且，在处理左还是右、吞还是吐，深一些还是浅一些等风水问题时，不懂得、不知道它的根本原则，这就无法避开杀气、靠近生气。那么，这会使得生气变为杀气（死气），即使棺木下葬时位置的高低没有误差，左右也放置得适宜，下葬的浅、深也很适度，还是不能避免遭遇灾祸的厄运。何况，那些不按风水原理来处理的就更糟糕了。古代歌谣唱道："如果下葬的位置、方位不准确，只差山之不可葬者五。气以生和，而童山不可葬也。

土色光润，草木茂盛，为地之美。今童山粗顽，土脉枯槁，无发生冲和之气，故不可葬。

却又有一等石山，文理温润，光如卵壳，草木不可立根，自然不产。开井而得五色土穴者，是又不可以童而弃之也。

气因形来，而断山不可葬也。

夫土者，气之体，有土斯有气。山既凿断，则生气隔绝，不相接续，故不可葬。《青华秘髓》云："一息不来身是壳。"亦是

一指距离的话，那也好比相差了万重山。"正是这样的道理啊！

不能做葬地的山，有五种。生命之气必须和谐，因此第一种不能做葬地的山，就是童山。

从风水看，土地的泥土颜色光润，花草树木长得茂盛的，是善美的墓地。现在来看童山，它的土地光秃贫瘠，是不适宜于开垦的生地，荒漫而不长草树，无法生起阴阳调和的生命之气，所以不能作为墓地。

然而另有上好的石山，它的石头的纹理温润，表面像蛋壳一样光滑，草木无法生根，当然什么也不生长。挖掘到地下却能获得五色土的穴地，所以，可以作为穴地。这是不能把它看成与童山一样而放弃的。

生命之气是随地形而一起来到的，因此第二种不能做葬地的山，是断山。

说到土，它是生命之气的本体，有了泥土，才谈得上有气。山脉既然已经遭人为断裂，那么生命之气也就被隔断不再接续了，所以断山不能用做葬地。《青华秘髓》说："要是没有

此意。然与自然跌断者，则又不相侔矣。

气因土行，而石山不可葬也。

高垄之地，何莫非石，所谓山势原骨，骨即石也。石山行度，有何不可？惟融结之处，不宜有石耳。夫石之当忌者，焦坛而顽，麻燥而苏，或不受锄掘，火焰飞扬，肃煞之气，含烟带黑，为凶也。其余纵使有石，但使体质脆嫩，文理温润，颜色鲜明，则无不吉矣。

又有奇形怪穴，隐于石间者，四畔皆石，于其中有土穴，取去土尽，始可容棺。

又有顽石凿开而下有

生命的气息来附，身子就像躯壳一般是空的。"说的也是这个意思。然而，还有一种山是自然断裂的，这又不能相提并论了。

生命之气只有依循土才能运行，所以石山不能作为葬地，这是第三种。

那些高峻的山脉，没有一个地方不是石头。因此山脉的走势嶙嶙而好像有骨无肉，骨就是石头。气脉在石山之中运化，有什么不可以？但是在生命之气融结的地方，是不适宜有石头的。石头之中最忌讳的，是那种干燥、高起而坚硬的顽石；顽山没有一点水气，没法对它下锄与挖掘，锄掘时因石质坚硬而火星四溅，充满肃杀之气，含烟带黑，这是凶煞之象。其他的即使有石头，但是石质脆嫩，纹理温润，颜色鲜活而明亮，那么，这便没有什么不吉利。

另有一种形状奇怪的洞穴，隐藏在石头中间，它的四周都是石头，中间有一个土穴，把浮土挖干净，才可以埋葬棺木。

还有一种情况是，把上面的顽石

土穴，皆可入选，是未可以石为嫌也。

气以势止，而过山不可葬也。

此言横龙滔滔竟去，挽之不住，两边略有垂下，不过挠棹而已。气因势而止，穴因形而结。过山无情，其势未止，其形未住，故不可葬。

却又有一等横龙滴落，正龙腰落，及夫斩关为穴者，不同也。

凿开搬走，它的下面却是一个土穴，这都可以用作墓地，不必介意这里的石头不吉利。

生命之气是随山脉走势而凝聚、栖止的，因此过山便不能作为葬地，这是第四种。

这是说，龙脉东西走向，其走势自西向东，好比江水滔滔而去，要挽留也挽留不住。山两边的山势稍微有些颓垂，也不过是风水术中所说的"挠棹"而已。生命之气是因山势的奔涌而凝聚、栖止的，穴地是由于地形能够凝聚、栖止生命之气而吉利的。但过山不是这样，它从西向东奔涌，它的气势却没有折而向南（译者注：好的风水，龙脉起自西北，到穴地的北部折而向南），入注穴地，这便是风水术所说的"无情"。龙脉山的山势走向不能在穴地融结，这叫"未住"，所以，过山不能用作葬地。

但是，又有一种品位一等的横龙山（注：即自西向东的山），朝南的一边有龙脉"滴落"的趋势，龙脉发展到穴地的北部（注：此称为"正龙"），山腰的

气以龙会，而独山不
可葬也。

支龙行度，兄弟同完，
雌雄并出。及其止也，城
郭完密，众山翕集，方成
吉穴。彼单山独龙，孤露
无情，故不可葬。

却又有一等支龙，不
生手足，一起一伏，金水行
度，跌露平洋，两边借外卫
送为养荫，及其止也，雌雄
交度，大江拱朝或横拦，外
阳远接，在乎缥缈之间。纵
有阴砂，仅高一步，此又不
可以孤露而弃之也。何以言
之？盖得水为上，藏风次
之，所以为贵也。

走势在风水上与穴地气脉相连，这又当
别论，可以在这里"斩关"为穴地。

生命之气必须有龙脉融会，因此
独山不能做葬地，这是第五种。

支脉与龙脉的走势与运行，好比
兄弟俩同出同进，是阴阳并重且和谐
的。在它们的走向聚止的地方，犹如
建造完整、紧凑的城廓，这里必须群
峰簇拥，才可以生成风水好的穴地。
但是那种孤零零的一座山，龙脉虽有，
但没有支脉相配，因此，不可以选作
葬地。因为龙脉孤单而突兀，没有支
脉，也就无情感上的交流与呼应，这
称为"无情"。

但是，又有一种品级一等的支脉
与龙脉，虽然两者的造型与气脉并不
生动，好比一个人没有手足，但是从
走势看，倒是一起一伏，从金位到水
位（译者注：依文王八卦方位，金位
在西，水位在北）的运行还是有规有
矩的。它的山脉、山峰顺势而直下，
贯于平地与水域，使得穴地的两边以
树木花草这植被作为外卫。在生命之
气凝聚、栖止的地方，雌雄通泰，前

面有大江拱朝或横拦住煞气，外部有阳气远远而来，气象缥缈、浩茫而神秘。因此，这样的风水地理，纵然在穴地的西边有属于阴性的砂山（译者注：砂，风水术中称穴地左右即东西的小山为砂。因为处于穴地的西边，故称为"阴砂"。）且仅仅高出地面一点点，这又不能因为其孤零零的态势而轻易放弃。为什么这么说呢？归根到底是因为这风水地理中有水。得水是第一位的，山脉能否藏风是次要的。所以，这样的风水地理，是应该看重的。

经曰："童、断、石、过、独，生新凶而消已福。"

经书说："童山、断山、石山、过山与独山，一旦作为墓地，就会产生新的灾祸，消除已经具有的福气。"

此复证五凶之不可用也。凡此，是无所（注：缺四字）适足以腐骨烂棺而已。主退败、少亡、瘰疾，久则归于歇灭，可不慎哉？

这再一次证明，这五种有凶险的山不可用作墓地的道理。凡此一切，都对埋葬尸骨、棺木是不利的。这样有凶险的风水如果选为墓地，就会导致家业退败、夭折与生瘰病，久而久之，这家人家一定会断子绝孙，难道可以不慎重些吗？

上地之山，若伏若连，其原自天。

具有上佳风水地理的山脉，它的走势起伏连绵，好比从天边而来，是自然天成的。

此言上地，龙之行度段也。大顿小伏，藕断丝连，谓之脱卸。夫大地千百里，行龙其何可穷乎！故远若自天而来也。

这里所说上好的风水地理，说的是龙脉的运行规矩，与龙脉的走向走势。山势起起伏伏，似断了气脉，实际是连系着的，这称之为有"脱"有"卸"，一点儿也不拘泥、滞呆。大地广阔无边，在龙脉的运行是无穷无尽的。所以山脉与气脉好像是从遥远的天边自然而然地来到。

若水之波。

此言隐伏于平洋大阪之间，一望渺无涯际，层层级级，若江面之水，微风荡漾，则有轻波细纹，谓之行地水，微妙玄通，吉在其中矣。

风水好的山势，好比水波翻动。

这说的是，山势隐伏在水城与山坡之间，远看渺渺茫茫，没有边际，层层叠叠，好像水面浩瀚，微波荡漾，又好像微风吹拂，细浪微漪，这称为"行地水"，神秘、微妙、幽玄，吉祥就在其中了。

若马之驰。

原其起，若马之奔腾；将欲止，如马之及厩。

风水好的山势，好比骏马奔驰。

这是说山势从它的起点开始，就像飞奔的骏马；山势快到终点的地方，又好比骏马回到马厩休息。

其来若奔。

其来也，奔驰迅速，如使者之告捷。

其止若尸。

山势的来势，好比骏马奔驰到眼前。

这是说山的来势迅速，好比使者报捷那般快速、愉快。

山势发展到终止，好比尸体一样。

其止也，若尸居不动，无复有去意。

若怀万宝而燕息。

众山朝揖，万水翕聚，如贵人燕安休息。珍富如万金，若揽而有也。

若具万善而洁齐。

明堂宽绰，池湖缭绕，左右前后，眼界不空。若贵人坐定，珍馔毕陈，食前方丈也。

若橐之鼓。

橐乃无底囊，今锻者，引风之具，即其类也。才经鼓动，其气即盛，纳气之满也。

若器之贮。

如器之盛，物满而不溢，言气之止聚也。

若龙、若鸾，或腾、或盘。

这是说山势终止的状态，好像尸体纹风不动，一点没有想要离去的意思。

山势好比怀抱无数宝物而安坐生息。

面对墓地，墓地前面的小山（译者注：指风水术所谓的案山，朝山），向墓地作"朝揖"的姿态。流过墓地前面的水流，聚集在这里，好比贵人在这里休息，就像无数财富，为山势怀抱拥有。

山势好比万善齐聚而洁净无瑕。

这里墓地宽广，四周池水、湖泊环绕，无论从左右、前后观看，景色充满眼界。这好比尊显的贵人安坐一方，他的前面方丈之处放满了美食。

风水好的山势好比鼓足了气的风箱。

风箱本来是没有盛气的皮橐，但现在就像铸铁者所用的鼓风器一样。而经风的鼓动，它的气立即旺盛，风箱里盛满了气。

风水好的山势好比装满了东西的储具。

好像储具装满了器物但不溢出来，这说的是，生命之气的凝聚与栖止。

风水好的山势，好比是龙、好比是鸾，在天上飞腾、盘旋。

若龙之盘旋，鸾之飞腾，言其活动有蜿蜒翔舞之体段，无破碎死蠢之形状。

禽伏兽蹲，若万乘之尊也。

来势如虎出深林，自幽而渐显气象，蹲踞而雄壮。止势如雁落平砂，自高而渐低，情意俯伏而驯顺，气象尊严，拥护绵密，若万乘之尊也。

天光发新。

眼界轩豁，气象爽丽，神怡性悦，一部精神，悉皆收摄而纳诸圹中。然而至理微妙，未易窥测，要令目击道存，心领意会。非文字之可传，口舌之可语也。《中庸》曰："人莫不饮食，鲜能知味也。"

这是说它气脉的运行，好像龙凤那样，在天上飞翔、腾舞、蜿蜒、奔涌的身姿，而没有破败、细碎、死亡与蠢笨的形象。

好的风水，其山势又好比飞禽潜伏、猛兽蹲踞在那里，犹如帝王般尊贵的人。

山的来势好比猛虎跃出深山老林，从幽深而渐渐清晰，显示不凡的气象，蹲踞而雄壮的形象。山的止势又好比是大雁飞落在平广的大地，从高渐渐向低，看那情意，俯伏而显得驯顺的样子，它气象尊严，有簇拥的态势，而且显得绵密，犹如帝王般尊贵。

风水好的山势，其自然景象光明而焕然一新。

它显得视界开阔，气象高爽而炫丽，它的神情怡人，所有生命的精华，都收摄在这景物之中。但是又显得很深邃，微旨大义，一时未能观察领悟，必须要亲眼看见风水的形势所深藏的意义，用心灵去体会，不是文字可以传达，也不是语言可以形容的。《中庸》说："凡是人，没有不饮食的，却

很少人能体会其中的味道。"说的正是
这个道理。

风水好的吉壤，有如面朝大海、
众星拱卫。

朝海拱辰。

这里是说好风水好比万条流水都
朝拜它，以它为宗；好比无数的星辰都
来拱卫它；好比植物的枝叶来拥护花
朵；好比廊庑这些副题建筑来簇拥主题
建筑的厅与堂。这并不是人为地使它这
样，是浑沌的生命之气受到感召，而自
然地聚合一处。《易传》说："流水的湿
性，焰火的燥性，云随着龙而生，风随
着虎而生。"圣人有所作为而万物自然
看见圣人的作为，就是这个意思。

如万水之朝宗，众星
之拱极，枝叶之护花朵，
廊庑之副厅堂。非有使之
然者，乃一气感召，有如
是之翕合也。《易》云：
"水流湿，火就燥，云从
龙，风从虎。"圣人作而万
物堵，其斯之谓与？

龙虎抱卫，主客相迎。

风水好的吉壤，具有龙抱虎卫、
主尊客从、怡然自得的形势。

凡真龙落处，左回右
抱，前朝后拥，所以成其
形局也。未有吉穴而无吉
案。若龙虎抱卫，而主客
不相应，则为花假无疑。

凡是真正风水好的龙脉所伦落的
地方，一定具有左青龙和右白虎回抱，
前有朝山，后有靠山这前呼后拥的形
势。只有这样，才能成为风水好的形
势与局面。吉利的穴地，不可能缺乏
吉利的案山（注：在穴地之前）。如果
形成了龙抱虎卫的态势，而实际上却
主与客不相呼应，那么，这不过是花

四势朝明，吾害不亲。

四势即龙、虎、主、客也。贵乎趋揖朝拱，端严而不欹侧，明净而不模糊。情势如此，乌有不吉？更欲不亲五害。五害者，童、断、石、独、过也。

十一不具，是谓其次。

此特指上地而言。十中有一（注：此缺字）泥以为说，则世间无全地矣，非概论也。

《海眼》曰："篇中形势二字，义已了然。可见势在龙，而形在局。非俗人之所谓喝形也。"奈何卑鄙之说，易惑人心，须至

俏的、假的"好风水"而已。

风水好的吉壤，必须具备明显的四种势朝拱、五害不近的特点。

所谓四势，指的是龙、虎、主、客。四势重要的特征，是东（左）青龙、西（右）白虎对穴地的趋揖朝拱，穴地端严而不偏斜，景象明净而不模糊。吉壤的情势如果是这样的，哪还有不吉利的？而且，这穴位更要不近五害。所谓五害，指的是不吉利的童山、断山、石山、独山与过山的现象。

以上所说的，十项之中只要有一项不具备，那么，风水好的程度就要差一等。

这是特别就上上大吉的穴地来说的，十项之中有一项不是很好，那么就不够好。如果拘泥于这种说法，世上便没有十全十美的穴地（吉壤）了，所以不能一概而论。

《海眼》说："这篇章中所说的'形势'二字，它的意义已很清楚。可以看出风水的气势在龙，而形势则在局。这不是一般人所谓的'喝形。'"（译者注：风水术的专用语，大意指风水术对地形

锢蔽，以讹传讹，以盲诱盲，无益反害，莫此为甚。总之，道理原属广大精微。古圣先贤，原为格物致知、穷理尽性大学问，今人只作笼利想，故不得不以术行耳。匪直今人之术不及古人，今人之用心先不及古人之存心矣。奈何！

的把握）。无奈有些卑俗、浅薄的说法，容易蛊惑人心，这些说法必导致禁锢、遮蔽人的智慧，使谬言流传，以错误引导错误，没有好处反受其害，没有比这更糟糕的了。总而言之，风水的道理本就广大而精微。古代的圣贤，原来是为格物致知、穷理尽性的大学问而研究风水，但是当下的人只把它看作是可以摄取利益的事情，所以这风水也只能作为一种"术"流行于世。但是令人悲哀的是，不只是今人的术数已经不及古代的人，今人对风水的用心也早已不及古人存心于学问的原意。这又能怎么办！

外篇

原文

夫重冈叠阜，群垄众支，当择其特。

圣人之于民类，麒麟之于走兽，凤凰之于飞鸟，亦类也。重冈并出，群阜攒头，须择其毛骨奇秀、神气

今译

看风水时，面对山岗重重，高地叠现，群山起伏的景象，应当选择那些有特点的。

这有点类似于圣人与普通老百姓，麒麟与一般野兽，凤凰与一般飞鸟的不同。当面对崇山峻岭，群峰叠现时，必须选择那些植被茂郁、山势走向奇

俊雅之异于众者，为正也。

崛秀伟、神完气足与俊雅美妍不同于一般的山水，这才是正确的风水术。

大则特小，小则特大。

众山俱小取其大；众山俱大取其小。

看见大型的群山，选择其中小型的；看见小型的群山，选择其中大型的。

这便是，如果群山都是小山，就选取众多小山中较大的；如果都是大山，就选取众多大山中较小的。

参形杂势，主客同情，所不葬也。

参形杂势，言真伪之不分，主客同情，言汝我之莫辨。

风水地理的形势换杂，主、客同一现象，这地方不能选为墓地。

所谓地理形势换杂，指的是真伪不分；所谓主客同情，说的是你、我不分。

夫支欲伏于地中，垄欲峙于地上。

伏者，隐伏；峙者，隆峙。此言支垄行度体段之不同。

支地的气脉应隐伏在平地之中，垄应高峙在平地上。

这说的是支地、垄地中生命之气运行规矩及两者体貌的不同。

支垄之止，平夷如掌。

支垄葬法，虽有不同，然其止处，悉皆如掌之平。倒杖口诀曰："断续、续断，气受于坦；起伏、伏起，气受于平。"李淳风曰："来不来，坦中裁。住不住，

支地与垄地的尽头，平坦好比手掌。

关于平地、垄地的葬法，虽然各有不同，但它们的尽头，都像人的手掌一样平坦。倒杖口诀说："断断续续，生命之气容受在平坦大地中；起起伏伏，生命之气容受在垄地尽头的平地中。"李淳风说："气脉来还是不

平中取。"亦曰："来来来，
堆堆堆，慢中取，坦中裁。"
皆如掌之义也。

故支葬其巅，垄葬其麓。

支葬其巅，缓而急之
也；垄葬其麓，急而缓之
也。《金牛》云："缓处何妨
安绝顶，急时不怕葬深泥。"

卜支如首，卜垄如足。

所谓如首、如足，亦
即巅麓之义，谓欲求其如
首如足也。

形气不经，气脱如逐。

来，平坦中裁断；气脉凝聚还是不凝
聚，平坦中选取。"又说："气脉来吧
来吧来吧，堆起堆起堆起，可以在缓
慢中选取，平坦中裁断。"都是如手掌
般平坦的意思。

所以，平地的墓葬应在高处，垄
地的墓葬应在山腰上。

平地建墓在高起的地方，为的是
气脉的走势从缓而急；垄地建墓在山
腰，因为气脉的走势从急而缓。《金牛》
说："气脉平缓的地方，不妨将坟墓建
造在最高的地方；气脉峻急的地方，不
怕将棺木埋葬在深深的地穴之中。"

风水术说，选择平地做墓地，气
脉在高处（首），所以应该选取它的
"首"；选择垄地做墓地，气脉在山麓
（足），所以应该选取它的"足"。

所谓选择高处、山腰，也就是
"巅"、"麓"的意思，便是想要追求它
的首或足的吉利。

如果寻找地形、气脉时不按常规，
那么，生命之气就不会凝聚、栖止在
穴地而脱散出去，好比被追逐而逃散
那般迅速。

支垄之葬，随其形势，莫不各有常度，不经则不合常度。或葬垄于巅首，葬支于麓足，则生气脱散，如驰逐也。

夫人之葬，盖亦难矣。支垄之辨，炫目惑心，祸福之差，侯虏有间。

支垄固亦易辨，奈有似支之垄，似垄之支。支来而垄止，垄来而支止。或垄变为支而复为垄，支变为垄而复为支。或以支为坛垛而行垄于上，以垄为坛垛而行支于上。复有垄内而支外，支内而垄外者。又有强支弱垄，急支缓垄，欹支平垄，隆支隐垄，石支土垄，老支嫩垄，偏支正垄，全支半垄，以及夫非支非垄之不可辨者。然其中有奇有正，有

平地与高地的葬法，随着它的形势没有不各具常规常则的。所谓不按规矩下葬，就是不合常度。这种情况便是，当在垄地（高地）时却安葬在山巅；当在平地时却安葬在半腰，那么，生命之气的逃散，就好比被追逐奔驰似的。

人死了如何安葬，这真是一件很困难的事。关于平地的葬法与高地的葬法，往往让人眼花，心里糊涂，其中祸福的差别往往是王侯与奴隶的天壤之别。

支地与垄地固然也是容易分辨的。无奈的是，有的垄看上去像支，有的支看上去像垄。有的气脉从支地来到垄地凝止，有的从垄地来到支地凝止。有的垄地变为支地又变为垄地，有的支地变为垄地又变为支地。有的以支地气脉为坛垛而垄地气脉运行在上，有的以垄地气脉为坛垛而支地气脉运行在上。也有垄地在内而支地在外，或支地在内而垄地在外。又有支地气脉强烈而垄地气脉柔弱，或支地气脉急促而垄地气脉缓和；也有支地气脉的运行高低不平而垄地气脉平缓，或支地气脉突显而垄地气

经有权，自非明师耳提面命，则炫目惑心，莫能别也。倘支垄互用，首足倒施，其祸立至。今之葬者，支垄不能别，可无误乎？

脉隐伏；另有支地石头多而垄地土多，支地土老而垄地土嫩；支地气脉偏离而垄地气脉中正，或支地气脉全而垄地气脉缺失，以及那种不是支地又不是垄地的风水地理，令人难以分辨的。这其中奇与正、经与权的复杂情形，若没有目光锐利、智慧超拔的"老法师"当面讲给你听，做给你看，仔细教导你，那你一定会看不清楚，心里犯糊涂，而不能分辨清楚的。如果支地、垄地的葬法彼此易位，"首"、"足"颠倒，这是倒行逆施，灾祸立刻到来。所以，现今为人看风水的人，如果不能分别支地还是垄地，岂能不遭大祸？

乘金相水，穴土印木。

乘着金位的气脉，观察水位的气脉（译者注：按五行，两者是金生水的关系），在金木水火土这五行方位中的土位（注：按五行方位，土据中位）"点穴"即选为穴地，埋葬棺木，这是印证了五行说的木变土的道理。

此言穴中证应之玄微也。金亦生气之异名，言即其尖圆之所止也。相水者，言金鱼界合，相辅于

这里说的是，"点穴"即选定墓穴的五行相证相应的幽微、玄妙的道理。这里，金也是生命之气的另一名称，说的就是，气脉的有无，就看它是否

左右也。穴土者，土即中央之义，谓穴于至中，取冲和之气，即葬口是也。印木，即两边蝉翅之砂夹，主虾须之水，以界穴也。

聚止在尖而圆的地方。风水术中的观水方法，说的是金气与水气是否相合，两者是否在穴地的左右相辅相成。所谓"穴土"，即"点穴"选定墓穴，须在中央，这是因为五行方位说的"土"居于中央的缘故。这说的是，墓地选定在中央的位置，为的是获取中央冲和的生命之气，这便是墓穴（葬口）。棺木下葬在中央方位的墓穴里，这是五行说中的所谓"木克土"，也便是所谓"印木"，须观察墓穴东砂（东青龙），西砂（西白虎）这两边的"土"是否与穴地左右与前方的流水相应，这是五行说的"土克水"的道理的应用，为的是界定墓穴的中正方位。

《神宝经》曰："三合三分见穴土，乘金之义；两片两翅察相水，印木之情。"盖亦神明其义耳。

《神宝经》说："依据'三合三分'的方法可看出穴位，这是乘金点穴的意义；'两片两翅'来观察水流，这是相水印证木位的意思。"就是在说明前述葬法的神秘、奇妙的道理。

又有所谓水底眼、剪刀交、水里坐、水里卧、明暗股、明暗球、长短翅、长短水；蜗窟蛤尖、交金

风水术中的葬制，还有所谓水底眼、剪刀交、水里坐、水里卧、明暗股、明暗球，长短翅、长短水；蜗窟蛤尖、交金界玉、鸡胸鸠尾、寿带孩

界玉、鸡胸鸠尾、寿带孩衿、篾口鸟迹、生龟死鳖、眠干就湿、割脚淋头、明阳暗阴、阳落阴出、罗纹土宿、十字天心；扑面水底浮、大口出小口、水过山不过、桥流水不流、两片牛角砂、一滴蟹眼水；舌尖堪下莫伤唇、齿鳞可扦休近骨、虚檐雨过声犹滴、古鼎烟消气尚浮。其名类不一，莫可殚举。其言隐括，自非明师，耳提面命，逐一提示，卒难通晓。

外藏八风，内秘五行。

四维四正，完密而无空缺。既无风路，则五行之生气，自然秘于其内，而凝结矣。

天光下临，地德上载。

衿、篾口鸟迹、生龟死鳖、眠干就湿、割脚淋头、明阳暗阴、阳落阴出、罗纹土宿、十字天心；扑面水底浮，大口出小口、水过山不过、桥流水不流、两片牛角砂、一滴蟹眼水；舌尖堪下莫伤唇、齿鳞可扦休近骨、虚檐雨过声犹滴、古鼎烟消气尚浮。所有这一切，名称不同，举不胜举。其中深刻的道理，当然不是智慧超拔、目光锐利的风水先生（老法师），面对面严厉地教导你，一条一条指给你看，归根结底是难以弄明白的。

从风水方位看，它的外部隐藏八风，内部秘藏五行。

从八卦方位看，东南、西南、西北、东北，称为四维；东、南、西、北称为四正，构成一个完整、紧凑而没有空缺的时空结构。这里既然没有八风的路径，那么，五行生气自然而然地就秘藏在其内部而凝聚、栖止。

天的灵光向下照射到大地，大地的广德向上与天光相应。

天有一星，地有一穴，在天成象，在地成形。葬得其所，则天星垂光而下照，地德柔顺而上载也。

天上有一颗星辰，地上就有一个墓穴。气在天，就成为象（天象）；气在地，就成为形（地形）。选择墓穴，若葬得吉位，那么，这应了天上星辰下临大地，地上厚德顺从天辰而上达天穹的风水原则。

阴阳冲和，五上四备。

只要做到阴气、阳气的冲和、谐调，那么起码是青朱白黑黄这五色土已具备了四色。

物无阴阳，违天背原。孤阳不生，独阴不成，二五感化，乃能冲和。冲和之处，则必有五色异土以应之。言四备者，不取于黑。又曰冲和之处，阴气寒，至此而温；阳气热，至此而凉。温凉之气，是为冲和。

事物要是不讲阴气、阳气的道理，这是违背天理与根本。孤零零的阳气不能生成万物，单独的阴气也不能成就万物。阴气、阳气与五行相应感化，才能够生成冲和的境界。在阴阳与五行调和的地方，那一定有五种不同色泽的土相互感应。所谓四备，就是在青朱白黑黄这五色中去掉黑色。再谈"冲和之处"，如果阴气本来是寒性的，但到了这里，就变成温的；阳气本来是热性的，但到了这里，就变成凉的。温性、凉性的阴、阳之气相调和，就是冲和之气。

目力之巧，工力之具，趋全避阙，增高益下。微

目光锐利，智慧机巧，技术娴熟，看风水时就可以做到趋向完美而

妙在智，触类而长，玄通
阴阳，功夺造化。

回避缺失，能够锦上添花并弥补不足
之处。风水葬制的智慧是微妙而深邃
的，若能触类旁通，深明阴阳变化的
道理，就可以在风水处理中，胜过自
然的造化。

目力之巧，则能趋全
避阙；工力之具，则能增高
益下。大凡作用之法，随宜
料理，千变万化，本无定
方，全在人之心目灵巧，以
类度类，触类而长之，则玄
功可以盗天地之机，通阴阳
之理，夺造化之权。

人的眼光独特、锐利，处理问题
就能趋向完美而回避缺失。功力到家，
不但能锦上添花，且能弥补不足。凡
是关于葬制的方法，要因风水地理的
实际情况，随其所宜处理，所以是千
变万化的，没有固定、呆板的规定，
全在于风水先生与择吉壤的人的心灵
巧慧，眼光灵活，从这一件事推断另
一件事，做到触类旁通，举一反三。
那么，人的实践功夫到家，就可以参
透、把握天地的玄机，通晓阴阳的大
道理，改变命运，以天则就人事。

势如万马，自天而下。

风水好的山势好比万马奔腾，从
天而降。

星岚插汉，跕天而下，
若万马奔驰而来也。

有的山势像耸入云汉的星辰，它从
天外降落，好比万马千军，奔涌而来。

形如负扆，有垄中峙，
法葬其止。

风水好的山势形态，好比在门户
之际放置一个巨大屏风，有垄地屹立
在中位，依照风水术，应该埋葬在中

万物负阴而抱阳，故
凡背后不可无屏障以蔽之。
如人之肩背，最畏贼风，
则易于成疾；坐穴亦然。
真龙穿障受幕，结成形局。
玄武中峙，依倚屏障，以
固背气，此立穴之大概也。
然又当求其止聚处而葬之，
则无不吉矣。

正的方位上。

天下万物都是背负阴气而怀抱阳
气，所以，其背后是不可以没有屏障来
遮蔽的。好比人的肩背部，最怕的是背
后吹来阴风，那就容易生病，选定与建
造墓穴也是这个道理。风水好的龙脉
穿越了障碍，形成吉利的地理形势与格
局。气脉从北方的玄武位向南灌注，到
中位就突现独特，它依靠后背的屏障
（译者注：实际指龙脉从西北乾位而来
的，位于玄武位的祖山），来固定从后
背而来的生命之气，这便是立穴，即选
定、建造灵穴的根本道理。但是，又应
当"点"正"穴"位，准确地选定生
命之气凝聚、栖止的中正方位而安葬死
者，那么，就没有不吉利的了。

经曰："势止形昂，前
涧后冈，龙首之藏。"

经书说："风水好的山势可以凝聚
气脉，山的形态是高昂而富于生气的。
它的前面有流水，后面是山冈，龙脉
的头便隐藏在此。"

势欲止聚，形欲轩昂。
前有拦截之水，后有乐托
之山。形局既就，则真龙
藏蓄于此矣。

山势要凝聚生命之气，而山形要
气宇轩昂。它的前面（南面）有挽留
生气的水系，背后有令人愉悦的靠山。
既有了这样好风水的地形格局，那么，

鼻颡吉昌；角目灭亡。
耳致侯王；唇死兵伤。

此以龙首为喻而取穴，
非谓真有鼻颡角目也。但
鼻颡以喻中正，故吉。角
目偏斜、而又粗硬孤露，
不受穴，故凶。耳言深曲，
唇言浅薄，所以有侯王、
兵伤之别。

宛而中蓄，谓之龙腹。
其脐深曲，必后世福。伤
其胸胁，朝穴暮哭。

宛宛之中，若有所蓄

真正吉利的龙脉与生气就隐藏、沉蓄
在这里了。

安葬在龙鼻、龙额，可致吉利昌
盛；安葬在龙角、龙眼，要遭灭亡。
安葬在龙耳就能封侯称王；安葬在龙
唇，要遭兵祸、死亡。

这是以龙的头来作比喻，说选定
穴地的原则，并不是说真有什么龙的
鼻子、前额、头角与眼睛。但是，对
人而言，鼻子、前额长在脸部中央，
这里比喻中正的方位，所以是吉位。
两眼与头角位置偏斜，而且粗硬、孤
露在外，没有隐穴，所以是凶险的。
说耳朵是指耳孔深陷，造型弯曲，说
嘴唇是指又浅又薄，所以分别比喻封
侯封王的好运气或兵祸与伤残。

地理形势蜿蜒，它的内部隐藏着
气，蓄积着气，称之为龙的腹部。龙
的肚脐又深又曲，葬地选定在这称为
龙腹的地方，后代一定有福气。如果
下葬在胸胁位置，破坏了这好风水，
好比伤害了龙的胸部与胁部。那么，
早晨下葬，晚上就会招致灾祸而衰哭。

地理形势蜿蜒曲折之中，好像有

者，龙之腹也。况又深曲
如脐，岂有不吉？若葬非
其道，伤其胸者，必遇石
而带黑晕；伤胁则干燥如
聚粟，或上紧下虚，锄之
如刲肉。朝穴暮哭者，言
其应之速也。可不慎哉？

潜藏、含蓄的气，这是龙的腹部。而且，龙腹部的脐又显得深而曲，哪有不吉利的？如果下葬不讲风水之道，伤害了龙脉的"胸"，一定会遭到报应，会碰到地下具有黑晕之色的顽石；伤害了龙脉的"胁"，那会碰到干结、死板，好像堆在一起的小米的土层。或者从上部看，泥土很是紧密，但下部的泥土非常稀松，挖掘时，好像在宰割龙的肉体。所谓不按风水的原则规矩，早上下葬，黄昏就会得到报应，招致灾祸而哀哭不已，这是说遭到报应的快速。难道可以不慎重吗？

夫外气所以聚内气；
过水所以止来龙。

外气者，横过之水；
内气者，来龙之气。此即外
气横形内气止，生之谓也。

风水术所谓的外气，有聚止内气的功能；流经的水，可以聚止来龙的气脉。

所谓外气，指从西向东（或从西北向东南），从穴地前面流过的水系；所谓内气，指自西北而来，到达北方的龙脉的生命之气。这就是说，地形地理从西向东，向东南流淌的水，可以凝聚、栖止来龙气脉，这是有生气、吉利的风水。

千尺之势，宛委顿息，
外无以聚内，气散于地中。

地理形势的龙脉从远方趋来，它蜿蜒曲折，抑扬顿挫，但外气不能聚经曰："不蓄之穴，腐骨之藏也。"

千尺言来势之远也。宛委者，宛转委曲而驯顺。顿息者，顿挫止息而融结也。若阴阳不交，界合不明，后无横水以拦截，则土中之生气散漫而无收拾矣。葬之适足以腐骨。

夫噫气能散生气，龙虎所以卫区穴。叠叠中阜，左空右缺，前旷后折，生气散于飘风。经曰："腾陋之穴，败椁之藏也。"

天地之气，噫则为风。最能飘散生气，故必藉前后左右，卫护区穴而后能

集内气，使气脉在穴地很是散漫。经书说："不能蓄积生命之气的穴地，如果下葬，只能使遗骨腐烂。"

所谓千尺，说的是龙脉从远处而来。所谓宛委，指蜿蜒曲折而驯顺。所谓顿息，指抑扬顿挫，突然停止，生气融结。如果阴阳失调，界限交合不明，外面没有自西向东，自西南向东南的流水来拦截生命气脉，那么，这穴土中的生命之气就是散漫而不可收拾。在这里埋葬死者的话，只能使骸骨腐坏，是不吉利的。

飘风可以吹散生命之气，所以要左右的龙虎砂山卫护灵穴。如果中间的高地层层叠叠，灵穴的左面是空的，右面是缺的（注：指地穴的左青龙山，右白虎山缺失），而前方空旷，后面的龙脉山不连贯，那么，生命之气就会消散在飘风之中。经书说："生命之气浮腾粗陋的穴地，一旦下葬，一定是棺木破败的景象。"

天地之间的气，壅聚起来就是风。风飘动起来，最容易把生命之气飘散，所以，一定要藉龙脉、砂山与流水拱

融结也。若堂局虽有入首，叠叠之阜，却缘左空右缺，前旷后凹，地之融结，悉为风所荡散，则生气不能蓄聚。垄之浮气，升腾于上；支之沉气，陋泄于下矣。葬之，无益于存亡，适足以腐败棺椁而已。

夫土欲细而坚，润而不泽，裁肪切玉，备具五色。

石山土穴，欲得似石非石之土，细腻丰腴，坚实润滋，文理如裁肪也。土山石穴，必得似土非土之石，脆嫩鲜明，光泽晶莹，体质如切玉也。五气行乎地中，金气凝则白，木气凝则青，火赤，土黄，皆吉。唯水黑则凶。五行

卫穴地，才能使生命之气凝聚、融注在一起。如果灵穴的堂局这类陵墓建筑，在风水上符合龙首入注于龙潭的原则，但由于重重叠叠的高地，在风水上是一个左空右缺、前旷后凹的地理形势，没有护卫穴地的作用，而穴地凝聚的生命之气，都被风所飘散，生命之气便不能凝聚。高地的浮气，升腾于天空；平坦处的沉气粗陋而泄于下。这样的风水，一旦下葬，对家族兴旺来说，是没有好处的，仅仅使下葬的棺椁很快腐朽而已。

风水好的穴土，要土质细腻而坚韧，湿润而不见水，就好比是裁切的肥肉和玉石，具备五种好色泽。

在石山的土穴地中，要的是像石而不是石的土，这土质细腻肥沃，坚实湿润，它的纹理清晰，像切下来的肥肉般。在土山的石穴中，要的是像土不是土的石。这石质脆嫩鲜明，色泽晶莹，好比是切割下来的美玉。金木水火土这五行在穴地之中运行；金气凝聚的地方是白色的，木气凝聚的地方是青色的，火气为红色，土气为

以黄为土色，故亦以纯色为吉。又红黄相兼，鲜明者尤美，间白亦佳。青则不宜多见，以近于黑色也。

支垄千变万化，高低深浅，结作各异。唯穴中生气聚结，孕育奇秀而为五色者，则无有不吉也。言五色者，特举其大纲耳。

土山石穴，亦有如金如玉者，或如象牙、龙脑、珊瑚、琥珀、玛瑙、车渠、朱砂、紫粉、花钿、石膏、水晶、云母、禹余粮、石中黄、紫石英之类；及石中有锁子文、槟榔文或点点杂出而具五色者，皆脆嫩温润，似石而非石也。

黄色，都是吉利的。只有水气黑色是凶险的。五行当中，以黄色为土色，所以，也以纯净的黄色为吉利。另外，红色与黄色相得益彰，色调鲜明，特别美丽。在红、黄色之中再兼得白色，也很不错。青色则不宜多见，是因为青色接近于黑色的缘故。

支地与垄地的地形千变万化，它们高高低低，深深浅浅，气在这里的凝聚与运行都各不相同。但生命之气所凝聚、栖止的，能够孕育奇秀而成五色土的穴位，是没有不吉利的。这里所说的五色，只是作为观察土色吉利不吉利的大概。

风水中土山石穴这种情况，也有像金子、玉石一样珍贵的，或者像象牙、龙脑、珊瑚、琥珀、玛瑙、车渠、朱砂、紫粉、花钿、石膏、水晶、云母、禹余粮、石中黄、紫石英，等等，以及玉石中有锁子文、槟榔文，或者这些玉石上面天生有点点斑纹，错杂而生，具备五色，都是质地脆嫩温润的玉石，它们好像是石头，但不是石头，而是玉石。

石山土穴，亦有所谓龙肝凤髓、猩血蟹膏、散玉滴金、丝纫缕翠、柳金黄、秋茶褐之类，及有异文层沓如花样者，或异色鲜明如锦绣者，皆坚实光润，似土而非土也，即为得生气矣。否则非真穴也。至若活物神异，固尝闻之，然有亦能漏泄龙气，大非吉地之宜。有高明者，宜以鉴之。

夫乾如聚粟。

土无气脉，上紧下虚。焦白之土，麻黑之砂，括燥松散，锄之如聚粟。

湿如刲肉。

淤湿软烂，锄之如刲腐肉，不任刀也。

水泉砂砾。

风水中石山土穴，也有所谓龙肝凤髓、猩血蟹膏、散玉滴金、丝纫缕翠、柳金黄、秋茶褐等等，以及那种上面文彩奇异、花样繁丽的，或者异彩纷呈好比锦绣的，都是坚实而光泽温润的，好像是土其实不是土，这是天生得获自然生气的缘故。否则，就不是真正吉利的穴地。至于那些像有生命的活物一样神奇莫测的情况，固然是曾经很闻名的，但也有会泄漏龙脉生命之气的，实在不是吉利的穴地。高明的人，应该好好地加以鉴别。

干燥的泥土，好比堆聚在一起的小米。

这种泥土，没有气脉可言，它上面板结，下部疏松。土色焦黑灰白，砂山麻黑、干燥而松散，锄耕时，感觉像碰到了一堆堆粟米。

潮湿的泥土，挖掘时好比剐割腐烂的肉。

这种土，淤水、潮湿、稀软、烂糟糟的，挖掘开来，好像挖出腐烂的肉，无处下刀。

流水中充满了砂子、砾石。

地气虚浮，腠理不密，如滤箧、如灰囊。内藏气湿之水，外渗天雨之水也。

皆为凶宅。

已上皆凶葬之则，存亡无益，适足以腐骨败椁。

夫葬以左为青龙、右为白虎、前为朱雀、后为玄武。

此言前后左右之四兽，皆自立穴处言之。

玄武垂头。

垂头言自主峰渐渐而下，如欲受人之葬也。受穴之处，浇水不流，置坐可安，始合垂头格也。若注水即倾，立足不住，即为陡泻之地。《精华髓》云："人眠山上龙方住，水注堂心穴自安。"亦其义也。

这种风水地理，地气虚浮不实，纹理不紧密，好比过滤用的竹篾子、灰色的囊袋，里面藏着湿气，外边却渗透着雨水。

这些说的都是凶险的阴宅（坟墓）。

以上说的，都是凶险墓葬的例子。它们对死者与生者都没有好处，只能导致遗骨腐烂、棺木衰败的凶险结果。

风水好的墓葬，都是左为青龙山、右为白虎山、前为朱雀、后为玄武，这样的地理格局。

这说的是前后左右的四种兽的象征，都是从建造穴位的中正方位来说的。

这里先说"玄武垂头"，即龙脉山自高而下，自北而趋南的道理。

所谓"垂头"，说的是龙脉山的主峰渐渐地向南降落，好比想要在穴地接受人的安葬。在选定建造灵穴的地方，浇水而水不流走，如果放一座位，可以稳如泰山，这才符合"玄武垂头"的风水格局。如果水倒在那里立刻四处乱流，人在这里站也站不住，就是陡峭而下泻的凶险地方。《精华髓》说："风水好的穴地，人睡在这山上，恰好是在龙脉上安住，注水不流而刚好注入墓穴的中央，这样的穴地本自安住。"说的也是这个意思。

朱雀翔舞。

红色的鸟飞翔舞蹈，所谓"朱雀翔舞"。

前山耸拔端特，活动秀丽，朝揖而有情也。

穴地的前山，即朱雀所在的南方山势耸立而挺拔，端庄而特立，山的植被充满生气，景色秀丽，它对穴地像人一样朝拜、打揖，富于情感。

青龙蜿蜒。

青龙山山势蜿蜒。

左山活软宽净，展掌而情意婉顺也。若反抗崛强，突兀僵硬，则非所谓蜿蜒也。

左侧的青龙山山体起伏玲珑、土质松软，坡度平缓，植被丽净，而且委婉、柔顺，显得情意绵绵。如果它与穴地是对抗的关系，山体崛强嶙峋，山势突兀，山质僵硬，那就不是所谓蜿蜒有致了。

白虎驯颊。

白虎山山势柔善俯伏。

驯，善也，如人家蓄犬，驯扰而不致有噬主之患也。颊者，低头俯伏之义，言柔顺而无蹲踞之凶也。《明堂经》云："龙蟠卧而不惊，是为吉形；虎怒蹲视昂头不平，祸机中

驯，好的意思。好比家中养的一条狗，性格驯服、柔顺，不会有欺侮、咬伤主人的祸患。颊，低眉顺眼很驯顺、俯伏在地的意思，说的是性格柔顺而没有蹲踞的凶相毕露。《明堂经》说："蟠龙安卧在地而无惊恐之态，这就是吉利的山形；如果白虎山好比一

藏。"又曰："白虎弯弯，光净土山，觗如卧角，圆如合环。虎具此形，乃得其真。半低半昂，头高尾藏，有缺有陷，折腰断梁。虎有此形，凶祸灾殃。"

头老虎那样怒目而视，蹲伏在那里，昂着头好像有不平之意，这其中必然潜伏着祸机。"又说："白虎山山体弯曲，植被光亮洁净，有角的地方也是柔顺如卧，圆转的地方，像是环形相合。白虎山是这样的一副形状，才是真正的好风水。如果是低着头，又好像昂着头，或头部高高昂起，尾巴又藏起来了。地形有的地方缺失，有的地方陷落，山腰折断了，山梁也折断了。白虎山如果是这样的风水地理，一定招致凶险灾祸。"

形势反此，法当破死。

风水的形势违反这一法则，必然家破人亡。

四兽各有本然之体段，反此则不吉矣。

青龙、白虎、朱雀、玄武这四兽的方位，在风水中各具有它本来的形式、体态，如果违反这原则，就是不吉利的。

故虎蹲谓之衔尸。

所以，白虎山呈蹲坐的态势，称为衔尸。

右山势蹲，昂头视穴，如欲衔噬冢中之尸也。

穴地右侧（西侧）的白虎山山势呈蹲坐的态势，好比老虎扬起头颅对着墓穴虎视眈眈，像要衔走、吞噬墓穴中的尸骨。所以为凶。

龙踞谓之嫉主。

青龙山好像蹲坐的样子，称为对

主穴（即墓穴）的嫉妒。

左山形踞，不肯降伏，回头斜视，如有嫉妒之情。世俗多言龙昂虎伏，盖亦传习之误。昂当作降，大概龙虎俱以驯颊俯伏为吉。

墓穴左侧（东侧）的山形呈蹲坐的形态，好像这是不甘于受降伏而回头斜视的样子，且有怨恨的情感。世人都说这是风水中的所谓"龙昂虎伏"式，这都是传闻的错误。"昂"应改为"降"，大概而言青龙、白虎以驯顺、柔和、俯伏为吉利。

玄武不垂者，拒尸。

处于北部玄武方位的山脉如果没有低垂的态势，这在风水上称为"拒尸"，即拒绝下葬，这是凶险的。

主山高昂不垂伏，如不肯受人之葬而拒之也。

玄武方位是属于龙脉的主山的位置，主山的峰峦高高昂起而不垂伏，好像它拒绝接受人们下葬的意思。

朱雀不舞者，腾去。

处于墓穴之南（前方）的方位是朱雀的方位，如果朱雀不舞蹈，是所谓"腾去"，即气脉飞散出去的意思。

前山反背无情，上正下斜，顺水摆窜，不肯盘旋朝穴，若欲飞腾而去也。

墓穴前面的朝山、案山与墓穴取势相反，没有感情呼应，它的上部是正的姿态，下部却是斜的姿态，而且顺着流水呈现摆窜之状，面对墓穴，不愿意盘旋飞舞、朝拜，好像想要飞腾而离开这里，因而是凶。

夫以支为龙虎者，来

说到平支地区的风水，墓穴建在

止迹乎冈阜，要如肘臂，谓之环抱。

此言平洋大地，左右无山，以为龙虎，止有高田勾夹。故当求冈阜之来踪土迹，于隐隐隆隆之中。最要宽展，如人之肘臂，腕肉有情。明堂（注：缺字）夷自为局垣，一龙一虎，如规之圆，言其形如步武，旋转自然，团簇环抱而恬软也。

以水为朱雀者，衰旺系乎形应，忌乎湍激，谓之悲泣。

水在明堂，以其位乎前，故亦名朱雀。若池湖渊潭，则以澄清莹净为可喜。江河溪涧，则以屈曲之玄为有情。倘廉劫箭割，

平地，左右两侧是东青龙、西白虎。龙、虎的足迹栖止在小山冈、小土堆上，必须像人的手臂，环抱墓穴。

这是说在平坦的大地上，这里左右没有山作为风水术中的青龙、白虎，而只有高坡与沟渠等等，就应当寻求小山冈、小土堆的来龙去脉于明明暗暗、高高低低之中。而且这地理、地形最要紧的是宽畅、舒展，好比人的臂膀环抱而富于情感。陵区的中心位置，平坦自成墙垣，东青龙、西白虎，环绕成圆形，这说的是它们两者相距很近（注：步武，古代以六尺为步，半步为武，指相距之近），且气脉旋转自然，簇拥、环抱着灵穴这风水宝地。而恬适柔软。

在灵穴前面的朱雀方位上有水域的，是导致衰亡还是兴旺，都与水域的形态相应。水域的水流最禁忌的是湍激。如果水流湍急，风水术称为"悲泣"。

水域的方位正应在墓穴中心方位的前面，因为水域位置在灵穴的前面（南面），所以也称为朱雀。若是池水、湖泊、深水、静潭，那么，应以水的清澄、洁净为可喜。如果是江水、河

湍激悲泣，则为凶矣。

由是观之，虽水之取用不同，关系乎形势之美恶，则一也。盖有是形则有是应，故子孙之衰旺，亦随之相感之理也。别有一般鼖鼖哄哄如擂鼓声者，得之反吉。又非湍激悲泣之比。

朱雀源于生气。

气为水母，有气斯有水。原其所始，水之流行；实生气之所为也。生气升而为云，降而为雨，山川妙用，流行变化，势若循环，无有穷已。是故山之与水，当相体用，不可须臾离也。

流、小溪、山涧，那么，应该以河岸的曲折有致，委婉动人为有情有意。如果水岸缺损而生硬，水流很急，有"悲泣"之状，那么，这是凶险的。

由此可见，这水虽然取用不相同，它的地理形势却关系风水好坏、吉凶，这道理是一样的。有什么样的地形，就会有什么样的感应，所以，子孙的兴衰存亡，也是随着这样的道理、原则来感应的。另有一种水，它流动起来鼖鼖哄哄，像擂鼓的声音一样好听。朱雀方位的水如果是这样，反而是吉利的。这又不是那种湍急、激越而"悲泣"的水可以比喻的。

朱雀这一方位的水，源于生命之气。

气是水的本根与母体，有生命之气才有水的本原。究其原因，水的流动，实质上是生命之气的所作所为。生命之气飞升向上变成了云，降落而下就是雨。因为有气，使得山水妙合应用，流动变化，气势好像循环往复，没有结束、停止而到尽头的时候。所以山与水，两者互为体用，彼此不能片刻相离。

派于未盛，朝于大旺。

所谓"派"，是指水势还没有旺盛时的状态，等到水朝一个方向流淌，就是水的大旺。

派者，水之分也。朝者，水之合也。夫水之行，初分悬溜，始于一线之微，此水之未盛也。小流合大流，乃渐远而渐多，而至于会流总潴者，此水之大旺也。盖水之会，由山之止；山之始，乃水之起。能知水之大会，则知山之大尽。推其所始，究其所终；离其所分，合其所聚，置之心目之间、胸臆之内，总而思之，则大小无从而逃，地理可贯而尽矣。

派，指水势在源起分流时；朝，指水势的汇合。水的流行，最初时分成很多支流，起始于点点滴滴、一丝一线，这是水势还未旺盛的状态。等到小的支流汇合成大的水流，是水自远处流来，从涓涓细流而愈聚愈多，最后终于汇合成大泽深渊，这就是水的大旺。流水的汇合，是因为山的阻止；山的起点，也是水流的开始。只要懂得流水的最后汇合的地方，也就知道山的尽头。推究水流的开始，及其终止处；分析水的支流，及水流汇合的地方，将这一切放在心中，总体上去思考，那么这水系的大或是小，都无从逃离吾人的耳目，这地理形势也可贯通明白了。

若夫《禹贡》之载九州，其大要，则系于随山濬川之四字。如导沇水、导河、导漾之类，皆水之未盛也。如入于江，入于

《禹贡》说的地载九州，其根本的道理，是"随山濬川"这四个字。这就好比引导小河、小湖、小溪等等，都是指水的未盛之态。当流水汇成江，流入河，奔入海，这都是水大旺的态势。

河，入于海者，皆水之大旺也。以其大势言之，则山川之起于西北，自一而生万也。水之聚于东南，合万而归一也。《禹贡》举天下之大者而言之，则始于近而终于远，自一里而至十里，由十里而至于足迹之所能及。推其山之起止，究其水之分合，是成小《禹贡》也。

泽其相衰，流于囚谢。

泽谓陂泽。诗·彼泽之陂注云："水所钟聚也。"水既潴蓄，渊停则止，水势已煞。故曰："衰，流于囚谢者。"水盈科而进，则其停者已久，溢为余波，故曰谢。

以返不绝。

据水的大势来说，龙脉山起于西北方位，这水从山顶起，点滴而汇成大瀑，这称之为"自一而生万"。流水向东南方位流去，越聚越多，最后汇成大泽深渊，这叫做"合万而归一"。《禹贡》是就天下大水大旺的根本道理来说的。这是开始在近处，终止在远处，从一里的距离到十里的距离，由十里的距离又返回到足迹到达的近处。而推究山脉、山势的起始与终止，分析流水的分分合合，这等于是个具体而微的《禹贡》。

水溶聚就失去了水的流动性。水势的失去，是由于被陂岸阻止而"囚"于深潭的缘故。

所谓陂泽，《诗经》关于"彼泽之陂"的注解："就是水溶聚的深潭。"水既潴留、积聚在深潭之中，它的流动就停止了，水势也就失去了。所以说："流水的衰微，是由于被陂岸囚阻的缘故。"水积聚在潭中很久，愈积愈多，就会因满而溢出，溢出的水叫做余波，所以称为谢。

风水好的水势回环往复，气脉绵绵而不绝。

山之气运，随水而行。凡遇吉凶形势，若远若近，无不随感而应。然水之行也，不欲斜飞直撺，反背无情，要得众砂节节拦截之玄，屈曲有情，而成不绝之运化也。

法每一折，潴而后泄。

此言水之去势，每于屈折处，要有潴蓄。然亦不必尽泥穴前，但得一水，则亦可谓之潴矣。善于作用者，穴前元辰直长。法以穴中沟头水，论潴泄，每折中作斗，既潴而后泄去，可救初年无患。此亦是夺神功之妙也。

洋洋悠悠，顾我欲留。

山的气脉运化，是随水流而行的。凡是遇上吉凶的形势，无论远近，都是山、水相感应的。但是水的流行，不要直线横斜的过去，不要与山势相反而无情感的呼应，水要得到诸多小山节节拦截的幽妙、洄环而有情，形成绵绵不绝的运化。

风水术中的水法，是水势要流渐曲折，它的每一曲折处，须有水的溶聚与停留，然后下泄。

这是说，水的流动去势，每流到河道曲折的地方，要有小溶聚与停留的态势。但也不必完全停留在穴位前方。只要有部分水流洄澜，也可算是水势留潴了。好的风水，灵穴前面的流水悠长。水法指出，灵穴前的水，从沟头流出，每逢河道转折的地方，有一个停留、溶涵的态势，再往前流，每个转弯的河道处像一个斗形，它的功用，是潴留水势而后下泄。这样的风水，可以救治人的不幸遭遇，保你早年没有灾变。这也是巧夺天工的神妙啊！

风水好的水势是那种宏大却是慢悠悠地流淌的样子，好像一边向前流去，此言水之去势，悠洋眷恋，有不忍遽去之情，顾我而欲留也。

其来无源，其去无流。

源深流长，不知其来，砂拦局密，不见其去。

经曰："山来水回，贵寿而财。"

山来者，众山攒集；水回者，群流环会。此富贵寿考之穴也。

山囚水流，虏王灭侯。

山囚，明堂逼塞不宽舒也。水流元辰直溜不萦纤也。生旺系乎形应。地理之法，不过山水向背为

一边回过头来看人，想要留下的意思。

这说的是，水势流淌悠闲自得，眷顾有情，感觉不愿突然离去，频频回顾，留恋不去。

风水好的流水，只见它流到跟前，不见它源头在哪里；也不知最后流向哪里。

这水吉利，源远流长，不知道它从哪里流到这里；它一路上山重而水覆，也不能想像它流到何处才是终了。

经书说："山从远处而来，流水在此洄环往复，这是尊贵、长寿、有钱的好风水。"

所谓"山来"，指群山会聚在一起；所谓"水回"，指众多的水流回环、溶聚在一起。在这里建造墓穴，后代富贵而长寿。

如果山脉锁住了水的流动，或是水流笔直而奔涌，这是王者被俘、诸侯灭亡的凶险风水。

这是指山脉闭塞，墓穴就逼仄、堵塞而不能舒展宽广；水流直下，没有回旋曲折的态势。生命的旺盛，是与地形、地理的感应联系在一起的，

紧。向则为吉；背则为凶。
故向坐有法，当取之于应
照；水路有法，当求之于
曲折。他无与焉。

最要紧的是山与水的向背。山、水相
向相应，是吉利；山、水相背相逆，
是凶险。所以，山与墓穴的风水关系
是有处理原则的，应当取其应照关系。
水的流动也有法度，应当追求它的曲
折。其他是不要紧的。

杂篇

原文

占山之法，以势为难，
而形次之，方又次之。

千尺为势，百尺为形。
势言阔远，形言浅近。然
有大山大势，大地大形，
则当大作规模，高抬望眼，
而后可以求之也。势有隐
显。或去山势，从东趋形，
从西结势，由左来穴，自
右出势。又有佯诈穴，亦
有花假。此所以为最难也。

今译

风水术中选定山的风水法则，以
观察山势、选取山势，最为困难；而
喝形，即取地形为其次；又其次，则
是选定方位。

距离很远的，称为山势；距离近
的，叫做地形。山势，说的是广阔辽
远的形势氛围；地形，说的是墓穴四
近的地理。但是，如果是大山脉、大
气势、大地盘、大地形，就应当以大
格局、大手笔，登高远望，然后选定
风水好的地方作为墓葬。山势有隐显
的区别。有时候不去看山势，从墓地
的东面选定吉利的地形，从西面观
察山势及其气脉的凝聚之处，由左边

　　其次莫如形。有一、二里为一形，此形之大者也。有只就局，内结为蜂蝶蛙蛤之类，此形之小者也。鹅凤相肖，狮虎相类，形若不真，穴何由拟，故形亦为难也。

　　又其次，莫如方。方者，方位之说，谓某山来、合、坐，作某方向之类是也。

　　势如万马，自天而下，其葬王者。

　　此下言真龙降势之大略，可总括天下山岚之行度。若欲逐一分类则反包括不尽矣。其葬王者，言

（东）结穴，从右边（西）出势。另外又有一种"佯诈穴"及"花假穴"，都不是真正的穴位。所以，这风水术中的观势、取势的方法是最难的。

　　其次的困难，是选择地形。有的地形，有一、二里见方，这是地形中属于大的。有的地形狭小，好比蜂、蝶、蛙、蛤一样的格局，这是地形中属于小的。好比鹅与凤很相像，狮子与老虎相类似，比较难以识别，但如果对地形没有真正把握，那么，灵穴怎么选定呢？所以，风水术中选定地形也是困难的。

　　又其次的困难，是方位的选定。方是指方位，说的是某一座山的来势、与水的和谐、墓穴的位置以及墓穴的建造取哪一方位的问题。

　　地势、气脉好比万马奔腾，从遥远的天边乘势而下，这地理形势是安葬帝王的吉壤。

　　这里说的是真正风水好的龙脉山，从远而来奔涌气势的大概，可以在总体上概括普天之下山势气韵的行则、规矩。如果想要逐一分门别类，那就反而

其贵也，不得拘之。

势如巨浪，重岭叠嶂，千乘之葬。

峰峦层踏，如洪波巨浪，奔涌而来，当出千乘之贵。

势如降龙，水绕云从，爵禄三公。

星岚撑汉，踏衔而下，如龙之降也。及至歇处，山如云，拥水似带蟠，乌得不贵？

势如重屋，茂草乔木，开府建国。

真龙降势，层层踏踏，如人家之重屋叠架，所以为贵也。

势如惊蛇，屈曲徐斜，灭亡家国。

横窜直播，行度畏缩

会有遗漏。在这风水宝地安葬帝王的灵柩，说的是它的尊贵，不应有所拘泥。

地势好比巨浪奔涌，群山重重，叠嶂层层，这是供诸侯王下葬的好地方。

这里山峰、山峦层层叠叠，好比大江大河波浪滔天，奔涌而来，在这里选作灵穴，应能诞生享用千乘之尊的显贵王侯。

地势好比龙从天而降，云水围绕，这是诞生三公爵位与俸禄的好风水。

像天上的星辰随山岚飞涌而下，好比是龙的飞降。直到这龙歇止的地方，山势浩如云海，环抱墓穴的水好比回旋的飘带，在这里选定灵穴，怎么会不尊贵呢？

地势好比屋宇连着屋宇，花草茂盛，大树参天，在这里建造墓穴，是开府建国的好风水。

这是真龙降下的龙脉与气势，层层叠叠，好比一个家族群体所建筑的家园，所以是尊贵的。

地势好比惊蛇出洞，地形曲折不规则，这是家国败亡的坏风水。

地形好比惊恐的蛇横直乱窜，不

而不条畅，死硬而不委蛇，故葬者家亡国灭。

势如矛戈，兵死形囚。

尖利如矛叶，直硬如枪杆，故子孙多死于凶横非命。

势如流水，生人皆鬼。

顺泻直流去，无禁止之情，此游漫之龙也。葬之者，主少亡，客死。

形如负扆，有垄中峙，法葬其止，王侯崛起。

凡结穴之处，负阴抱阳，前亲后倚，此总相立穴之大情也。负扆形如御屏。壁立崎急不可扦穴。法当立于平地，须龙贵朝真，而后可不谓负扆便能如是之贵也。

中不正，不坦荡，不规整，不通畅，气脉死硬而不圆融，所以，选定在这里安葬的话，家族灭绝国家消亡。

地势好比兵矛、枪戈，这是导致兵祸而死、被俘的坏风水。

地形尖锐好比茅草，直硬好像枪杆子，在这里建造墓穴，子孙后代多数会死于飞来横祸。

地势好比流淌的水，活着的人都变成了鬼。

地形倾斜，好比水流顺泻，没有可以停住、凝融的情感呼应，这样的地形，无龙脉可言。在这里下葬，年青时就会死亡，而且客死他乡。

地形好比背靠屏风，有垄地在中间隆起。按风水原则在这里安葬，是使王侯崛起的好风水。

凡是建造墓穴的地方，有负阴气抱阳气的吉利之象，它前面有所亲，后面有所倚，这是整体建造墓穴基本的要件。背靠的山，好比是屏风。如果背靠的是直立森严峻急的山形、山势，不可以在它的前面建造墓穴。按风水法则，灵穴若要建在平地上，必须是

形如燕巢，法葬其曲，
胙土分茅。

燕巢多于山腰，龙虎
包裹，自成形局，入穴不
见孤露，所以为贵。

形如侧垒，后冈远来，
前应曲回，九棘三槐。

穴形偃诈，如垒之侧，
玄武来上，前朝后应，委
曲周回，法当就垒口扞之，
主三公九卿之贵。

形如覆釜，其巅可富。

覆釜如五星中所谓覆
釜，金也。唯挨金下水穴。
今言形如覆釜，则合葬麓，

真有龙脉并朝向正确的方位，然后才可
能没有背靠屏障也能具同样的尊贵。

地形好比燕子的窝，按照风水法
则，安葬在地势曲折的山腰地，这是
裂土封侯的福地。

燕巢式的穴位大多在山腰，这里
左青龙、右白虎的气脉，有包裹、即
簇拥墓穴的态势，所以可以自成吉利
的格局。棺木葬入墓穴，不要露出在
台地上，这样才是尊贵的。

地形好比堡垒的侧面，后（北）
面有玄武前来相应，墓穴前（南）面的
流水委蜿曲折，这是位列公卿的风水。

穴位的形状低矮，好比是堡垒的
侧势，北部的玄武前来呼应，构成前
有朝揖（指前面的流水）环抱，后有
呼应的局面。按风水法则，应在这所
谓"垒口"的地方建造墓穴，这风水，
有三公九卿尊显、吉利的气象。

地形好比倒扣的一口锅，葬在岭
上是吉利的。

倒扣的锅之地形，象征五星说中
所说的"覆釜"，性质属于金。但按五
行说所谓"金生水"的原则金下便是水

阴龙而阳穴也。若葬于巅，乃是以阴挨阴，不几于独阴不成之义乎？近来世俗正坐此病，无不葬垄于巅也。固有照天蜡烛及贯顶法，多葬山岭，亦须有天然成穴，方可下。

形如植冠，永昌且欢。

植冠言其形穴之尊严也。后仰前倚，壁立崎急，宜扦缓中。

形如投筹，百事昏乱。

山形如筹，横直乱投，故凶。

形如乱衣，妒女淫妻。

山形剥落破碎，如乱衣之不整，故淫乱。

穴。现在所说的地形像倒扣的锅，那么应该葬在山麓，这是阴龙阳穴的风水。如果下葬在山岭上，就是以阴龙配阴穴了，这岂不成了独阴不成吗？近来，一般世俗之人由于不懂风水，偏偏犯的就是这个毛病，没有人不安葬在山顶的。固然有所谓"照天蜡烛"与"贯顶"之风水法则的讲究，也必须是天然自成，方可建造墓穴在这里。

地形好比一顶官帽，是家族永远昌盛而且令人欢愉的好风水。

所谓官帽的比喻，说的是在这地形建造墓穴的崇高、尊严。如果是后仰前倚，壁立峻急的地形，应当选择那平缓的地方作为葬所。

地形好比计数的工具（算筹）乱扔，在这里下葬，所有的事情都凶险而办不成。

地形像算筹，横的、竖的乱放，所以凶险。

地形像一堆乱衣，是妻女淫乱的征兆。

地形破落零碎，好比一堆乱糟糟的衣服不整洁，所以是淫乱的凶象。

形如灰囊，灾舍焚仓。

地形好比水滴滴入灰土而形成一个一个的灰坑，这样的风水，会使家舍遭灾、仓房被烧毁。

大抵即《内篇》水泉砂砾之意。言生气不蓄之穴，得雨暂湿，雨止即干，如汤之淋灰，故凶。

这里大致上就是《内篇》中所说"水泉砂砾"的凶险之象。说生命之气不能积聚的地穴，只在下雨时能湿润，雨一停就干燥板结，好比汤水淋在灰土中形成灰坑，所以是凶险的。

形如覆舟，女病男囚。

地形好比倾覆的一只小船。这样的风水会导致女人生病，男人坐牢。

横冈无脉，中央四隤，无穴可扦。葬之，则男女不利。

横直的山脉没有气脉可言，它的中央下陷，没有地方可以建造墓穴。如果勉强下葬，那么对男人、女人都是不吉利的。

形如横几，子绝孙死。

地形好比横放的一条几，这样的风水会导致断子绝孙。

玄武缩头，入首无脉，穴何可扦？然有得几之正形者，乃水之所变，故出文章科第。世有卢相公祖、杨神童祖、方太监祖，皆葬几形，盖未可以其凶而弃之也。

北方的玄武呈缩头缩脑的态势，从一开始就没有气脉可言。没有气脉，怎么可以建造墓穴？但是地形有像几形的中正态势，这是水脉所变的结果。因此，这样的风水，可以出现科举高中的好运气。世上有卢相公、杨神童与方太监的祖宗，坟墓都建造在这样的几形地形上，所以，不能因为几形形如卧剑，诛夷逼僭。

形狭而长，首脱而瘠，纯石剥落，文理枯燥，故凶。然有剑形而出贵者，如石使相祖、曾文遄，下托手穴是也。

形如仰刀，凶祸伏逃。

形如鱼之鬐鬣，无肥厚气象，故凶。

牛卧马驰，鸾舞凤飞。

此言各得其本性，而应形真。

腾蛇，委蛇。

委蛇则为活蛇，故吉。直硬为死，则凶。

中华建筑美学

的凶险而抛弃。

地形好比横放的剑，这是诛杀帝王、逼迫帝王退位的坏风水。

地形狭长，地形的一头脱损不完全而且贫瘠，纯粹是石头，而且是碎石，石头上的纹路不清晰，石质也不湿润，所以是凶险的。但是，有的剑形的地理形势，也诞生显贵的好运气。比方说石使相的祖宗，曾文遄的祖宗的坟墓，就建造在剑形的穴位中，这是下有手穴的福地。

地形好比仰放的一把刀，刀刃向上，是凶险的坏风水。

地形好像一条鱼尖锐的背鳍，没有一点肥厚的样子，所以是凶险的。

地形好比一头牛倒卧在那里，像一匹马在飞奔，像鸾凤飞舞。

这是说风水地理所强调的，是在各得其本性，才能因地形而相感应，是吉利的。

有的地形像一条死蛇，有的像一条活蛇。

所谓委蛇，那是活蛇，故身体委曲，所以是吉利的。腾蛇是身体直硬

鼍鼉鱼鳖，以水别之。

四者皆水族，故以近水而应形真。

牛富，凤贵。

牛出于土星，故富；凤出于木星，故贵。

腾蛇凶危。

蛇心险有毒，故多凶。遇蛙蛤则贪婪而为小人。盖蛇之所陷也。逢蜈蚣、金龟、鸠鸟，则畏谨而为君子，乃欲陷于蛇也。古今阡蛇形地者何限，岂可例以凶危而不用乎。

形类百动，葬者非宜，四应前按，法同忌之。

形势止伏，如尸居之不动，方可扦穴。若有不

的死蛇，那是凶险的。

鼍、鼉、鱼、鳖，可以因水加以分别。

这四种都是水生动物，所以接近了水，就可现出原形。

牛是富的象征，凤是贵的象征。

牛对应于土星，所以是富有的象征。凤对应于木星，所以是尊贵的。

僵硬死蛇象征凶险。

蛇性格险猛而有毒，所以选择像死蛇一样的地形作墓穴，有很大的凶险。遇到蛙、蛤就显得贪心而变为小人。这都是以死蛇般的地形为墓穴而得到报应。碰到蜈蚣、金龟与鸠鸟一样的地形作为墓地，就会出现敬畏不前、谨慎而变为君子。这都是因为这类生物都是蛇捕食的对象。所以，从古到今，以蛇形的地形为墓地的不知多少，怎么可以因凶险的前例而舍弃呢？

地形千变万化，作为葬地并不适宜，即使符合前面所说的四应原则，还是应该避免。

地理形势的止伏，好比尸体放在那里不动的样子，才可以选定为墓

定，岂可用乎？非惟主山，但目前所见，飞定摆窜，于我无情者，悉当忌之。

地。如果有不定的，怎么可以选作墓地呢？不但是北方位的主山，就目前所看见的，杂七杂八气脉不宁和不稳定的，并且在情感上和我没有呼应的，都应当禁止选作墓地。

夫势与形顺者，吉；势与形逆者，凶。势吉形凶，百（注：缺字）一；势凶形吉，祸不旋日。

气势与地形相顺的，吉利；气势与地形相逆的，凶险。气势吉利，地形凶险，可指望有一天的吉利；气势凶、地形吉的，灾祸的到来不会超过一天。

形势二者，皆以止伏为顺，飞走摆窜为逆。顺则吉，逆则凶。势吉形凶，尤可希一日之福；若势凶形吉，则祸不待终日，极言应之速也。

形与势这两种东西，都以气的栖止与隐伏为顺，飞走摆窜为逆。顺是吉，逆是凶。势吉形凶，还可以指望有一天的好运；如果势凶形吉，那么，便是灾祸到来不过一日，这是说遭到报应的速度之快。

经曰："地有四势，气从八方。寅申巳亥，四势也；震离坎兑乾坤艮巽，八方也。"

经书说："地形有四种势，气脉从八个方位来。寅申巳亥是四势；震离坎兑乾坤艮巽，这是八卦所说的八个方位。"

若但言地有四势，只有朱雀、玄武、青龙、白虎而已。气从八方，只有四正四隅而已。两句下证之，以寅申巳亥、震离坎

假如只说地形有四种势，就只有朱雀、玄武、青龙、白虎罢了。气脉来自八方，只有四正，四隅罢了。而考证这上下两句，以寅申巳亥为四势，以震离坎兑乾坤艮巽为八方，这些，可

兑乾坤艮巽之说，则当以方位解之。四势为四长生，如火生寅、水生申，金木生于巳亥是也。八方为八卦，东方震艮，南巽离，西方坤兑，北乾坎是也。又有所谓六秀六贵，分金三十吉龙，并十六贵龙等说，皆原于此，是星卦之所由兴也。

是故四势之山，生八方之龙。四势行龙，八方施生。一得其宅，吉庆荣贵。

四势者，陈石壁所谓五行生气之地。八方，八卦方也。八龙不能自生，要得寅申巳亥五行之生气，而后能施生也。其大意，言八方之龙，要从长生位上得来则吉。假如震龙属木，长生于亥，要必自亥位发始，即为生气之地。

以作为方位来理解。四势指四个长生方位。比方火生寅，水生申与金木生巳亥，就是这样。所谓八个方位，来自八卦方位说，东方为震艮，南方为巽离，西方为坤兑，北方为乾坎（译者注：这里的方位，实际指文王八卦方位而不是伏羲八卦方位。），就是这样。另外，有所谓"六秀六贵"的说法，这分为"金三十吉龙，并十六贵龙"等见解，都原自于八卦方位，是天上星辰方位与八卦所由兴起的原因。

所以，具有四种势的山脉，可以生出八个方位的龙。四势行龙，八方施之以生命，在这里一旦建造阴宅（坟墓），便吉庆而富贵。

所谓四种势，就是陈石壁所说的五行生气之地。八方，指八卦方位。八方的龙，不能自己生成，只有得到寅申巳亥五行之气而后才可能形成。它大致的意思，说的是八个方位的龙，要从长生方位得来生命之气，才是吉利的。如果东方震龙属于木德，生长于亥位，一定要从亥位开始，这里就是生气灌注的地方。或者从亥位经过，或从亥上经过亦是，余可类推。但此之生气，与内外篇之言生气不同。

土圭测其方位，玉尺度其远迩。

土圭所以辨方正位，其制见于《周礼》；玉尺所以度量远迩，其数生于黄钟。今台司度日影以定候，多用此制也。

夫葬乾者，势欲起伏而长，形欲阔厚而方。葬坤者，势欲连辰而不倾，形欲广厚而长平。葬艮者，势欲委蛇而顺，形欲高峙而峻。葬巽者，势欲峻而秀，形欲锐而雄。葬震者，势欲缓而起，形欲耸而峨。葬离者，势欲驰而穷，形欲起而崇。葬兑者，势欲天来而坡垂，形欲方广而平夷。葬坎者，势欲曲折而长，形欲秀直而昂。

此言八卦之山，必欲

情况也是这样，其他的可以以此类推。但是，这里所说的生命之气，与本书内篇、外篇所说的生命之气有所不同。

土圭用来测量风水方位，玉尺用来度量远近。

土圭所以可以用来辨别方位，它的制度见于《周礼》一书。玉尺用来度量远迩，它的数生成于黄钟律。现在台司测量日影来测定时间，大多用的是这一制度。

葬在乾的方位，势应起伏而长，形要宽阔厚重而四方。葬在坤的方位，势应连着辰位而不倾斜，形要广厚长平。葬在艮的方位，势要逶迤曲折而驯顺，形要高立而独特。葬在巽的方位，势要峻秀可爱，形要锐利雄奇。葬在震的方位，势要缓缓而起，形要高耸而崔嵬。葬在离的方位，势要驰走而尽，形要崇起而高。葬在兑的方位，势要从天边来而坡地低垂，形要方正宽广而平坦。葬在坎的方位，势要曲曲折折而长缓，形要秀直而昂扬。

这里说的是八卦方位的山川形势。

合如是之形势，然后为吉。夫天下山川行度，千变万化，岂有一定之理哉？何者不欲起伏而长，阔厚而方？宁独乾之一山如是哉？此只言其大概耳。是以形势为上，而方位次之。必欲如此，又何异于刻舟求剑者乎？存之以俟参考。

盖穴有三吉，葬直六凶。天光下临，地德上载。

天光地德前见。

藏神合朔，神迎鬼避，一吉也。

神，吉神；鬼，凶煞。朔谓岁月日时，言藏神合乎吉朔也。神迎鬼避，得吉，年月也。

阴阳冲合，五土四备，二吉也。

一定要符合这样的形势，然后是吉利的。天下山水的行则、规矩，千变万化，难道有固定不变的道理吗？有哪个不想起伏而长？润厚而方形？难道只有乾位的山形要这样吗？这只是说它的大概而已。所以形势是第一，方位是第二。一定要有个固定模式，古板而不知变化，与所谓刻舟求剑又有什么不同呢？这里所说的，留待参考。

说到穴地，有三种吉利，这是指风水选择得好。风水选择不好，葬制不合规矩、准则，就会有六大凶灾。天上的太阳照临大地，地德就上载，上达于天。

所谓天光地德的道理，可见于本书前述。

一旦隐藏的神灵合乎岁月日时，那么就是神迎而鬼避，这是第一吉利的。

这里所说的神，是指吉神；鬼，是指凶煞。朔，指岁月日时。藏神合乎吉利的时间，所以神灵来迎，鬼怪回避，吉祥来自年月。

讲风水就是讲究阴阳调和，讲所谓五色土与四种势皆具备的道理，这目力之巧，工力之具，趋全避缺，增高益下，三吉也。

是第二吉利。

眼光灵慧，工夫又十分到家，能够趋于完美、回避缺失，能够提升那些在高位的，利益那些在下位的。这是第三吉利。

解见前。

阴阳差错，为一凶。岁时之乖，为二凶。

以上二吉、三吉的解说见前述。

如果阴阳的关系处理不好，这是第一凶险的。时间的问题处理不好，是第二凶险。

此言葬日不得方向、年月之通利。

力小图大，为三凶。

这说的是，下葬的日子不合乎方向与时间调合、有利的意思。

自己福分小而想贪图大的，这是第三个凶险。

生人福力浅薄，而欲图王侯之地，是不量力度德也。然此亦不可泥。

活着的人福分浅薄而想以王侯可以享用的风水宝地来做墓地，这是与自己的福分不相称的。但是关于这一点，不可拘泥。

凭福恃势为四凶。

依仗自己的福分，恃位傲势去选定墓地，这是第四个凶险。

凭见在之福，恃当今之势，富贵之家自谓常如今日，而不深虑有父母之丧者，不思尽力，以求宜隐之地，但苟焉窀窆而已。

有财有势的家族，依凭眼前的荣华与富贵，自以为永远会这样地显赫，而不深思熟虑当自己的父亲、母亲亡故时，不想尽心尽力去追求风水好的墓地，只是随便找个什么地方草草了正程子之所谓："唯欲掩其目之不见，反以阴阳之理为无足。"可胜道哉。

《魏志》，管辂遇征东将军毌丘俭之墓，叹曰："松柏虽茂，无形可文，碑谥虽美，无后可守。玄武垂头，青龙无足，白虎衔尸，朱雀悲泣。四危已备，去当灭族。"后果如其言。

又《左氏春秋传·会文公十三年》，邾文公卜迁于绎，史曰："利于民，不利于君。"公曰："苟利于民，孤之利也。"左右曰："命可长也，君何弗为？"公曰："命在养民，民苟利矣，迁也吉。"莫如之，遂迁。五月，公果卒。然固有数焉，而阴阳之理，亦有所定矣。

事。这正如程颐所说的："只想蒙着自己的眼睛做事，反而错认为风水的道理不足为信。"这是值得吾人探讨的。

《魏志》载有管辂遇到征东将军毌丘俭墓的事。管辂感叹地说："这里松柏虽然茂盛，却没有好的地形用来植松增益。墓主的碑铭谥文虽然很崇高、很美，但没有后代可以守住家业。玄武方位的山势不低垂，青龙方位的山势无足，白虎方位的山势呈咬尸的态势，朱雀方位的山势呈悲泣之状。这四种凶险的风水都已具备，将来应当断子绝孙。"后来，这一切果然都应验了。

另外，《左氏春秋传·会文公十三年》记载：邾文公想迁都于绎。通过占卜，史官对他说："迁都有利于民，而不利于君。"邾文公说："如果迁都有利于民，就是利于我自己。"他的属下说："君王您的命相本来就是长寿的，迁了都就破坏了风水，为什么一定要迁都呢？"邾文公回答："我的天命在于安养老百姓，如果对老百姓是有利的，迁都也是吉利的。"众人无法阻止，于是就迁了都。这年五月，果然不出所料，邦文公就去世了。这虽然是天数，命里注定，而阴阳（风水）的道理，也是有定数的。

僭上逼下，为五凶。

僭上，言庶人坟墓，不得如大官制度；贫家行丧，不得效富室炫耀，及不得作无益华靡。亡者无益，存者招祸。逼下，为俭不中礼，悭吝鄙涩，父母坟墓不肯即时尽作用之法，因循苟且，致生凶变。作用者，谓如作明堂通水道，及夫截庞去滞，增高益下，阵水蔽风之类，皆是也。

僭越在上，逼迫于下，这是第五大凶灾。

所谓僭上，说的是平民百姓的坟墓不能用达官贵人的墓葬制度；贫困家庭办丧事不可以模仿富裕人家那样炫耀财势，而且不能讲排场，摆阔气，无端浪漫。如果这样，对死的人没有好处；对活着的人来说，是招致祸害。逼迫于下，就是做事不守规矩、道义与礼制，过分小气、吝啬，对父母坟墓不肯及时地依礼制建造，只是一天一天地随随便便地混日子，终究会导致灾变。这里所谓"作用"，说的是，例如墓穴需有明堂、疏通水道、截断庞繁、去除淤积、将低矮的增高、低注的提升以及使流水通过与蔽风等等。

变应怪见，为六凶。

上言天时人事不能全美。或有吉地吉穴，主人濡

由于天时、地理与人事的变化原因，而出现种种怪异的现象，这是第六大凶险。

这里所说的，是天时、地理与人事不能够全美的情况。或者是有吉

滞不葬；或是非争竞，而害成；或贫病兼忧，而不能举；或明师老死，不复再来；或停丧久远，而兵火不测；或子孙参差，而人事不齐；或官事牢狱，而不复可为；或日怠日忘，竟成弃置；或全家绝灭，同归暴露。是皆因葬不即举，而变见多端也。呜呼！为人者可不凛凛然，而知戒谨乎哉。

经曰："穴吉葬凶，与弃尸同。"

言形势虽吉，而葬不得穴；或葬已得穴，而不知深浅之度。皆与委而弃之者何以异哉。《锦囊》一书，其大概专以生气为主，即太极为之体也。其次，分

利的地形、地势，有吉利的穴地，而主人犹豫没有选定为墓地；或者是由于是非争讼，而不能成事；或因贫困潦倒，加上病体沉重，忧伤不已，而不能举事；或是高明的风水师老病去世，不再回来；或者是人死后灵柩在家停搁多日，而遭意外兵火之灾；或者是，子孙辈人丁不兴旺，而无法从事；或者是由于官司纷争，犯案进了牢房，而无可救药；或者是过一天算一天，把前事忘得干干净净，并且全不顾墓葬的事情；或者是整个家庭死得一个不剩，都暴尸于野。所有这一切，都是由于不立即下葬，导致各种灾变。啊！做人难道可以不战战兢兢，而在墓葬问题的处理上谨慎小心吗？

经书说："穴地的风水吉利，但葬法凶险，这和暴尸于野一样凶险。"

这说的是，地理形势虽然吉利，但墓葬不在吉穴的准确位置上；或者坟墓安置在准确的吉位上，但没有把握好埋葬深浅的尺度。这一切，都与将尸骨乱丢乱抛的凶险没有两样。《锦囊》一书，它的内容大概，主要以生命之气为

为枝垄，即阴阳为之用也。又其次，曰风水，曰止聚，曰形势，曰骨脉。又其次，则验文理之秀异，明作用之利宜。学者当熟读玩味，则知景纯之心法矣。

主，也便是以太极为本体。其次，就地形来说，分为支地与垄地，也便是必须讲究阴气、阳气与阴阳调和原则的运用。又其次，风水术的墓葬制度还包括四点：讲究得水与藏风；讲究生命之气的凝聚与栖止；讲究地形气脉，山形龙势；讲究地理形势的骨力与来龙去脉。再其次，还必须验明石头纹理的秀美还是丑陋，懂得墓葬的风水应验与报应的利弊。学习风水中墓葬制度的人，应当熟读《葬书》，玩味再三，那么就能体会到《葬书》所说的风水术的精华。

图书在版编目(CIP)数据

中华建筑美学/王振复著.--上海:上海古籍出
版社,2021.12
ISBN 978-7-5732-0221-5

Ⅰ.①中… Ⅱ.①王… Ⅲ.①建筑美学-研究-中国
Ⅳ.①TU-80

中国版本图书馆 CIP 数据核字(2021)第 275195 号

中华建筑美学

王振复 著

上海古籍出版社出版发行
(上海瑞金二路 272 号　邮政编码 200020)
(1) 网址：www.guji.com.cn
(2) E-mail：guji1@guji.com.cn
(3) 易文网网址：www.ewen.co

印刷　上海天地海设计印刷有限公司
开本　890×1240　1/32
印张　14.125　插页2　字数 315,000
印数　1—1,500
版次　2021 年 12 月第 1 版
　　　2021 年 12 月第 1 次印刷
ISBN 978-7-5732-0221-5/J·659
定价：65.00 元
如有质量问题,请与承印公司联系